U0292706

中国碳排放与低碳发展

CO₂ Emissions and Low Carbon Development in China

魏一鸣　刘兰翠　廖　华等　著

科学出版社

北　京

内 容 简 介

随着中国国际和国内环境的变化,低碳发展已经从全球气候变化谈判的国际减排要求,转变为国内转型发展的内生动力,也是实现经济、气候、环境和社会协调发展的必然要求。中国作为最大的碳排放国家,由于城镇化、工业化、国际化和现代化程度的进一步提高,今后一段时期内,高碳锁定效应仍将继续存在,面临发展阶段难以逾越、碳排放总量面临达峰、能源消费结构以煤炭为主、技术相对落后、区域碳排放差异较大、城镇化背景下高碳排放基础设施的扩张等诸多挑战。因此,低碳发展不仅需要融入国家重要发展战略和决策,更要统领生态文明建设、新型城镇化建设等重大政策。本书围绕低碳发展,系统研究碳排放与经济增长方式、居民消费、重点工业部门、城镇化、交通、区域发展、国际贸易、技术与政策、低碳城市等重大问题,深入剖析不同领域和部门二氧化碳排放动态变化,提出中国碳排放达峰前和达峰后两个不同阶段低碳发展的建议。

本书适合能源与环境及应对气候变化领域的政府公务人员、企业管理人员、高等院校师生、科研人员及相关的工作者阅读。

图书在版编目(CIP)数据

中国碳排放与低碳发展= CO_2 Emissions and Low Carbon Development in China / 魏一鸣等著. —北京:科学出版社,2017

ISBN 978-7-03-051428-8

Ⅰ.①中… Ⅱ.①魏… Ⅲ.①二氧化碳–排气–研究–中国 ②节能–经济发展–研究–中国 Ⅳ.①X511②F124

中国版本图书馆 CIP 数据核字(2016)第 313570 号

责任编辑:耿建业 刘翠娜 / 责任校对:桂伟利
责任印制:徐晓晨 / 封面设计:陈 敬

科学出版社出版
北京东黄城根北街 16 号
邮政编码:100717
http://www.sciencep.com

北京虎彩文化传播有限公司 印刷
科学出版社发行 各地新华书店经销
*
2017 年 3 月第 一 版 开本:787×1092 1/16
2021 年 1 月第四次印刷 印张:18 1/4
字数:400 000

定价:138.00 元
(如有印装质量问题,我社负责调换)

前　言

根据《巴黎协定》，本世纪内全球平均气温升高水平，较工业化前不仅要控制在2℃之内，而且要向控制在1.5℃内努力；同时，在全球温室气体排放达峰的基础上，21世纪下半叶实现温室气体净零排放。这意味着世界各国需要深度减少以二氧化碳为主的温室气体排放，全面推进低碳发展，并逐步实现零碳发展。低碳发展旨在实现经济增长与碳排放脱钩，这种发展模式无疑将成为世界各国，尤其是碳排放大国，实现《巴黎协定》目标的重要路径和内容。

除了上述国际环境的减排压力，国内环境的变化也在促使低碳转型。当前，中国经济进入新常态，增速已从高速进入中高速阶段，发展质量由中低端提升为中高端水平。同时，由于过去粗放式经济增长方式等因素，中国经济新常态面临着严重的资源环境制约。一方面，近年来，中东部地区雾霾频发，受影响国土面积几乎占1/4，受影响人口达总人口的50%，PM2.5成为影响中国人健康的第四大威胁（Chen et al.，2013）；另一方面，作为最大的碳排放国，碳排放量几乎相当于美国和欧盟总和，人均排放已超过欧洲平均排放水平，2030年左右碳排放总量将达峰。大气污染治理和碳排放控制的根本在于改变传统的高碳能源支撑的经济发展方式，走低碳发展道路。

对于中国，随着国内外环境的变化，低碳发展已经从国际减排环境下"要我做"的外部压力转变为国内"我要做"的转型发展内生动力，成为统筹国际和国内两个大局的重要战略选择。因此，本书围绕中国低碳发展面临的挑战，从碳排放与经济发展、碳排放基本特征、居民消费、工业部门、城镇化、交通、区域、国际贸易、技术与政策、碳排放交易、低碳城市和中国低碳发展路径的角度，在深入剖析中国不同领域和部门二氧化碳排放动态变化的基础上，提出了中国低碳发展建议。

（1）碳排放与经济发展。

二氧化碳排放变化趋势与经济发展水平有着密切的关系。本书利用主要发达国家和发展中国家的碳排放及社会经济发展历史数据，通过对碳排放与经济发展关系的差异性研究发现：各个国家碳排放和经济发展不均衡，呈现出高收入国家"高排放，低增长"，低收入国家"低排放，高增长"的格局；人均二氧化碳排放量随着人均收入上升，在统计意义上，从人均收入约为2.2万美元[PPP（purchasing power parity，购买力平价），2005年不变价]开始，人均二氧化碳排放量增长趋势变得平缓。这表明：对目前的发展中国家，如果都遵循与发达国家类似的发展排放路径，未来全球大部分二氧化碳将来自发展中国家。若不能转变发展模式或获得经济可行的低碳技术，未来全球减排前景将不容乐观。

（2）碳排放基本特征。

中国碳排放呈现"总量大、增速趋缓、强度高、人均排放超过欧盟平均水平"的特点。为深入剖析碳排放的动态变化特征，本书从年度动态变化的纵向角度和部门关联的横向角度，全面分析碳排放特征的关键影响因素。从年度动态变化来看，人均 GDP（gross domestic product，国内生产总值）增长、工业化程度提高、人口增加是终端能源利用二氧化碳排放增长的重要驱动因素，而二氧化碳排放强度下降则有利于减缓这些驱动因素导致的二氧化碳排放增长。从部门关联的横向角度，建筑业的固定资本形成总额是主要排放部门碳排放的重要拉动力量，其中建筑业固定资本形成总额导致的碳排放弹性最大，接近 1%。从部门间角度来看，与建筑业有关的黑色金属冶炼及加工压延业、非金属矿物制品业，农业与食品加工及制造业，煤炭开采业与电力热力生产与供应业等这些部门的技术系数导致的弹性较大。这意味着二氧化碳排放不仅与经济增长速度与方式紧密相关，而且关系产业发展与最终需求的分配。因此，未来低碳发展战略需要综合考虑社会经济各个方面，将低碳发展理念融入国家重要发展决策，并全面部署，避免单一政策导致二氧化碳减排不能达到预期效果的情况出现。

（3）居民消费与碳排放。

居民对低碳发展具有重要的影响，一方面，是低碳消费模式的主要消费主体；另一方面，对低碳生产方式引领、低碳产品推广和普及起着重要作用。因此，本书研究居民消费的直接排放、间接排放及不同环境治理目标约束下的最优消费模式。从直接排放来看，碳排放阶段性增长，1996~2001 年和 2002~2014 年，年均增速分别为 3.0% 和 7.4%；城镇居民始终占比 50% 以上，且有增加趋势。城乡居民碳排放强度长期变化趋势不明显，1996~2001 年略有下降，2002~2007 年较快增加，2008~2014 年缓慢增加；城乡差距持续存在，但已明显改善。从间接排放来看，尽管 1992~2012 年城镇人口少于农村人口，但是城镇居民的间接排放明显高于农村居民，2012 年是农村居民间接排放的 3.9 倍；而且对于城镇居民和农村居民来说，不同消费类别导致的碳排放也具有很大不同，对于农村居民，食品和烟草消费导致的碳排放最多；对于城镇居民，其他商品和服务消费支出导致的间接碳排放最多。考虑不同环境治理目标下的最优居民消费模式，固体废弃物排放约束情景的协同效果最明显；而化学需氧量和氨氮排放约束情景虽然减少化学需氧量和氨氮，却带来其他污染物排放的增加。

（4）工业部门与低碳发展。

工业部门是中国主要的碳排放部门，几乎贡献了全国碳排放总量的 90%，能源开采、加工转换（主要是火力发电）是最大的碳排放部门。与发达国家历史不同，我国的工业产能是在较短时期内大规模集中起来的，而且，近期内冶金和建材等与基础设施建设密切相关的工业产品产量将出现明显峰值。产能过剩、产品附加值低、部分产品能耗高、再生资源回收利用率低等是这些部门的普遍性特征。在"十三五"规划期间，这些工业部门面临着去产能、调结构、提效率、减排放等多重挑战。分析结果显示，终端工业部门（不含能源工业）可能在 2019 年实现碳峰值（34 亿吨二氧化碳），并在此之后的 10年缓慢下降。尽管我国已有很多大宗工业品的人均产量远高于发达国家当前和历史水平，但人均发电量仍然远低于发达国家水平。促进化石能源向电力转换、提升终端用能部门的电气化水平，有助于发挥规模经济效益，提升用能效率和减少碳排放。我国能源部门（主要是火电）的碳排放可能在 2028 年达到峰值，但具体的峰值规模有较大不确定性。

　　（5）城镇化与低碳发展。

　　城镇化水平提高与收入增长存在一定联系，同时城市的高收入与能源的高消耗和温室气体的高排放也存在某种联系。根据 2014 年中国各省份人均生活消费碳排放与城镇化率的相关分析发现，在不考虑其他因素时，城镇化率每提升 1 个百分点，将增加人均排放 5.8 千克二氧化碳，相当于 2014 年全国人均生活排放（0.29 吨二氧化碳）的 2%。如果按照新型城镇化规划目标，2020 年城镇化率达到 60%，人均居民生活消费碳排放将从 0.29 吨二氧化碳增加到 0.33 吨二氧化碳。农民工城镇化是我国城镇化的重要特征之一，农民工消费拉动的完全碳排放占全国一次能源碳排放的 19.9%。农民工消费边际碳排放系数略低于全国平均水平，比城镇居民和农村居民分别高 0.13 吨二氧化碳/万元和 0.16 吨二氧化碳/万元。在其他条件不变的情况下，市民化引起的消费变化将使得全社会一次能源碳排放增加 1.93 亿吨二氧化碳。因此，积极采取应对措施以减缓城镇化进程中的碳排放对我国低碳发展将有重要贡献。

　　（6）交通碳排放与低碳发展。

　　交通部门的二氧化碳近年增长较快，一方面和经济发展有关，另一方面和居民收入、交通模式有关，1990~2013 年，我国交通二氧化碳排放增长近 5 倍，年均增长 7.7%（全球年均增长率为 2.2%），占全国二氧化碳排放总量的比例从 6% 上升至 9%。其中，道路交通对整个交通部门二氧化碳排放的贡献率也从 48% 上升至 77%，年均增长率约 10%，远高于全球道路交通二氧化碳排放的增长速度（2.1%）。因此，从近期看，我国交通领域二氧化碳排放仍然属于生产型、发展型排放，还未转入以居民可支配收入为代表变量的消费型排放阶段。因此，应重点考虑交通能源结构调整和交通模式转换因素。我国千人汽车保有量水平还比较低，未来交通部门碳排放将保持一个相对较高的增速，可能在 2034 年达到峰值，但其不确定性较大，受制于未来交通方式（高铁、航空）和交通工具（燃油、电动）的发展方向。

　　（7）区域碳排放与低碳发展。

　　低碳发展，除了国家层面的"自顶向下"的战略，更重要的是，考虑区域碳排放差异，制定"自下而上"的区域措施落实国家战略，因此，本书在区域碳排放差异分析的基础上，研究不同地区碳排放分类特征，并从生产端与消费端核算区域碳排放。生产端与消费端核算原则对各区域所需承担的排放责任的影响呈越来越明显的趋势，2002~2007 年，区域间流动的碳排放总量明显增长，从 2002 年的 136.4 百万吨碳上升到了 2007 年的约 377.8 百万吨碳。不同地区碳排放差异较大，2014 年，山东省超过了世界碳排放第六大国德国的排放，河北省和江苏省超过了第七大国韩国的排放；从人均的角度，内蒙古自治区的人均排放最高，为 18.89 吨/人，相当于美国 1990 年的人均排放水平。但是整体上区域排放具有一定的特征，可以分为四类，即"人均 GDP 最高，排放强度最低""排放强度较低，人均 GDP 较高""人均 GDP 较低，人均排放较低""排放强度与人均排放双高"。建议针对第一类区域率先实施二氧化碳排放达峰策略，第二类区域严格控制二氧化碳排放总量，第三类区域继续实行碳排放强度目标，第四类区域实行碳排放增量控制制度。

（8）国际贸易与低碳发展。

由于不同国家生产技术、能源效率等因素的不同，国际贸易对二氧化碳排放的空间转移与变化产生了深刻影响。本书分析国际贸易的碳排放效应，借助隐含碳排放、碳贸易流、碳贸易强度等指标，刻画碳排放与国家贸易收支的时空关系。在全球和区域层面，国际贸易持续且稳定地影响贸易隐含碳，形成了碳排放的国际隐性转移。随着国际贸易规模不断增大，全球五大贸易区 [即欧盟地区、其他欧洲地区、北美自由贸易区、东亚地区和 BRIIAT（Brazil、Russia、India、Indonesia、Australia and Turkey）] 的贸易净隐含碳量（即出口隐含碳量减去进口隐含碳量）的差异也逐渐增大。从贸易隐含碳强度的角度，价值链下全球碳贸易强度整体上呈现下降趋势。对于我国而言，出口隐含碳排放主要流向美国、德国和日本，但集中度明显不同。如果未来采取出口退税政策，目标部门均能实现一定的减排，但均需要付出一定的经济代价。无论从 GDP 指标、就业指标还是居民福利指标来看，黑金属业情景均表现出最小的经济损失，而纺织业情景的损失最大。出口退税政策调整能够带来一定的碳减排，鉴于其实施的简便易行，可以作为短期的碳减排政策工具，而不宜作为长期的碳减排手段。

（9）低碳技术。

低碳技术是低碳发展的基础。本书从减碳技术、零碳技术、末端脱碳技术 3 个角度，分析中国低碳技术的发展现状、面临的挑战及未来的发展趋势，并给出政策建议。从发展水平来看，我国主要低碳技术处于不同的发展阶段，包括研发阶段、示范工程阶段、小规模商业化利用阶段、大规模商业化利用阶段，不同阶段的低碳发展技术需要国家有针对性的政策支持；对于已经成熟的低碳发展技术，政府应该加大推广力度；对于落后的低碳发展技术，及时的强制性的淘汰制度则尤为重要。对于目前国内外备受关注的末端脱碳技术，即 CCUS(Carbon Capture，Utilization and Storage)技术，相关的法律法规政策尚不健全，且项目研发、推广的成本较高。政府应开展相关法律法规的研究，并拓展融资渠道。与发达国家相比，我国的低碳发展技术仍然差距较大，缺乏核心技术，自主创新能力较弱。在加快引进、吸收国外先进技术的同时，核心技术的自主创新应该得到更多的重视。

（10）低碳政策。

低碳政策是低碳发展的保障。本书在分析节能减排措施的基础上，研究能源消费总量控制、碳税政策对碳排放及社会经济的影响。控制能源消费总量是近期减少二氧化碳排放的有效政策之一；从基于市场的政策角度，碳税是实现碳减排目标的重要可选手段之一。然而，通过实施不同碳税政策机制的模拟发现，单纯碳税政策的引入会导致几乎所有国内生产部门的国内市场份额减小、出口下降及利润损失，其中对出口的冲击明显更大，但如果配套适当的保护措施，如将碳税收入等差值降低各部门生产间接税，可以有效地缓解碳税的竞争力效应和收入分配效应。较未征收碳税前，2020 年仅 1/3 部门的国内市场份额减少，金属制品部门受损程度最低约减少 0.01%，成品油部门受损最严重达到 0.12%；仅 1/2 部门的出口减少，出口降幅介于 0.13%~2.79%；仅煤炭、原油和成品油部门外利润减少，分别减少 4.56%、0.48%和 0.02%。在收入分配效应方面，如果碳税收入用于降低生产间接税并且增加对农村居民和城镇弱势群体的公共转移支付，则

2020 年城乡之间收入端和支出端基尼系数可分别缩小 0.67% 和 0.79%。由此可见，低碳政策的顶层设计对于平衡和协调低碳与经济发展至关重要。

（11）碳排放权交易。

碳排放权交易是现阶段低成本控制和减少二氧化碳排放的重要政策工具。目前，全球共有 35 个国家和 22 个城市、州和地区实行了碳交易。作为全球最大的能源消费和碳排放国，我国从 2013 年开始，建立了北京、天津、上海、湖北、重庆、广东、深圳 7 个碳交易试点，并计划于 2017 年建立全国碳交易市场。从试点运行表现来看，尽管取得了一定的成绩，但仍存在上位法缺失、碳价不合理、惩罚力度弱等突出问题。建议针对未来我国统一碳交易市场建设，出台统一法律法规，明确碳市场的法律地位及相关主体的权责范围；科学评估总结试点的经验教训，保障试点顺利向全国统一碳市场过渡；确定碳配额总量，并逐步扩大碳市场行业覆盖范围；采取免费分配和拍卖相结合的初始配额分配方式，优化配额分配方案设计；制定国家统一的、与国际接轨的 MRV (Measurement, Reporting and Verification)标准；充分考虑碳交易市场对社会经济的影响，优化资源配置，提高环境管理效率。

（12）城市低碳发展。

城市是人口的主要集聚地，城市经济是 GDP 的主要来源，同时也是最主要的温室气体排放来源。因此，本书以两批低碳试点城市为研究对象，结合中国不同类型城市特点，将其划分为老工业基地、国际大都市、资源型城市、生态型城市四类；分析产业结构调整、能源结构优化、低碳建筑推广、低碳交通构建低碳试点城市的 4 个重点发展领域；在此基础上，总结四类低碳试点城市的具体发展模式及不同发展阶段城市实施低碳发展的措施演变。研究结果表明，中国的低碳城市试点已经初见成效，并对能源、环境等相关工作起到积极作用，提高各地的协同治理水平，发挥引领作用，但未来需要在更加完善的政策法规的指导下进一步完善低碳城市发展的具体实施方案；加强低碳城市各部门之间的协同治理、促进城市之间的协同成长；通过点面结合的方式推进中长期低碳城市建设。

（13）中国低碳发展路径。

在深入剖析中国不同领域和部门二氧化碳排放动态变化的基础上，本书认为按照趋势照常情景，我国碳排放峰值可能出现在 2027 年左右，对应的人均 GDP 水平为 2.7 万美元（2005 年不变价 PPP），排放规模约为 117 亿吨二氧化碳。碳排放达峰的过程中，低碳发展仍面临能源供应安全保障将很难实现碳排放峰值对能源消费结构的刚性要求，未来大规模城镇化将是 2030 年碳排放达峰的主要增长驱动，区域发展不均衡将导致部分区域碳排放仍快速增长，工业碳排放将直接决定碳峰值目标实现与否等挑战。因此，达峰前，建议我国低碳发展战略以构建气候友好型能源供应和消费体系；率先在经济较发达地区推动低碳发展，尽早实现人均排放出现峰值；打造低碳产业体系；加强城市低碳建设等为主。达峰后，建议制定包括构建以低碳和近零碳能源为主的能源供应和消费体系；全国范围开展零碳试点；形成以低碳国际竞争力为特征的产业；全社会建立低碳消费模式等的低碳发展战略。

魏一鸣

2016 年 12 月 26 日

目 录

Contents

第1章 气候变化与低碳发展

工业革命以来，人类活动导致的温室气体过度排放是全球气候变暖的主要原因。全球气候变暖正在并将在未来很长的时期内对社会、经济、环境等各个方面产生不同程度的影响，成为制约人类社会可持续发展的重要因素之一。目前，《巴黎协定》已就21世纪末全球气温升高不超过 2℃达成政治共识，大量削减温室气体排放成为世界各国面临的共同挑战。温室气体深度减排下的低碳发展正在成为当今世界各国应对气候变化的重要路径和内容，是全人类的必然选择。

1.1 低碳发展的内涵

低碳发展的提出源于关于"低碳"或"减碳"概念的讨论。1990 年，联合国政府间气候变化专门委员会（Intergovernmental Panel on Climate Change，IPCC）发布了第一次《气候变化：自然科学基础》报告，指出人类活动是气候变暖的主要原因（IPCC，1990）。自此，人类活动，尤其是化石燃料利用、工农业生产、土地利用、生产生活废弃物处理排放的以二氧化碳为主的温室气体，是导致全球气候变暖的主要因素，成为广泛接受的观点。2005 年《京都议定书》正式生效，标志着人类历史上首次以法规形式限制温室气体排放。这期间，国际上的焦点主要集中在探讨气候变化的原因及诱发因素，一般认为人类活动是主要的诱因，因此，围绕减少人为二氧化碳排放，形成一系列"低碳"或"减碳"的概念，许多国家也对应出台一系列政策法规，但整体上讲，这一时期的"低碳"仍主要体现为一种被动行为。

在"低碳"理念的推动下，各国相继探索如何更有效地减缓气候变化，而气候变化不仅仅是环境问题，归根到底是发展问题，因此，学术界和政治界开始探讨将低碳与经济行为联系起来。2003 年，英国政府在发布的能源白皮书《我们能源的未来：创建低碳经济》（Our Energy Future -Creating a Low Carbon Economy）中首先提出了"低碳经济"的概念（Department of Trade and Industry，2003）。自此，"低碳经济"的理念引发了国际社会的高度重视和积极讨论。尽管英国能源白皮书没有给出确切的低碳经济定义和可供比较的方法和指标体系，但明确了低碳经济发展模式的目标，即通过更高的资源利用效率来提高人们的生活水平和质量。

国内学者针对"低碳经济"的概念展开了广泛的讨论，例如，低碳经济是以较少的能源消耗和温室气体排放实现社会经济发展目标（庄贵阳，2007）或者获得较大的经济产出（刘传江和冯碧梅，2009）；低碳经济是以低能耗、低物耗、低排放、低污染为特征或基础的绿色生态经济发展方式（鲍健强等，2008）；低碳经济也作为低碳产业、低碳技术、低碳生活等一类经济形态的总称；低碳经济与循环经济、生态经济、绿色经济的发展目标是一致的（鲁丰先等，2012），其基本目的是实现经济、社会和生态的可持续发展（付允等，2008）。自"低碳经济"概念提出后，其理念不断扩散到经济、技术、社会的各个领域，内涵也不断深化和扩展。

近年来，国际和国内关于低碳发展的研究呈井喷态势，"低碳"一词从单纯的经济问题开始向国家、社会的各个方面进行渗透和覆盖，社会关注加大，"发展"成为社会公众普遍关注的问题。"低碳发展"开始替代"低碳经济"成为新的研究热点（龚洋冉等，2014）。低碳发展强调"低碳"与"发展"的有机结合，但其本质和内涵则不仅仅局限于经济发展本身。低碳发展是当今国际社会减缓和应对全球气候变化的战略选择，并将引领一种新趋势（刘助仁，2010；段红霞，2010）。

作为全球最大的发展中国家和碳排放国家，我国越来越意识到低碳经济需要与发展结合起来，探索一种以低碳排放为基本特征的发展模式。2012 年，中国共产党第十八次全国代表大会报告提出了"要推进绿色发展、循环发展、低碳发展"，这是我国官方正式公开提出"低碳发展"。低碳发展模式的提出不仅成为解决全球气候变化难题的重要抉择，也是人类社会继农业文明、工业文明之后，人类经济发展方式的又一次重大转折。

1.1.1　低碳发展的基本特征是低能耗、低排放和低污染

低能耗、低排放、低污染是低碳发展的三大基本特征。低能耗是指优化能源生产和消费结构，提高可再生能源占比，减少化石能源的利用；提高能源效率，强调能源节约。低排放是指降低二氧化碳排放总量、单位 GDP 二氧化碳排放量、人均二氧化碳排放、单位能源消费的二氧化碳排放等，不断提高碳生产力。低污染是指在减少二氧化碳排放的同时，也能实现常规或局部污染物的减少，实现气候与环境的双赢。

1.1.2　低碳发展本质上是一种经济社会发展模式

"低碳"代表了降低碳排放，"发展"意味着效率、效益或竞争力的提高，人们需要的是在"低碳"的同时能实现"发展"的目标。依靠单一的指标显然不能反映低碳发展的全部内涵。低碳发展需要建立一种较少温室气体排放的经济发展模式，这个过程涉及经济发展的方方面面：调整经济到一个低能耗且高效的产业结构；全面实现用能技术的先进化，普及能源高效利用和碳减排技术；全面合理地发展可再生能源，减少高碳能源使用，优化能源利用结构；转变居民生活方式，寻求低碳排放的消费行为；发展低碳农业，增强森林覆盖和管理等（2050 中国能源和碳排放研究课题组，2009）。推动经济结构和能源结构的低碳转型，需要加强节能技术、低碳能源技术、碳减排技术等的研发和推广，技术创新在这个过程中起着至关重要的作用。同时，作为一种新的经济形态和发展模式，低碳经济发展不仅可以实现经济发展方式的转型，探索形成新的经济增长点，而且可以以低碳理念为基础重构产业结构，以低碳能源、节能低碳环保等战略性新兴产业为突破口，培育绿色新兴产业。

1.1.3　低碳发展强调经济制度和社会制度的创新

制度创新是低碳发展转型的关键。经济发展模式的转型，不仅需要现有国家经济、

能源、环境等政策的深化和扩展，而且需要经济制度和社会制度的系统性创新。经济制度上的调整涉及各层级的政策创新，如明确国家经济发展和能源发展战略、建立低碳发展的税收和财政政策、调整能耗和排放标准、制定低碳发展规划等。同时，低碳发展需要调动并发挥全社会各种经济能动者的作用，尤其是近年来，涉及环境改革问题时，社会运动越来越多地参与公众与私人的决策体制之中，低碳发展需要重视环境运动这种新型社会运动在环境改革过程中的作用。此外，采用传统行政命令控制型环境规制的同时，还需要探索更加去中心化、更灵活、更强调共识的治理方式，并充分发挥市场机制的作用。

1.1.4　低碳发展倡导意识形态的转变

应对气候变暖危机，人类不仅要从人与自然、国家与国家、人与人之间的关系和基本权利角度考虑资源利用问题，还要将个人自身的世界观、价值观针对这些问题进行再调整，为低碳发展建立意识形态上的基础（张平和杜鹏，2011）。如果世界观、价值观不能与低碳发展相协调，就不能建立起相应的意识形态，也就难以进行有效的技术创新和制度创新，或者使得新的制度和技术在实际运行中的成本大幅升高。低碳发展不仅是社会生产方式的变革，也是人类意识形态和生活方式的重大转变。在这一过程中，政府作为社会管理者，要将低碳理念贯彻到提供公共产品和服务之中；企业作为社会最重要的生产者，应该以开发和提供低碳商品和服务为导向；全社会公民需要践行低碳的绿色消费方式和生活方式，将低碳生活作为一种生活态度，使得低碳文化和节能意识成为全社会的主流意识，旨在在全社会推动低碳生产、低碳消费等生产生活方式的转变。

1.2　世界碳排放格局

地球上的二氧化碳净排放主要来源于化石能源燃烧和工业生产过程。由于世界各国经济发展阶段、经济发展方式、能源结构、能源技术、人口规模和结构等不同，世界各国的碳排放也有很大不同。

1.2.1　全球碳排放总体上持续增长

全球经济发展带动了能源消耗及副产品二氧化碳排放量的持续增长。尽管经济结构在变化、能源效率在持续提升、能源结构在转型，但并没有全部抵消经济规模扩张带来的碳排放规模增大。世界化石能源燃烧产生的二氧化碳排放量总体上呈持续增长态势，2013 年排放量达到 317 亿吨，人均排放量达 4.52 吨，如图 1-1 所示。1990～2013 年碳排放总量年均增长 2%，人均碳排放量年均增长 0.5%。

从化石燃料燃烧的碳排放总量来看，2013 年最大的碳排放经济体为中国(28%)，其次分别是美国(16%)、欧盟(10%)及印度(6%)，如图 1-2 所示。中国排放总量已相当于美国和欧盟排放总和。由于全球的化石能源消费主要集中在美国、欧盟等发达国家以及中国、印度等人口大国和工业化国家，这些国家都是二氧化碳排放的主体。

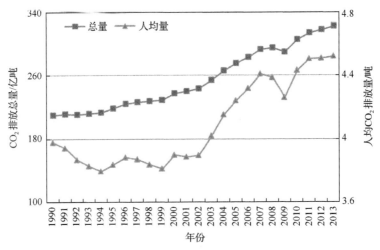

图 1-1　1990~2013 年 CO_2 排放总量和人均排放量

数据来源：IEA（2015a）

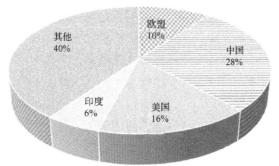

图 1-2　2013 年世界主要经济体碳排放占世界比例

数据来源：IEA（2015a）

从人均排放量来看，世界人均二氧化碳排放量为 4.52 吨，美国高达 16.18 吨，约为世界平均水平的 4 倍。尽管中国的碳排放总量最多，但人均排放量仅为 6.6 吨，超过欧盟的人均排放，与美国相比还相去甚远，如图 1-3 所示。

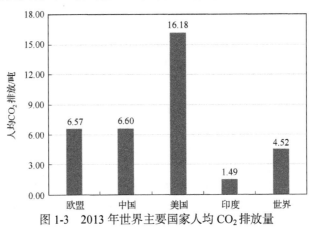

图 1-3　2013 年世界主要国家人均 CO_2 排放量

数据来源：IEA（2015a）

1.2.2　电力、交通、制造业碳排放量占总量的 80%

化石能源消费主要集中在工业、电力和交通运输部门，所以碳排放也主要集中在这些部门。如图 1-4 所示，2013 年电力、制造业、交通部门碳排放约占世界排放总量的 85%，其中电力部门的比例最高（约 43%）。电力、制造业、交通三个部门的碳排放总量比例，在美国、中国、印度、欧盟分别达到 83%、90%、90%、76%。目前工业化国家正在积极促进能源清洁化发展，发展中国家在提高电气化水平和经济水平的同时，也在努力优化能源结构。电力、制造业和交通运输业作为能源密集型行业，仍将是主要的二氧化碳排放部门（魏一鸣等，2008）。

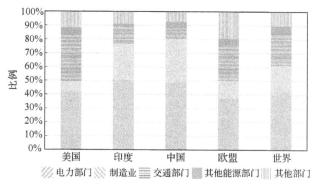

图 1-4　2013 年世界及主要国家各部门的碳排放比例

数据来源：IEA（2015a）

1.2.3　煤炭利用是主要的碳排放源

煤炭燃烧导致的碳排放在世界排放总量的比例不断上升，并在 2004 年超过石油，成为世界最大的碳排放源。如图 1-5 所示，2013 年，煤炭消费产生的二氧化碳在世界碳排放的比例升高到 46%，石油、天然气的比例分别为 34%、20%。这表明近 20 年来化石能源结构总体上趋向于碳密集型。例如，2013 年中国碳排放增长 5.3%，而其中煤炭消耗引起的排放增长 4.9%；印度碳排放增长 4.9%，其中煤炭消耗引起的排放增长 7.2%。

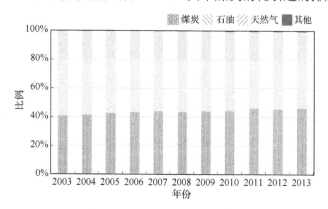

图 1-5　2003～2013 年世界化石能源的碳排放结构

数据来源：IEA（2015a）

1.2.4 近 20 年碳排放增量主要来自中国和印度

如图 1-6 所示,1990~2013 年,世界化石燃料燃烧排放的二氧化碳增量约为 116 亿吨。中国的增量最高,达 67.94 亿吨,贡献率达 58.57%;印度的二氧化碳增量为 13 亿,贡献率为 11.21%。美国的增量为 3.17 亿吨,占世界碳排放总增量的 2.73%;欧盟已实现绝对减排,碳排放量出现了负增长,减少了 6.84 亿吨。其余的碳排放增量则主要来自其他发展中国家。这主要是由于发展中国家仍处在工业化进程中,对化石能源存在大量需求,能源消费和二氧化碳排放都呈现出快速增长的趋势。未来二氧化碳的排放增量也将主要来自于发展中国家。但在 2030 年中国碳排放达峰后,世界碳排放增量的这种格局将随之发生较大变化。

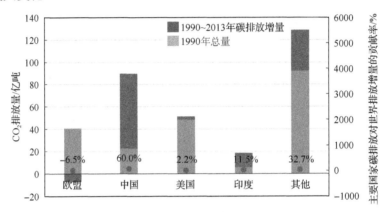

图 1-6 1990~2013 年碳排放增量及主要国家增量贡献率

数据来源:IEA(2015a)

1.3 减缓气候变化的国际形势

气候变化问题是主要发达国家国内环境污染问题基本得到解决后开始备受重视的全球性环境问题,随着其影响的日益显现和加剧,2020 年气候治理新秩序形成,气候变化及减缓正在对世界各国的各个方面,包括社会、经济、政治、外交、技术等产生难以估计的影响,并且这些影响是深远的,长期的。

1.3.1 气候变化导致的影响和风险越来越显著

联合国 IPCC 对气候变化问题进行了 5 次科学评估,证实了全球变暖的趋势及危害,并确认人类活动导致的温室气体排放增长是全球气候变化的主要原因。其中 IPCC 第五次评估报告表明:20 世纪 50 年代以来,许多观测到的全球气候系统变暖在过去数十年至几千年尺度上都是前所未有的。1880~2012 年全球地表平均温度上升了约 0.85℃,1983~2012 年可能是过去 1400 年来最热的 30 年;人类对气候系统的影响是明确的,极有可能的是,观测到的 1951~2010 年全球平均地表温度升高的一半以上是由温室气体浓度的人为增加和其他人为强迫共同导致的。

以变暖为主要特征的全球气候变化已导致了海平面上升、沿海洪涝和风暴潮、内陆洪水、农业生产力下降、生物多样性受到威胁、水资源分布失衡、灾害性气候事件频发、冻土融化等一系列不利影响。如果当前不采取积极有效的减缓措施，到 2100 年全球地表平均温度相对工业化前将升高约 4℃，届时全球将面临巨大的气候风险，包括不同程度的粮食安全、生态环境、海平面上升等问题。因此，深度减少人类活动的温室气体排放以控制温升已刻不容缓。

我国是遭受气候变化不利影响最为严重的国家之一。近百年来我国地表平均温度上升了 0.91℃，最近 60 年气温上升尤其明显，平均每 10 年约升高 0.23℃，对自然和社会系统产生了严重的影响，包括降水分布格局、极端气候事件的发生频率和强度、冻土变化、生物多样性变化等直接影响。同时，由于气候变化的直接影响也将导致重大工程风险、气象灾害、能源安全乃至经济安全等间接影响。

1.3.2　世界各国面临将温升控制在 2℃以内的挑战

《巴黎协定》已就本世纪内控制全球气温升高不超过 2℃达成共识。根据 IPCC 第五次评估报告，温室气体浓度到 2100 年控制在 450ppm（1ppm=10^{-6}），2℃目标才有较大可能（66%）实现。在此情景下，2011～2100 年全球累计二氧化碳排放为 6300 亿～1.18 万亿吨，远小于 1870～2011 年的全球累计排放量（为 1.63 万亿～2.125 万亿吨）（表 1-1）。在很可能（90%）实现 2℃目标情景下的最优排放路径为：到 2030 年，全球温室气体排放控制在 2010 年水平的 60%～100%（300 亿~500 亿吨二氧化碳当量）；到 21 世纪中叶，全球温室气体排放降低至 2010 年水平的 40%～70%，到 21 世纪末减少至近零（IPCC，2014）。这意味着实现温升控制在 2℃以内的目标将极大地压缩全球未来的碳排放空间，世界各国面临碳排放空间不足的挑战。实现这个目标，不仅需要发达国家率先减排，以中国为首的发展中国家也要承担实质性的减排任务。

表 1-1　21 世纪二氧化碳排放、浓度及温度变化关系

2100 年 CO_2 当量浓度（CO_2 当量）/ppm	累计 CO_2 排放量（$GtCO_2$）		温度变化（相对于 1850～1900 年）				
	2011～2050	2011～2100	2100 年/℃	超过相应水平的概率/%			
				1.5℃	2℃	3℃	4℃
430~480	550~1300	630~1180	1.5~1.7	49~86	12~37	1~3	0~1
480~530	860~1600	960~1550	1.7~2.1	80~96	32~61	3~10	0~2
530~580	1070~1780	1170~2240	2.0~2.3	93~99	54~84	8~19	1~3
580~650	1260~1640	1870~2440	2.3~2.6	96~100	74~93	14~35	2~8
650~720	1310~1750	2570~3340	2.6~2.9	99~100	88~95	26~43	4~10
720~1000	1570~1940	3620~4990	3.1~3.7	100	97~100	55~83	14~39
>1000	1840~2310	5350~7010	4.1~4.8	100	100	92~98	53~78

注："2100 年 CO_2 当量浓度"包括所有温室气体、卤化气体、对流层臭氧、气溶胶和反射率变化的强迫；

资料来源：IPCC（2014）。

1.3.3　国家自主贡献减排承诺将成为 2020 年气候治理新秩序构建的基础

《巴黎协定》标志着"国家自主贡献（Intended Nationally Determined Contributions，INDC）"的"自下而上"的减排承诺机制取代了《京都议定书》"自上而下"的减排模式，即根据《联合国气候变化框架公约》缔约方会议有关决议的要求，由各国自主提出应对气候变化行动目标。2014 年利马气候变化大会明确了 INDC 原则，并要求所有缔约方在 2015 年 10 月前提交各自国家自主贡献文件，并作为 2015 年 12 月巴黎气候变化大会谈判的基础。

共有 162 个国家提交了国家自主减排贡献方案，如美国承诺 2025 年所有部门的 7 种温室气体排放比 2005 年减少 26%~28%；日本承诺 2021～2030 年所有部门的 7 种温室气体分别比 2005 年和 2013 年下降 25.4% 和 26%；我国的目标是到 2030 年能源燃烧和工业生产过程的二氧化碳排放强度比 2005 年下降 60%～65%，2030 年左右二氧化碳排放达峰。但是，如何在发展中实现减排将是这些国家面临的重要挑战之一。同时，"自下而上"的国家自主减排贡献与《巴黎协定》的"自上而下"的中长期目标的有效结合也是这种减排方式的重要挑战之一。

碳排放与社会经济生产生活紧密相关，实现碳减排是牺牲人民生活水平提高限制生活碳排放，牺牲工业化和国际化限制工业碳排放，还是寻求一种新的发展路径实现经济社会发展与碳排放控制的双赢，是各国决策者急需解决的涉及国计民生的国家战略问题。

1.3.4　气候变化成为世界各国多边和双边合作的重要内容

气候变化问题已成为各国双边和多边关系中与政治、经济等相提并论的主要内容之一。《中美气候变化联合声明》明确了载重汽车和其他汽车减排、智能电网、碳捕集利用和封存、温室气体数据的收集和管理、建筑和工业能效五大合作领域。中欧《第十次中欧领导人会晤联合声明》，强调双方将继续加强合作共同应对气候变化带来的严峻挑战，双方同意将积极落实业已达成的 2008～2009 年"中欧气候变化伙伴关系滚动工作计划"，就中国省级气候变化项目、气候变化适应战略和公共意识倡议等开展合作。其中，低碳技术、低碳城市等成为国际合作的热点。

上述分析表明：基于全球气候变化的影响和可能进一步加剧的风险，在 2℃温升控制目标约束的有限碳排放空间下，低碳发展正在成为一种被认可和广泛接受的国家发展道路或模式，以解决发达国家和广大发展中国家面临的发展与减排之间的矛盾。

1.4　世界主要国家低碳发展战略动态

在欧美等发达国家完成工业化后，旧的经济模式已经没有足够的发展空间和竞争优势的背景下，世界各国都在寻求新的经济增长点，以经济转型实现经济复苏，低碳经济正在成为发达国家参与国际竞争的新战略。

1.4.1　欧盟提出 2030 年减排 40%的承诺

欧盟是应对气候变化的倡导者和先行者，2008 年 3 月提出了一揽子能源气候计划，包括欧盟排放权交易机制修正方案、欧盟成员国配套措施任务分配的决定、CCS（Carbon Capture and Storage）法律框架、可再生能源指令、汽车二氧化碳排放法规和燃料质量指令等内容。2014 年欧盟发布了《气候和能源政策新目标白皮书》，提出了具有约束力的长期减排目标，包括计划到 2030 年将温室气体排放量在 1990 年的基础上减少 40%，可再生能源在能源使用总量中的比例提高至 27%，能源使用效率提高 27%以上。2015 年 3 月，欧盟提交了"国家自主贡献"文件，对国际社会作出了到 2030 年减排 40%的承诺。

在政策方面，2005 年 1 月启动了最大的跨国家多部门参与的欧盟排放交易系统（European Union - Emissions Trading System, EU-ETS），从 2013 年开始，竞标拍卖成为各成员国分配温室气体排放权的方法，2013 年各行业通过拍卖方式购买其排放许可权的 20%，以后逐年增长拍卖购买比例，到 2020 年拍卖购买比例达到 70%，2027 年全部排放权都需要购买。同时，率先实行交通领域的二氧化碳排放标准，要求到 2020 年，所销售的 95%的新车二氧化碳平均排放不超过 95 克/公里，到 2021 年这一要求必须覆盖所有新车。如果届时汽车制造商无法达到上述标准，超出标准的车辆将受到欧盟每辆车 95 欧元/克/公里的罚款。此外，可再生能源利用也是欧盟低碳发展的一个重要领域。2009 年欧盟设定了利用可再生能源的法定约束性目标，即在 2020 年实现可再生能源在全部能源消费中的占比为 20%，运输部门可再生能源的使用占比为 10%。据欧盟委员会公布的《2020 可再生能源目标进展报告》显示，2014 年可再生能源在全部能源消费中的占比为 15.3%。

在低碳技术领域，欧盟委员会制定了欧盟发展低碳技术路线图，推动低碳技术的发展。2008 年，欧盟委员会成立了"能源技术战略指导委员会"，指导"能源技术战略计划"。2008 年，启动了 6 个行动计划：①欧洲风力计划，重点集中在大型涡轮机及与近海和陆上应用项目有关的大型系统示范项目；②欧洲太阳能计划，重点是光电和太阳能大规模示范项目；③欧洲生物质能源计划，重点是生物能使用战略框架下发展新型生物燃料；④欧洲二氧化碳捕集与封存计划，重点是提高二氧化碳捕集与封存的效率与安全性；⑤欧洲电网计划，重点是开发智能电力系统；⑥可持续核裂变计划，重点是开发第四代核电技术（蓝虹等，2013）。

1.4.2　英国率先践行低碳经济

作为低碳经济的倡导者，2008 年英国将《气候变化法案》作为一项具有法律约束力的法案正式发布，修改并明确了减排目标：到 2020 年温室气体排放要在 1990 年的基础上减排 34%，到 2050 年要减排 80%。为了实现节能减排目标，英国成立了气候变化委员会，专门负责对温室气体减排方面的政策、投入等问题向政府提出切实有效的政策建议；同时还制订了未来 15 年的发展计划，为引导企业和个人向低碳科技领域投资提供了一个明确的框架。2000 年 11 月，英国颁布了《气候变化规划》，引入了经济政策为主的措施，如气候变化税、气候变化协议、排放贸易机制、碳基金、可再生能源强制条例、能源效率承诺和交通部门十年规划等，目的是提高能源利用效率，降低二氧化碳等温室气体的排放。

在政策方面，2001 年 4 月，英国实施气候变化税。气候变化税实际上是一种"能源使用税"，计税依据是煤炭、天然气和电力的使用量，但对石油产品、热电联产和可再生能源使用可以减免。征收目的主要是提高能源效率和促进节能投资，而不是为了扩大税源，筹措财政资金。在征收气候变化税的同时，英国政府调低了所有公司替雇员交纳的社会保险金比率（调低 0.3%）。针对可再生能源使用制定了《可再生能源强制条例》，要求电力供应商必须购买一定比例的可再生能源销售给客户，该强制条例于 2002 年 1 月 1 日生效，强制程度将逐步提高，到 2010 年，可再生能源占总供电的 10%。与此相应，英国政府承诺提供大笔资金（2002～2008 年为 5 亿英镑，发展近海风能、生物质能和太阳能）及相关技术（如燃料电池、微型发电）的示范项目和研发活动。

在低碳技术方面，2010 年，英国能源与气候变化部发布《清洁煤：英国 CCS 产业发展战略》，提出到 2030 年具备可持续 CCS 供应链与技术发展实力，提出 CCS 发展方案，包括首批 4 个示范项目，以及超过示范规模的具体项目方案。2012 年，英国政府发布 CCS 商业化计划和路线图，将投资 10 亿英镑支持愿意发展大规模商业化项目的企业；投资 1.25 亿英镑支持相关技术研发，包括建立"英国 CCS 技术研究中心"。

1.4.3　日本倡导低碳社会计划

日本将低碳发展的考虑纳入了能源、经济、社会等领域的战略规划中，从 2003 年开始，日本陆续发布了《日本基础能源计划》《国家能源新战略》《建设低碳社会行动计划》《新经济增长战略》等。《建设低碳社会行动计划》对于全社会开发使用太阳能和核能等清洁能源代替常规化石能源给予了预算资金的支持，从而促进实现清洁生产，降低排放，最终实现低碳社会。日本构建低碳社会的具体目标如下：到 2020 年实现燃料电池汽车、插电式混合动力汽车、清洁柴油汽车等清洁能源汽车占新生产汽车一半以上，提高太阳能发电量。

在政策方面，为了减少二氧化碳等温室气体的排放，日本政府针对石油、煤炭、天然气等燃烧后排放二氧化碳的化石燃料等，从 2007 年 1 月起征收环境税。环境税税率为 2400 日元／吨碳。日本环境税主要根据化石能源中的碳含量进行纳税，激励纳税者和大企业进行自主研发，最终引导依赖化石能源的社会经济体系和产业结构进行变革。日本实施环境税主要考虑其具备三方面效应：价格效应、宣传效应和财源效应。针对节能和新能源，日本政府对于使用节能设备的单位给予税收、贷款等方面的优惠；对耗能过多的单位，限期进行整改，整改后仍不达标者进行曝光、罚款等处理。提倡节能建筑，申报新建设或改建建设工程必须附有节能措施；普及节能汽车；普及家庭住宅节能系统；减少家庭电器、办公室自动化设备待机耗电等。政府低息融资铺设天然气管道，鼓励使用天然气；提倡使用太阳能、地热、风能、核能发电。

在低碳技术领域，2008 年日本内阁"综合科学技术会议"制定了"环境能源技术创新计划"，对 200 多项技术分类进行综合评价分析，最终选定了 21 项技术作为日本低碳技术创新的重点，称为"创新技术 21"。为了支持这些技术的发展，日本政府在"家电节能""低碳建筑""低碳交通运输""绿色金融体系"等领域先后出台了领跑者计划、特别折旧制度、预算补助金制度、特别会计制度等多项措施。日本 2010 年财政预算中有高达 88.5 万亿日元的预算用于鼓励发展低碳产业，其中包括对研发推广环保汽车减免税 2100 亿日元；对投资节能环保产业的企业减税 1900 亿日元；对中小企业节能减排项目减税 2400 亿日元等。

1.4.4　美国提出低碳经济战略

美国在气候变化领域的政策受政府影响很大。奥巴马政府对气候变化问题十分重视，发布了《总统气候行动计划》，全面推进应对气候变化工作。2014 年 11 月发布的《中美气候变化联合声明》中，美国提出了在 2005 年基础上实现到 2025 年温室气体减排 26%～28%的目标。2015 年 3 月，美国也正式向《联合国气候变化框架公约》秘书处提交了"国家自主贡献"文件。但是，2017 年川普政府上台后，对应对气候变化问题持反对态度。因此，美国的应对气候变化政策不确定性很大。

上述分析表明，美国、欧盟、日本等国家的低碳发展不仅仅是理念，更是落实到国家战略和法律法规引导低碳经济发展；重视低碳技术的研发和推广，将可再生能源利用作为降低碳排放的重要举措；运用税收减免、优惠贷款等财税政策刺激低碳经济发展；基于市场机制开展碳排放交易，强化标准标识，强制减少能耗。

1.4.5　发达国家实施低碳城市和社区示范

在国家顶层战略的支持下，发达国家在低碳城市、低碳社区等领域开展了大量实践工作。

1. 低碳城市

英国是低碳城市规划和实践的先行者，2007 年英国皇家污染控制委员会提出"低碳城市"，要求英国所有建筑物在 2016 年实现零排放。为降低新建筑物能耗，2007 年 4 月英国政府颁布了《可持续住宅标准》，对住宅建设和设计提出了可持续的节能环保新规范。在具体操作层面，政府宣布对所有房屋节能程度进行"绿色评级分"，从最优到最差设 A～G 级 7 个级别，并颁发相应的节能等级证书。

伦敦市在低碳城市规划中更是起到了领跑者的作用，低碳城市建设的重点包括以下 4 个方面。

（1）改善现有和新建建筑的能源效率。推行"绿色家居计划"，向伦敦市民提供家庭节能咨询服务；要求优先采用可再生能源。

（2）发展低碳及分散(low carbon and decentralized)的能源供应。在伦敦市内发展热电冷联供系统(combined cooling, heat and power)、小型可再生能源装置(风能和太阳能)等，代替部分由国家电网供应的电力，从而降低因长距离输电导致的损耗。

（3）降低地面交通运输的排放。引进碳价格制度，根据二氧化碳排放水平，向进入市中心的车辆征收费用。

（4）市政府以身作则。严格执行绿色政府采购政策，采用低碳技术和服务，改善市政府建筑物的能源效率，鼓励公务员节能。

瑞典将低碳城市建设理念融入可持续发展战略。瑞典马尔默是瑞典第三大城市，也是从工业城市成功转型为知识生态城市的典范，其能源全部来源于可再生能源，包括太阳能、风能、垃圾发电。马尔默拥有瑞典最大的光伏发电站，太阳能采集面积达 1250 平方米，峰值发电功率可达 166 千瓦，全国大部分的太阳能能源是在马尔默生产的。此外，建立了完善的厨房垃圾回收系统，并加工成沼气，成为替代汽油的生物燃油或生物燃气。

2. 低碳社区

社区是承载人口最重要的基本单元，是人们居住和生活的场所，是建设资源节约型和环境友好型社会、引领绿色低碳的基础载体。欧洲国家十分重视低碳社区建设，比较有代表性的是英国贝丁顿社区和丹麦太阳风社区。

英国贝丁顿社区位于英国伦敦南部萨顿区，零能源发展设想在于最大限度地利用自然能源、减少环境破坏与污染、实现零矿物能源使用，在能源需求与废物处理方面基本实现循环利用。其目的在于构建零能源消耗的小区发展，又称为"贝丁顿零能源发展"计划，此计划在 2000～2002 年完成，这是世界上第一个零碳排放社区。贝丁顿零碳社区设计原则包括零化石能源(只使用基地内生产的可再生能源及树木废弃物的再生能源)、高质量(提供高质量的公寓)、能源效率(建筑面南、使用三层玻璃及热绝缘装置)、水效率(雨水大多回收再利用，并尽可能使用回收水)、低冲击材料(材料来自 35 英里范围内的可再生及回收资源，1 英里=1.609 千米)，废弃物回收(废弃物收集设施)、共乘制(鼓励居民以共乘方式取代自驾车)及鼓励生态友好的运输[电动及 LPG(Liquefied Petroleum Gas)油气双燃料车比汽柴油车享有优先路权，停车场提供电力充电设备]等。

丹麦 Beder 的太阳风社区是由居民自发组织起来建设的公共住宅社区。社区的名称"太阳风"就映衬了社区以太阳、风作为主要能源形式的特点，强调尽量使用可再生能源和新能源，降低能耗和节约能源，采用主动式太阳能体系。社区内约有 600 平方米的太阳板，这些太阳板主要设置在公共用屋和住宅上，太阳能满足了该社区 30%的用能需求。同时，还在离社区 2 公里左右的山坡上设置了 22 米高的风塔以获取风能，风能占该社区能量总消耗的 10%左右。此外，在公共用屋的地下室还设置了一个固体废弃物(主要是木料)焚化炉，在室外温度低于−5℃时集中为居民供热。社区内一块菜园加强了区内的物质循环，增加自然景观的生产性，减少对外界资源的依赖，减少运输能耗。

1.5　中国低碳发展的战略需求

中国低碳发展不仅是国际减缓气候变化的客观需要，更是立足国内、以自身发展需求为主，统筹国际、放眼长远，以服务国内经济社会发展和生态环境改善实际需要为核心，结合国家政治外交方面的利益与诉求，努力实现经济、气候、环境协调发展的必然要求。

1.5.1　政府提出了 2030 年左右碳排放达峰的目标

政府确定了明确的应对气候变化目标。政府高度重视应对气候变化工作，把积极应对气候变化作为国家经济社会发展的重要组成部分，2009 年确定了到 2020 年的目标，即单位国内生产总值二氧化碳排放比 2005 年下降 40%～45%，非化石能源占一次能源消费比例达到 15% 左右，森林面积比 2005 年增加 4000 万公顷（1 公顷=10000 平方米），森林蓄积量比 2005 年增加 13 亿立方米，其中"十二五"规划期间，单位国内生产总值的二氧化碳排放比 2010 年下降 17% 左右。2015 年确定了到 2030 年的自主行动目标，即二氧化碳排放在 2030 年左右达到峰值并争取尽早达峰；单位国内生产总值二氧化碳排放比 2005 年下降 60%～65%，非化石能源占一次能源消费比例达到 20% 左右，森林蓄积量比 2005 年增加 45 亿立方米左右。

中国低碳发展实践取得显著成效。中国政府制订并实施《中国应对气候变化国家方案》《"十二五"控制温室气体排放工作方案》《"十二五"节能减排综合性工作方案》《节能减排"十二五"规划》《国家应对气候变化规划(2014-2020 年)》等，努力推动国家目标的实现。2014 年，中国单位国内生产总值二氧化碳排放比 2005 年下降 33.8%，非化石能源占一次能源消费比例达到 11.2%，森林面积比 2005 年增加 2160 万公顷，森林蓄积量比 2005 年增加 21.88 亿立方米，水电装机达到 3 亿千瓦(是 2005 年的 2.57 倍)，并网风电装机达到 9581 万千瓦(是 2005 年的 90 倍)，光伏装机达到 2805 万千瓦(是 2005 年的 400 倍)，核电装机达到 1988 万千瓦(是 2005 年的 2.9 倍)，并在 7 个省(市)开展碳排放权交易试点，在 42 个省(市)开展低碳试点，积极探索符合中国国情的低碳发展新模式。

1.5.2　低碳发展是生态文明建设的核心内容

我国正处于经济新常态发展阶段，适应新常态意味着生态文明理念将上升为统筹谋划解决环境与发展问题的重大理论，将更加注重发展的质量和效益。党中央、国务院《关于推进生态文明建设的若干意见》明确提出了"在环境保护与发展中，把保护放在优先位置，在发展中保护、在保护中发展"的原则。低碳发展作为一种新的经济发展模式，就是落实党中央、国务院关于保护优先的思想，寻求新的发展道路和增长点，统筹协调资源环境瓶颈制约的主要措施。

1.5.3　低碳发展是实现"两个一百年"奋斗目标和伟大复兴中国梦的重要途径

实现全面建成小康社会和现代化奋斗目标，必须转变传统的高碳发展模式。过去 30 年的工业化和国际化道路浓缩了发达国家近百年的发展进程，发达国家依次出现并逐步解决的资源环境问题在我国集中爆发。因此，实现"两个一百年"奋斗目标和中华民族伟大复兴中国梦将不能沿袭传统粗放以牺牲资源环境为代价的发展模式，必须在可持续发展框架下，协调资源与环境，统筹经济发展与环境保护。

1.5.4 低碳技术和产品服务发展将引领新的经济增长点

全球经济格局正在发生明显转变，在传统经济增长动力匮乏时，欧美国家在应对气候变化背景下正力推低碳经济、低碳社会和低碳发展等，力求以"绿色、低碳"为标志的新气候经济引领新的经济增长，并长期保持其国际竞争力。新的经济竞争中，绿色、低碳技术和产品服务无疑是重中之重。当前尽管我国作为全球制造业大国，但在国际产业链分工中仍处于中低端环节，缺乏关键技术、品牌等核心。随着我国资源环境对经济发展的瓶颈制约越来越明显，长期依靠廉价劳动力和过高资源环境成本而获得的加工制造业竞争优势正在失去。因此，必须积极推动低碳发展，在以应对气候变化为背景的国际低碳技术和产业发展格局中占领高点，在国际分工中形成新的产业发展优势。

1.5.5 我国的温室气体减排压力将伴随着经济发展长期存在

我国二氧化碳排放量已占世界的 1/4，2013 年已超过欧盟和美国排放总和，相关研究表明：2020 年左右将超过 OECD 国家总和，二氧化碳排放总量持续第一，在 2030 年左右达到排放峰值。未来我国的碳排放水平对于全球的排放路径至关重要，全球碳排放峰值的出现很大程度上依赖于中国碳排放峰值的出现。此外，随着我国人均 GDP 接近并达到中等收入国家平均水平，人均年碳排放量增长较快，根据 IEA(International Energy Agency) 数据，2013 年约为 6.60 吨，超过世界平均水平，接近部分欧洲国家的水平，正在进入人均高碳排放水平国家行列。根据 IPCC 第五次评估报告，在高概率实现 2℃ 温升目标下，全球的剩余碳排放空间已不足 1 万亿吨二氧化碳，世界各国均面临排放空间不足的问题。我国也不例外，需要大量减排二氧化碳，对于以煤炭为主的能源消费大国，碳减排将成为最重要的社会经济发展瓶颈之一。

1.5.6 国内能源安全和环境污染倒逼高碳经济增长方式低碳化转型

以高碳为特征的发展模式使我国付出了沉重的环境代价。当前，整体环境污染较为严重，大气领域压缩型、复合型的环境问题愈加尖锐，二氧化硫和氮氧化物排放高居世界首位，部分地区大气污染排放超过了当地环境容量，尤其是 2013 年以来出现了大范围的严重雾霾天气，已引起了社会各界的高度关注，成为当前环境污染的重中之重。环境质量改善的迫切需求将进一步驱动应对气候变化工作的开展。此外，我国化石能源供应安全压力进一步加大，能源消费总量大，是第一大能源消费国，但"富煤、贫油、少气"，2012 年，我国煤炭产量已超过科学产能供应能力将近 1 倍，造成采空区土地塌陷面积已达 100 万公顷，带来越来越严重的地下水资源破坏、大气和土壤污染等生态环境问题。石油进口依存度已超过 50%，2013 年石油、天然气对外依存度已高达 58.1%和31.6%，对外依存度已经接近红线水平；同时，由于大气环境的恶化，近年来国内对天然气的需求日益增加，对外依存度呈现迅速攀升趋势，在复杂多变的全球能源格局中石油和天然气供应安全面临着不确定极大的地缘政治、价格和运输风险。

在经济发展新常态的背景下，大力推进生态文明建设迎来重要战略机遇期，国内环境质量的改善，需要以绿色低碳引领经济增长方式转型，低碳发展已从"要我做"转变为"我要做",并成为我国可持续发展、改善民生的必要条件。然而,低碳发展也面临着严峻的挑战。

1.6　中国低碳发展面临的挑战

我国作为最大的碳排放国家,由于城镇化、工业化、国际化和现代化程度的进一步提高,在今后一段时期内,高碳锁定效应仍将继续存在。主要表现为以下方面:发展阶段难以逾越,碳排放总量面临达峰,能源消费结构以煤炭为主,技术相对落后,区域碳排放差异较大,城镇化背景下高碳排放基础设施的扩张等。

1.6.1　低碳发展需要与新型工业化、城镇化、信息化和农业现代化高度融合

当前,中国经济已进入"新常态",增速已从高速进入中高速阶段,发展质量由中低端提升为中高端水平。虽然我国人均 GDP 超过 7000 美元,但人口基数庞大,区域发展不均衡,减少贫困、发展经济、满足就业、提高全体人民的生活水平、实现"两个一百年"奋斗目标和中华民族伟大复兴中国梦,仍然是中国面临的最大任务,这意味着我国在相当长的一段时间内仍将是发展中国家,发展压力将长期存在。低碳发展也不是简单地作为一种环境管理手段,而是成为协调经济发展与资源节约、环境保护关系的制度安排,是国家经济发展模式的重要组成部分。在我国经济减速提质、增长动力换挡的大背景下以及经济放缓、去产能、去库存带来的经济和社会压力下,推动低碳发展与新型工业化、城镇化、信息化和农业现代化的高度融合,走出绿色窘境,跳出资源陷阱,破除环境怪圈,将与高碳排放相关的投资拉动转变为创新、协调、绿色、开放、共享的低碳发展动力,是中国经济低碳转型的关键。

1.6.2　碳排放总量面临达峰

我国目前的二氧化碳排放总量已相当于美国和欧盟的总和。未来由于我国所处发展阶段,人民生活水平提高的迫切需求,以及快速城镇化推进将刺激基础设施建设的进一步扩张,我国作为制造大国的现状短时难以改变,以钢铁、水泥等为首的高耗能产品仍居世界首位,因此,高碳锁定效应和人民生活水平提高所带来的碳排放量仍将继续增长。同时,在这个过程中,还将面临着到 2030 年中国以什么样的发展路径实现碳排放总量达峰。

1.6.3　以煤为主的巨大能源消费量短期内改变

我国煤炭消费在能源消费结构中占比超过 2/3,煤电在发电结构中占比超过 3/4,煤炭消费所产生的二氧化碳占我国能源消费二氧化碳的比例近 80%,由于上述因素,我国单位能源消费的二氧化碳明显高于其他排放大国,如美国和欧盟。走低碳发展之路,首先需要改变以煤为主的能源结构,增加非化石能源。但是我国的能源消费总量大,非化石能源资源是否可以替代较大比例的煤炭,是否会进一步加剧国内能源供应安全是能源低碳化过程中需要认真思考的问题。

1.6.4　技术水平相对落后导致低碳生产后备不足

我国总体技术水平不高，关键核心技术对外依存度超过 50%，具有自主知识产权的产品较少，科技成果转化为商品并且实现商品化的规模效益的比例仅为 10%～15%，远低于发达国家 60%～80%的平均水平，这是我国由"高碳经济"向"低碳经济"转型的最大挑战。未来我国要想实现低碳生产，抢占低碳科技和产业发展制高点，必须依赖关键核心技术的创新和应用。

1.6.5　区域碳排放差异较大

由于我国区域经济发展不均衡，区域碳排放也具有很大的差异，东部区域碳排放总量大，人均碳排放较高，碳排放强度相对较低；中部区域碳排放总量也较大，增速快于东部，人均碳排放增长较快，碳排放强度下降缓慢；西部区域碳排放总量小但增长迅速，人均碳排放低于东部，碳排放强度相对较高。在低碳发展过程中，如何兼顾不同区域的发展，在 2030 年中国碳排放总量达峰的背景下，协调不同区域制定适合不同区域的达峰方案和低碳发展方案也是中国低碳发展不可回避的挑战。

1.6.6　快速城镇化进一步刺激高碳排放型基础设施的扩张

随着城镇化的快速推进，城镇地区将成为我国二氧化碳排放的主要载体。城镇化不仅是拉动内需和推动经济发展的主要方式，也是提升社会服务能力和提高市民生活质量的重要载体，而城市基础设施建设运行和市民生活低碳水平直接决定了城市非经济领域的碳排放水平。如何从有利于绿色低碳的角度反思现有的城镇化发展模式，通过绿色低碳标准引导和倒逼城镇实现全面转型，是建成绿色低碳的城市建设和运营模式的必然选择。

1.6.7　低碳发展的法律法规政策与制度尚未健全

低碳发展涉及社会经济发展的方方面面，当前我国一些领域也提出了低碳发展的理念并开展了相关示范，但整体缺乏统一规划，缺少政策和法律法规的支持，从政府到企业再到消费者的低碳发展意识薄弱，认识急需提高，需要从政策、机制、制度、法律作出具体的调整和安排。

因此，本书针对上述挑战进行系统分析和研究，以期为中国的低碳发展提供技术支持和信息参考。

第 2 章　碳排放与经济发展关系研究

从各国的发展历程来看，经济发展水平是影响能源消费量的重要因素。能源碳排放系数的差别也会造成能源消费量排放二氧化碳不同。由于能源碳排放系数很大程度上受国家能源资源禀赋制约，短期内很难改变，所以二氧化碳排放变化趋势与经济发展水平有着密切的关系。本章应用统计和计量的方法揭示全球主要国家碳排放与经济发展关系的基本特征。

2.1　世界主要国家碳排放与经济发展关系现状分析

不同国家在气候条件、资源禀赋、社会经济发展、历史及风俗习惯等方面存在很大不同，因此，各国或地区的碳排放和经济发展关系也呈现出较大的差异。本章首先对世界碳排放与经济发展情况进行概述，然后选取主要排放国"G7+金砖四国+韩国"（由于历史数据的统计口径问题，不包含俄罗斯）11 个国家对碳排放与经济发展关系的差异性进行研究。由于消除人口因素影响后的人均碳排放量与人均 GDP 的变化关系更能深刻和科学地揭示不同国家碳排放与经济发展的内在关系，本节采用的数据均为人均量数据，其中碳排放量主要指化石燃料燃烧排放的 CO_2。

2.1.1　世界人均碳排放持续增长，但增速低于经济增速

总体来看，1971～2013 年世界人均二氧化碳排放和人均 GDP 均呈增长趋势，除特殊年份外，人均二氧化碳排放随着人均 GDP 的增长而增长。

如图 2-1（a）所示，1971～2013 年世界人均二氧化碳排放量由 1971 年的 3.74 吨增长到 2013 年的 4.52 吨，增长率约为 30%；人均实际 GDP 由 5005 美元增长到 12130 美元，增长率达 142%。由此可以看出，1971～2013 年世界人均二氧化碳和人均实际 GDP 均处于增长阶段，但二氧化碳的增长速度远小于人均实际 GDP。此外，由图 2-1（b）可以看出 1971～2013 年人均二氧化碳排放量共出现了五次明显下降，分别对应图中的 a、b、c、d、e 段。其中 1973～1975 年、1979～1983 年、1990～1994 年三个阶段恰是三次世界石油危机爆发期间，油价高涨对宏观经济造成了较大负面影响，致使人均实际 GDP 出现下滑，同时高油价和低迷的经济使能源消费受到严重影响，导致二氧化碳排放量降低；另外，1997～1999 年世界二氧化碳排放出现了一定程度的下降，但是人均实际 GDP 并未出现下滑，部分原因是同期中国碳排放量出现了下降；2009 年受金融危机影响全球经济发展衰退，全球碳排放量再次出现较大幅度的下降，与 2007 年相比减少了 0.25 吨/人。

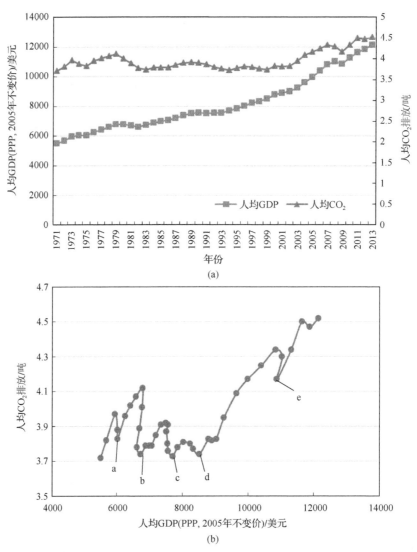

图 2-1 1971~2013 年世界人均二氧化碳与人均 GDP 的关系

数据来源：IEA（2014）

2.1.2 高收入国家高排放低增长，低收入国家低排放高增长

世界各国经济发展和碳排放不均衡，人均碳排放呈现出高收入国家高排放低增长、低收入国家低排放高增长的形势。美国、加拿大、英国、日本等发达国家的人均 GDP 和人均碳排放远高于中国、印度、巴西等发展中国家，碳排放增速却远低于发展中国家。

与发达国家相比，发展中国家的经济发展和碳排放水平均较低，如图 2-2 所示。例如，2013 年印度的人均 GDP 为 4676 美元，人均碳排放量为 1.5 吨，而美国的人均实际 GDP 为 45665 美元，二氧化碳排放量高达 16.18 吨，均为印度的 10 倍。即使经济发展阶段相同或相近的国家，人均二氧化碳排放也呈现出相当大的差异。例如，2013 年韩国和法国的人均 GDP 均为 31000 美元，但韩国的人均二氧化碳排放量约为法国的 3 倍。

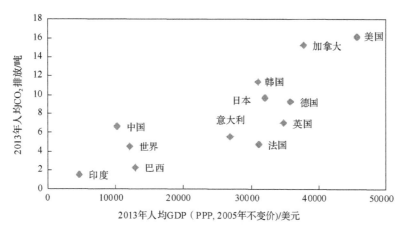

图 2-2　2013 年世界主要国家人均二氧化碳与人均 GDP

数据来源：IEA(2014)

从人均二氧化碳排放的年均增长率来看(图 2-3)，高收入的发达国家碳排放增速远低于低收入的发展中国家。1971~2013 年，在 11 个主要排放国家中，韩国的年均增长率最高，达 6.57%。中国、印度、巴西等发展中国家的年均增长率分别为 4.63%、3.51%、2.05%，远高于世界平均水平(0.46%)；日本的年均增长率为 0.63%，略高于世界平均水平；意大利年均增长率为 0.44%，略低于世界平均水平；美国、英国、德国、法国等发达国家均出现了负增长。这表明 20 世纪 70 年代以来发展中国家对世界碳排放增长的贡献越来越大。

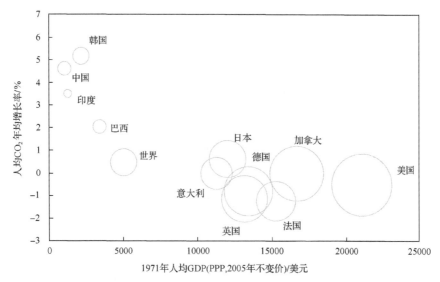

图 2-3　主要国家人均 GDP 与人均 CO_2 增长率

人均 CO_2 增长率为 1971~2013 年人均 CO_2 排放的年均增长率，气泡面积代表 1971 年各国人均 CO_2 排放量

数据来源：IEA(2014)

2.1.3　部分发达国家已出现人均碳峰值，发展中国家仍在增长

图 2-4 展示了 11 个主要国家以及世界平均水平的碳排放与经济发展关系的变化轨

迹，可以看出不论是发达国家，还是发展中国家，二氧化碳排放与经济发展之间都存在着密切的关系，但在各国的经济发展进程中，人均碳排放并不是沿着相同的轨迹变化，而是呈现出较大的差异。

美国、加拿大、英国、法国、日本等发达国家的二氧化碳排放与人均实际 GDP 之间存在着明显的非线性关系。随着经济的增长，即人均 GDP 的增长，人均二氧化碳排放经过较快增长达到峰值后不再增长甚至有下降趋势，但不同国家出现稳定的排放和对应的收入水平不同。以美国和加拿大为代表的国家，在人均 GDP 达到 23000 美元之前，随着人均 GDP 的增长，人均二氧化碳逐渐增加；当人均 GDP 达到 23000 美元左右时，人均二氧化碳排放约为 20 吨；之后人均 GDP 继续增长，但人均二氧化碳排放始终维持在 15～20 吨。而英国等欧洲发达国家在人均 GDP 达到 15000 美元的水平之前，人均二氧化碳排放随着人均 GDP 的增长而增长；当人均 GDP 达到 15000 美元左右时，人均二氧化碳排放为 10～15 吨；当人均 GDP 超过 15000 美元之后，人均二氧化碳排放出现下降，降低到 5～10 吨。日本、意大利与欧洲其他发达国家经济发展和碳排放水平相似，但是目前刚刚步入人均碳排放稳定阶段，尚未出现明显降低趋势。

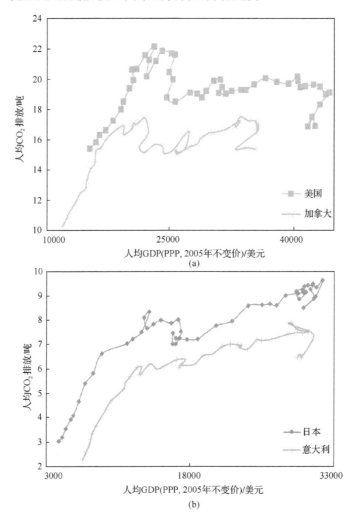

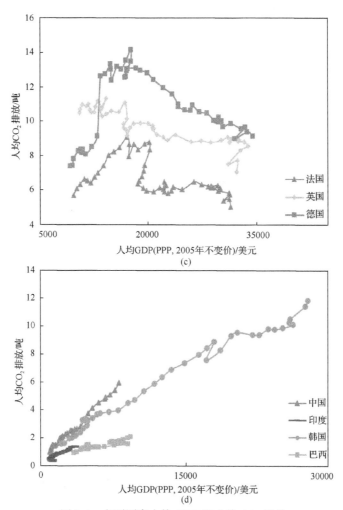

图 2-4 主要国家人均 GDP 和人均 CO_2 排放

鉴于数据的可获得性，印度、中国、韩国、巴西数据为 1971～2013 年，其他国家为 1961～2013 年

数据来源：IEA (2014)

印度、中国、巴西、韩国等国家的人均二氧化碳排放与人均 GDP 之间仍呈线性或对数形式的持续增长，还未出现平稳或下降迹象。韩国作为经济高速增长的新型工业化国家，无论人均 GDP 还是人均二氧化碳排放均远高于印度、巴西等发展中国家，而更接近于欧洲发达国家。中国、印度、巴西等发展中国家与发达国家相比存在很大差距。例如，2013 年中国的人均二氧化碳排放量为 6.6 吨，仅为美国 1961 年排放量的 2/5，相当于日本 1969 年的排放水平；2013 年中国人均实际 GDP 约为美国 1968 年人均 GDP 的 1/2，相当于日本 1970 年已达到的水平。

综上可以看出，美国、加拿大、日本、英国、德国等发达国家的碳排放轨迹相似，类似于倒 "U" 形曲线，但英国、法国、德国等欧洲发达国家的人均碳排放在人均 GDP 为 15000 美元左右后已出现明显的持续下降趋势，即呈现完整的倒 "U" 形曲线。美国、加拿大、日本、意大利等发达国家最近几年才出现下降迹象，刚刚步入倒 "U" 形曲线的下降阶段。由于无法排除金融危机等短期冲击的影响，这些下降迹象是否预示着长期降低趋势，仍需进一步观察；中国、韩国、巴西、印度等发展中国家的碳排放轨迹相似，呈线性增长，但韩国的排放水平高于中国、印度等发展中国家。

基于以上主要国家碳排放与经济发展关系的差异性分析，下面选取具有典型碳排放轨迹特点的美国、日本、英国、中国进行具体分析。

（1）美国的碳排放与经济发展已实现倒"U"形曲线形式。

如图 2-5 所示，1961～2013 年美国的人均实际 GDP 呈波动性增长；人均二氧化碳排放量在 1961～1973 年处于快速增长阶段，1973 年达到峰值后先平稳后下降。其中，人均 GDP 和二氧化碳排放量在 1973～1975 年、1979～1982 年、1989～1992 年、2008～2010年四个不同阶段均出现了下降，如图 2-5(b) 中 a、b、c、d 所示。前三个阶段正好对应三次世界石油危机爆发，作为主要的石油进口国，石油危机对美国经济和能源消费的影响相对较大，致使人均实际 GDP 和人均二氧化碳排放量同时降低。此外，受 2009 年金融危机的影响，经济深度下滑，能源消费和二氧化碳排放相应下降。整体来看，美国人均碳排放与人均 GDP 已经呈现倒"U"形曲线形式，在人均 GDP 约为 25000 美元时达到碳排放峰值。

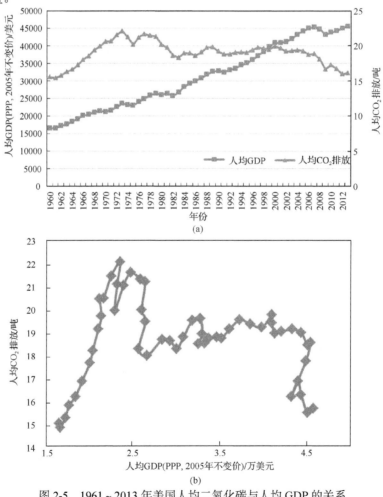

图 2-5　1961～2013 年美国人均二氧化碳与人均 GDP 的关系

数据来源：IEA(2014)

(2)日本的碳排放轨迹已开始进入倒"U"形曲线的下降部分。

如图 2-6 所示，1961 年以来，日本的人均二氧化碳排放量与人均实际 GDP 的关系可以分成四个阶段。第一阶段(1961~1973 年)，人均 GDP 增长了 3 倍，人均二氧化碳排放量增长了 2.7 倍，两者之间呈现较强的线性相关关系；第二阶段(1974~1985 年)，人均 GDP 不断增加，人均二氧化碳排放量却停止增长甚至减少，主要与石油危机和日本进入经济调整阶段有关，能源消费量停止增长，因此，二氧化碳排放量也停止增长；第三阶段(1986~1998 年)，日元升值、油价下跌，人均二氧化碳和人均实际 GDP 恢复线

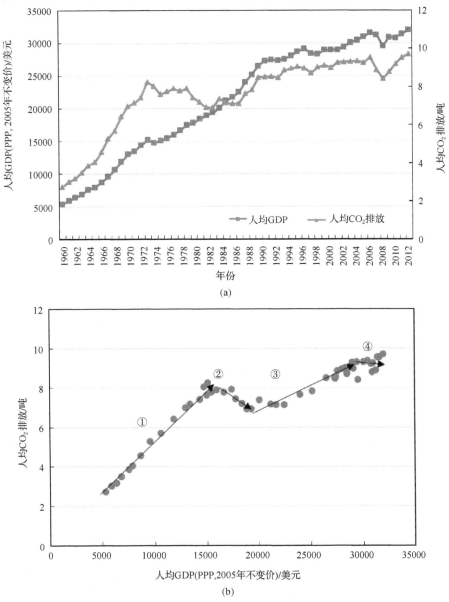

图 2-6　1961~2013 年日本人均二氧化碳与人均 GDP 的关系

数据来源：IEA(2014)

性增长；第四阶段(1999～2013 年)，日本工业化阶段基本完成，人均 GDP 仍呈不断增长之势，能源需求稳定，二氧化碳排放趋缓。从日本碳排放与经济发展关系的趋势来看，日本的碳排放轨迹已开始进入倒"U"形曲线的下降部分。

(3)英国的碳排放与经济发展关系类似于倒"U"形的右半部分。

如图 2-7 所示，1961～2013 年英国的人均 GDP 由 1961 年的 10502 美元增长到 2013 年的 34752 美元，而人均二氧化碳排放却从 1961 年的 10 吨下降到 2012 年的 7 吨，两者的关系类似于倒"U"形的右半部分。

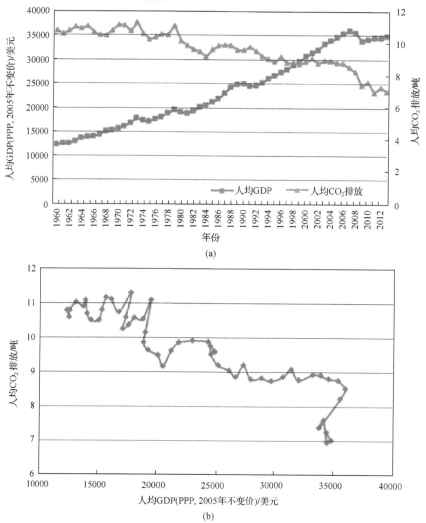

(a)

(b)

图 2-7　1961～2013 年英国人均二氧化碳与人均 GDP 的关系

数据来源：IEA(2014)

1961～1973 年英国处于第二次工业化阶段，这一阶段人均 GDP 增长了 35%，人均二氧化碳排放仅增长了 8%，碳排放的增长速度远小于经济增长速度。1973 年以后，随着人均 GDP 的增长，人均二氧化碳排放量持续下降。这主要因为进入后工业化阶段后，经济和社会结构已经成熟，能源需求逐渐降低，能源效率不断提高，碳排放量相应减少，经济增长与碳排放出现脱钩。

(4) 中国的经济增长仍是二氧化碳排放增加的主要动力,两者呈线性关系。

总体上,中国的经济增长仍是二氧化碳排放增加的主要动力,两者呈线性关系,如图 2-8 所示。由于我国从 1996 年才成为原油净进口国,所以三次世界石油危机对我国经济和能源消费影响很小,1971~2011 年我国的人均实际 GDP 和人均二氧化碳排放量一直呈快速增长的趋势,二氧化碳排放也只是在 1997~1999 年出现了较大幅度的下降,但同期我国人均实际 GDP 仍保持快速增长。这是由于在 1997~1999 年国际能源价格急剧下降的背景下,我国能源消费结构加速演进,能源消费总量持续下降,二氧化碳排放量也大幅降低。2002 年以来,我国人均实际 GDP 和二氧化碳排放量均呈快速增长的趋势。

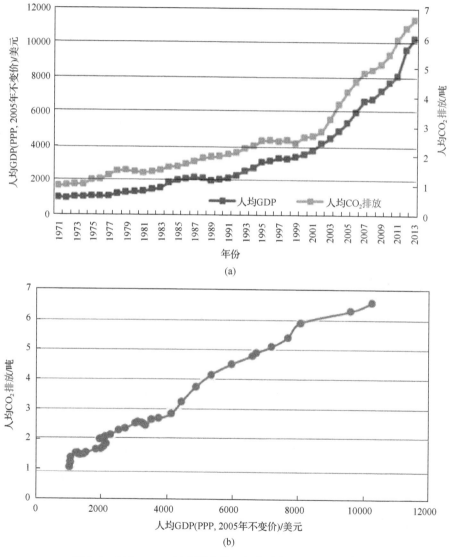

图 2-8　1971~2012 年中国人均二氧化碳与人均 GDP 的关系

数据来源:IEA(2014)

　　世界各个国家碳排放和经济发展不均衡，呈现出高收入国家高排放低增长、低收入国家低排放高增长的形势。发达国家的人均二氧化碳与人均 GDP 之间呈现出先增长后稳定或下降的倒"U"形关系，而发展中国家则呈现线性或对数增长关系。这主要是因为发达国家已经或即将完成工业化进程，能源需求趋于稳定，居民部门和服务业能源需求基本饱和，能源效率不断提高，能源消费与经济发展的关系开始弱化，二氧化碳排放随之稳定或下降。但不同国家产业结构、能源消费结构、能源消费政策等方面的差异导致出现稳定或下降的碳排放和对应的收入水平不同。相比发达国家，发展中国家仍处于工业化、城市化进程中，经济高速发展，能源消费需求高，二氧化碳排放量多。对目前的发展中国家而言，若遵循发达国家的发展-排放路径，未来的大部分二氧化碳排放增长将来自于目前的发展中国家直到其人均收入达到足够高水平。

2.2　世界主要国家碳排放与经济发展历史演变特征

　　本节利用全球 100 多个国家 1971～2013 年以来的面板数据，建立分段线性插值模型研究经济发展与二氧化碳排放量之间的历史演变特征，模拟人均二氧化碳排放随经济发展的演变轨迹。研究结果表明，人均二氧化碳排放量在经济发展水平较低的阶段呈现出快速上升的趋势，人均收入达到 22000 美元(PPP[①]，2005 年不变价)之后排放趋势则变得平缓或略有下降。

2.2.1　碳排放与经济发展关系具有非线性特征

　　文献中常用线性、二次函数或三次函数等模型函数形式研究二氧化碳与经济发展的关系，这些函数形式的设定没有理论依据，并且限制了自变量人均 GDP 与人均排放之间的关系。本书采用更加灵活、具有自适应性的分段线性函数。这种方法允许人均二氧化碳排放量在不同的收入阶段有不同的收入弹性，能够有效回避文献中普遍存在的对潜在相关关系的人为事先限定的问题(Schmalensee et al.，1998，Auffhammer and Steinhauser，2012)。

　　模型描述如下：

$$\ln(C_{it}) = \alpha_0 + \alpha_i + \gamma_t + f[\ln(y_{it})] + \varepsilon_{it} \tag{2-1}$$

式中，i 和 t 分别为国家编号和年份；C 为人均二氧化碳排放量(吨)；y 为人均 GDP；$f[]$ 为分段线性函数；α_i 为国家固定效应；γ_t 为时间固定效应。

　　除了经济活动，一个国家或经济体的资源禀赋、气候条件、历史遗留及文化习俗等也会影响二氧化碳排放，并且这些因素也可能会影响经济发展。为了控制住这些不容易观测的变量，模型中加入固定性效应，减少收入效应的估计偏差(即遗漏变量偏差)。其中各个国家所特有的不随时间变化的影响因素为 α_i(国家固定效应)；所有国家都具有的但随时间变化的影响因素为 γ_j(时间固定效应)，如价格变动、政策趋势及技术进步等。

　　本节人均二氧化碳排放量数据来源于 IEA，涵盖 132 个国家，共 4554 个有效数据

---

① Purchasing Power Parity，购买力平价。在本书中，如无特别说明，收入数据均为基于 2005 年价格的购买力平价 GDP 数据。

（GDP 和排放数据均无缺失）。其中 100 个国家或地区二氧化碳排放量和人均 GDP 数据在整个 1971～2009 年是完整的。国内生产总值的数据集来自佩恩世界表（PWT7.11）（Heston et al.，2012），并根据世界银行提供的 GDP 数据进行结果比较。表 2-1 给出了本书所使用指标的定义及其描述性统计。

表 2-1　变量定义、描述性统计量及来源

| 变量 | 定义 | 样本量 | 描述性统计量 | | | | 数据来源 |
			均值	标准差	最小值	最大值	
CO_2	二氧化碳排放/吨	5033	157.04	567.46	0.08	6831.60	IEA
GDPPC	人均 GDP （PPP，2005 年不变价）/美元	4622	11207.1	12824.6	179.8	118770.5	PWT7.1

2.2.2　人均碳排放量在人均 GDP 2.2 万美元左右趋缓

在进行模型估计之前，首先将人均 GDP 数据按照等样本量划分成 15 段（表 2-2），对应的分段点依次为 814 美元、1213 美元、1699 美元、2358 美元、3301 美元、4307 美元、5409 美元、6813 美元、8617 美元、11149 美元、15741 美元、20074 美元、25579 美元、33033 美元。然后采用最小二乘法（ordinary least square，OLS）进行回归，回归结果如图 2-9 所示。由图可以看出：在平均意义上，在收入水平较低的阶段，人均二氧化碳排放随人均 GDP 增加而快速增长；但当人均国内生产总值增长至 22000 美元（PPP，2005 年不变价）后，碳排放开始呈现缓慢下降趋势（不同国家碳峰值对应的经济发展水平会有所不同）。收入弹性在 22000 美元前后差异很明显，主要因为该点之前的数据大多来自发展中国家，之后的数据几乎来自人均 GDP 较高的西欧和北美国家。最高人均 GDP 段的系数在统计上并不显著。因此，这样的结果并不一定支持所谓的环境库兹涅茨曲线（environment kuznets curve，EKC）假说，这个转折点更像是一个区分穷富国的临界点。

表 2-2　不同发展阶段下碳排放对收入的弹性

分段	人均收入的区间	收入弹性
1	<814	0.678
2	814~1213	0.691
3	1213~1699	0.753
4	1699~2358	0.454
5	2358~3301	0.536
6	3301~4307	0.759
7	4307~5409	0.706
8	5409~6813	0.481
9	6813~8617	0.582
10	8617~11149	0.471
11	11149~15741	0.528
12	15741~20074	0.306
13	20074~25579	0.0824
14	25579~33033	−0.136
15	≥33033	0.0643

注：此表所列为模型（2.1）的 FGLS 估计结果，分段 13~15 的估计系数不显著。

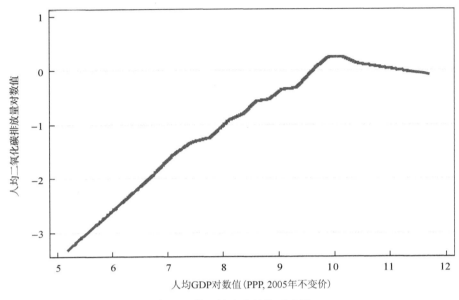

图 2-9　收入效应的结构示意图

为了处理可能存在的自相关性和异质性问题，本书同时使用可行广义最小二乘（feasible generalized least square，FGLS）进行估计，并将其作为最终的汇报结果。在最高的 3 个高收入段内，收入的系数在统计上也不显著，"下降趋势"未得到证实。与其他分段的系数在 0.306～0.759 波动，且无固定模式。这表明人均 GDP 相对较低的国家人均GDP 变化对二氧化碳排放量的影响方式也相对复杂。

对于"发展-排放"关系计量经济模型的设定，并没有强有力的经济理论或模型支撑（Harbaugh et al.，2002）。文献中支持和反对碳排放 EKC 假说的证据相当，而由数据源、模型设定及估算方法引起的不确定性则很少探讨（Galeotti et al.，2006）。基于以上不足，本书从数据源、模型设定及估算方法三个方面对研究结论进行了稳健性检验。检验结果表明，不同的数据源、模型设定和估算方法对研究结论没有本质上的影响。只有允许异方差和自相关时得到的收入效应在高收入阶层变得相对平坦。

2.3　本章小结

本章采用描述性统计方法对世界主要排放国碳排放与经济发展关系的差异性进行研究,利用 1971～2009 年之间 132 个国家的碳排放与经济发展面板数据集和灵活性高的计量经济模型,研究了经济发展与二氧化碳排放的历史关系。

首先，各个国家碳排放和经济发展不均衡，呈现出高收入国家高排放低增长、低收入国家低排放高增长的形势。发达国家的人均二氧化碳与人均 GDP 之间呈现出先增后稳定或下降的倒"U"形非线性关系，而发展中国家则呈现线性或对数增长关系。

其次，人均二氧化碳排放量先随着人均收入上升，但当人均 GDP 大约达到 22000美元(PPP，2005 年不变价)时，人均二氧化碳排放量增长趋势开始变得平缓。虽然边际增量在减小，但经济发展仍将继续推动碳排放量增长。事实上，按照 PWT 的人均 GDP 数据，处于趋缓阶段的样本大多来自发达国家。例如，美国的人均碳排放 1973 年达到峰值，相应的人均 GDP 为 22817 美元；英国近 40 年来人均碳排放一直在下降，1971 年其人均 GDP 为 16194 美元；德国 1979 年达到峰值，相应的人均 GDP 为 21245 美元；荷兰 1980 年达到峰值，人均 GDP 为 24313 美元。目前世界上多数国家都位于碳排放快速增长的发展阶段，如 2015 年中国（10200 美元）、印度（4600 美元）、巴西（9000 美元）、俄罗斯（15500 美元）等。

对目前的发展中国家，如果都遵循与发达国家类似的发展-排放路径，未来全球碳排放增量将主要来自于目前的发展中国家直到它们达到足够高的人均 GDP 水平。若不能转变发展模式或获得经济可行的低碳技术，未来减排前景不容乐观。

第3章 中国碳排放基本特征研究

随着中国经济的持续快速增长，中国已成为世界最大的能源消费国家，其煤炭消费几乎相当于世界其他国家的总和。能源消费的快速增长及以煤为主的能源消费结构导致中国已成为世界第一大碳排放国家。因此，本章在分析中国碳排放现状的基础上，从纵向的年度动态变化角度和部门关联的横向角度深入分析中国碳排放快速增长的驱动因素，为中国的低碳发展决策提供数据基础。

3.1 碳排放现状

随着中国经济的快速发展及化石能源消费的增加，中国二氧化碳排放呈现"总量大、增速快、强度下降、人均排放超过欧盟平均水平"的特点，具体如下。

3.1.1 煤炭利用的碳排放占能源消费碳排放的80%

本书根据中国能源平衡表标准量(2014年)绘制了2014年中国碳流图，详见图3-1。2014年因化石燃料使用排放的二氧化碳总量为94.2亿吨。其中因发电排放的二氧化碳为33.7亿吨，占全国排放总量(化石燃料排放，下同)的35.8%；因制热排放的二氧化碳为4.4亿吨，占全国排放总量的4.7%。工业部门排放量(不包含能源用在工业原料、材料中的隐含碳)较大，共计排放二氧化碳33.2亿吨，占全国排放总量的35.2%；交通部门(含居民私人交通)排放二氧化碳7.4亿吨，占全国排放总量的7.9%；居民终端消费排放的二氧化碳(不含居民私人交通)为3.3亿吨，占全国排放总量的3.5%；其他部门共计排放

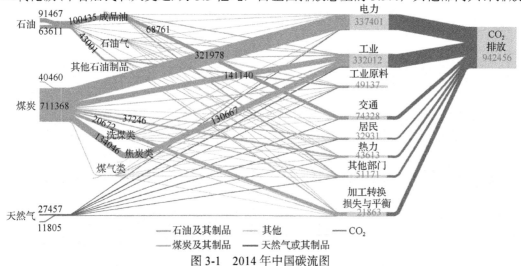

图 3-1 2014 年中国碳流图

1. 单位：万吨二氧化碳；2. 本图仅为因化石燃料的使用产生的二氧化碳，不含化学分解(如水泥的制造过程)中产生的二氧化碳；3. 加工转换损失与平衡不包括发电和制热；4. 交通包含居民私人交通

二氧化碳 5.1 亿吨,占全国排放总量的 5.4%。因能源的生产加工过转换以及数据的平衡问题,共计排放二氧化碳 2.2 亿吨,占全国排放总量的 2.3%。

从能源种类来看,来自煤炭类、石油类、天然气的二氧化碳分别为 75.4 亿吨、14.9 亿吨和 3.9 亿吨,占比分别为 80.0%、15.8% 和 4.2%。其中煤炭类以原煤和焦炭为主,原煤 56.1 亿吨(32.2 亿吨排放来自于发电),占总二氧化碳排放量的 59.5%,焦炭 13.2 亿吨,占总二氧化碳排放量的 14.0%。石油类以成品油(汽油、煤油、柴油、燃料油)为主,为 9.6 亿吨,占总二氧化碳排放量的 10.2%。

我国电力以煤电为主,而煤炭的二氧化碳排放系数又相对较高,这就导致了发电排放的二氧化碳大部分来自煤炭类。因发电排放的 33.7 吨二氧化碳中,有 33.1 亿吨来自煤炭类,占比 98.2%,其中来自原煤的有 32.2 亿吨,占比 95.5%,来自石油类和天然气的排放只有 0.6 亿吨,占比 1.8%。

工业部门碳排放大部分来自煤炭类,其中使用原煤排放的二氧化碳为 12.7 亿吨,占整个工业排放的 38.3%,使用焦炭类排放的二氧化碳为 12.4 亿吨,占整个工业排放的 37.3%。而交通(含居民私人交通)产生的二氧化碳排放以成品油为主,共计 6.9 亿吨,占整个交通的 93.2%。

3.1.2　碳排放总量占全球的 20% 以上且人均碳排放超过欧盟平均水平

从年度动态数据来看,根据 CDIAC(Carbon Dioxide Information Analysis Center)数据,2006 年中国已经成为最大的碳排放国家,化石能源利用和水泥生产的碳排放为 64.1 亿吨,占全球排放的 21.06%;2013 年为 102.48 亿吨,排放超过欧美总和,占 28.59%。此外,2000~2013 年的碳排放增长占全球增长的 53.52%(CDIAC,2015)。相关研究表明:2030 年左右将超过 OECD 国家总和,二氧化碳排放总量持续第一,而且,要在 2030 年左右达到排放峰值。

人均排放也在 2006 年超过了全球平均水平,如图 3-2 所示。随着人均 GDP 接近并达到中等收入国家平均水平,人均年排放量增长较快,2013 年为 6.60 吨,已经超过欧盟的平均水平(6.57 吨),预计未来还将进一步增长,与人均高排放国家的差距将逐渐缩小。

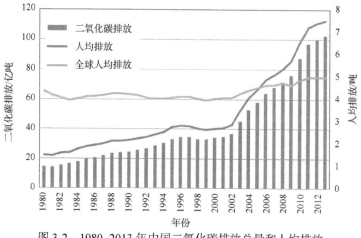

图 3-2　1980~2013 年中国二氧化碳排放总量和人均排放

3.1.3 碳排放强度相对于 1980 年下降了 75%

尽管我国二氧化碳排放总量一直保持快速的增长趋势，但是我国能源消费的二氧化碳排放强度（2010 年不变价）总体上呈下降的趋势，如图 3-3 所示，由 1980 年的 6.21 吨二氧化碳/万元（2010 年不变价）下降到 2014 年的 1.57 吨二氧化碳/万元（2010 年不变价），下降了 74.72%。二氧化碳排放强度的下降反映了 1980 年以来我国能源效率的不断提高和能源结构不断优化的巨大成就。我国在"十二五"规划期间，单位国内生产总值的二氧化碳排放比 2010 年下降 17%左右，根据国务院节能减排报告，2011 年下降了 1.49%，2012 年下降了 5.19%，2013 年下降了 4.36%。2014 年国务院公布《2014～2015 年节能减排低碳发展行动方案》，要求 2014～2015 年，中国单位 GDP 二氧化碳排放量两年分别下降 4%、3.5%以上，以实现下降 17%的目标。

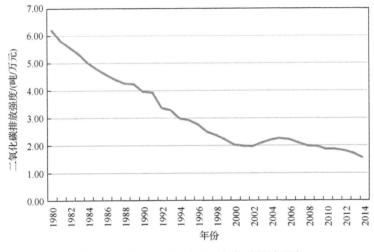

图 3-3　1980~2014 年中国二氧化碳排放强度

3.1.4 工业碳排放几乎占全球工业碳排放的一半

中国正处于以重化工业快速发展为主要特征的工业化中后期阶段，呈现出明显的"高耗能""高排放"特征。根据 IEA 数据，2013 年我国工业制造业和建筑业能源消耗的二氧化碳排放为 28.06 亿吨（IEA，2015a），位居世界第一，超过 OECD 国家排放总和，占全球排放的 45.89%，如图 3-4 所示。

工业能耗与排放量大，与我国重化工业比例高、世界加工厂的工业发展现状直接相关。2006 年以来，我国轻重工业比例一直在 3∶7 左右，高耗能产品如水泥、钢铁、平板玻璃等产量连续多年位居世界第一，2014 年，中国粗钢产量达到 8.22 亿吨，占全球总量的 49.5%；水泥产量达到 24.92 亿吨，占全球总量的 60%左右。从生产的角度，一方面，存在着大量的落后产能，近年来，由于大气污染治理、节能减排等措施的实施，火电、钢铁、水泥等行业落后产能已基本淘汰；另一方面，部分工业行业出现了产能严重过剩的问题。2013 年我国粗钢产量 7.82 亿吨，产能过剩达到 28%；水泥产能过剩达到

24.4%；根据中国有色金属工业协会数据，2012 年全国电解铝产能为 2600 万吨，产量为 2027 万吨，产能过剩 22%；汽车产能过剩为 12%，玻璃为 93%。另外，战略性新兴产业，如光伏行业也存在产能过剩，太阳能电池产能过剩达 95%，风电设备产能利用率低于 60%。2014 年 1～3 月，钢铁、电解铝、水泥、平板玻璃、造船等严重过剩行业产能利用率都不到 75%。这些都是推高工业碳排放的主要原因，后工业化阶段，工业的低碳发展任重而道远。

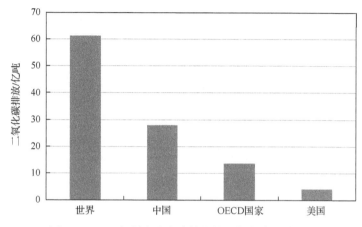

图 3-4　2013 年制造业和建筑业的二氧化碳排放比较

3.1.5　城镇化发展高碳特征显著

我国正处于城镇化发展的新阶段，城镇化水平仍将不断提高。目前我国常住人口城镇化率为 53.7%，但户籍人口城镇化率只有 36% 左右，远低于发达国家 60% 的平均水平，还有较大的发展空间。城镇化驱动的碳排放增长也较快，主要表现为 2 个方面：城镇生活能源消费以及与城镇化相关的基础设施建设。

随着我国人民生活水平的提高，城镇地区的生活能源消费已由生存型逐步过渡到发展型和享受型消费，能源消费量增长较快，且电力、天然气等消费占比已超过煤炭，但煤炭仍占有相当大的比例，2014 年占比仍为 15%。与大规模、集中式燃煤相比，这种小规模、分散式的直接燃煤不仅效率低，而且会产生更多的污染物及碳排放。

近年来随着经济发展，各地大中小城市拓展城区建设，大量的建筑投入施工，城镇建筑面积大幅增加，导致我国新建房屋和基础设施建设消耗了大量的建筑材料，根据《建筑业统计年鉴 2013》公布的数据，2012 年各地区建筑业企业消耗了钢材 9.15 亿吨、水泥 37.3 亿吨、铝材 0.64 亿吨、玻璃 2.48 亿重量箱，这是我国城镇化过程中能耗高、碳排放量高的主要原因之一。

除了建筑本身导致的能源消耗和碳排放，建筑使用寿命短，过快地进行更新改造也是导致城镇化能源消耗和碳排放高的另一个重要问题。城市规划变更、用地性质改变、地价房价变动等因素，导致城市快速更新和扩张过程中大量既有建筑远未达到其实际使用年限即遭不合理拆除，建筑短命现象严重，导致了巨大的资源浪费。根据我国《民用建筑设计通则》，重要建筑和高层建筑主体结构的耐久年限为 100 年，一般性建筑为 50～

100 年，但实际上我国建筑寿命只能持续 25～30 年。根据清华大学建筑节能研究中心的研究，"十一五"规划期间，我国建筑面积增长近 85 亿平方米，竣工建筑面积高达 131 亿平方米，5 年间共有 46 亿平方米的建筑被拆除(清华大学建筑节能研究中心，2012)。仅从城镇建筑面积来看，"十一五"规划期间累计增长约 58 亿平方米，同期竣工城镇建筑面积达 88 亿平方米，相当于 30 亿平方米的建筑被拆除，约占竣工面积的 34%。此外，近年空置住宅在我国也非常普遍，全国各地出现了大量的鬼城，如鄂尔多斯的康巴什新城。

3.2　碳排放年度动态变化特征

二氧化碳排放除与经济增长、能源消费总量、能源消费结构等有直接关系，还与经济结构、技术水平、生活行为等有关，因此，本节从年度动态变化的角度研究 1991～2014 年二氧化碳排放快速增长的驱动因素。

本节基于 LMDI (Logarithmic Mean Divisia Index) 分解方法从宏观的角度揭示我国人口、人均 GDP、工业化及碳排放强度对二氧化碳排放的影响。

$$C = \sum_i P \times \frac{\text{GDP}}{P} \times S_i \times e_i \tag{3-1}$$

式中，C 为终端能源消费的二氧化碳排放；P 为人口；GDP 为国内生产总值；S_i 为不同产业的增加值占国内生产总值的比例，这些产业分别为农业、工业、建筑业、交通运输仓储业、批发零售业；e_i 为农业、工业、建筑业、交通运输仓储业、批发零售业的二氧化碳排放强度。

1991～2014 年，我国终端能源利用的二氧化碳排放增长了 59.15 亿吨，不同因素的影响如图 3-5 所示。

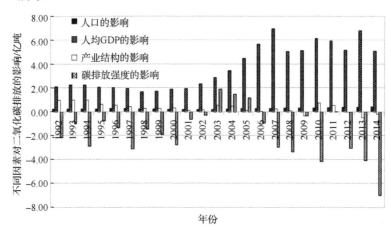

图 3-5　1991～2014 年不同驱动因素对二氧化碳排放的影响

3.2.1　人均 GDP 和人口增长是碳排放的主要驱动力

人均 GDP 增长导致 1991～2014 年二氧化碳排放增加了 69.67 亿吨。1991～2001 年，人均 GDP 对二氧化碳排放的影响较为稳定，在 1.68 亿～2.31 亿吨；2002～2014 年，人均 GDP 对二氧化碳排放的影响增长较快，为 2.83 亿～6.54 亿吨。我国经济增长的高碳特征显著，以 23%的能源和 50%以上的煤炭、全球 46%的钢铁、58%的水泥，生产了占全球 12%的国内生产总值，因此，人均 GDP 的增长蕴含了大量的二氧化碳排放。

人口也是近年来我国二氧化碳排放增长的驱动因素之一，相对人均 GDP 的影响，其影响较为稳定，对二氧化碳排放的影响在 0.19 亿～0.30 亿吨，如图 3-5 所示。

3.2.2　工业增加值变化决定了产业结构对碳排放的影响

产业结构变化整体上也是推动二氧化碳排放增长的因素之一，但是其变化波动相对较大，主要取决于工业增加值在 GDP 的比例变化，如图 3-6 所示。

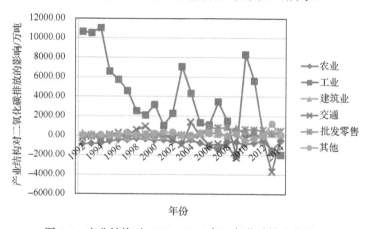

图 3-6　产业结构对 1991～2014 年二氧化碳排放的影响

我国工业是碳密集型行业，以 2014 年为例，工业增加值占国民生产总值的 40.20%，而二氧化碳排放占全部终端能源消费排放的 78.61%。1991～2014 年，我国工业发展明显高于其他行业，如图 3-7 所示，增加值增加了 11 倍多，即工业化程度明显提高，由此导致二氧化碳排放增长了 46.31 亿吨，占我国终端能源利用二氧化碳排放增加量的 78.29%。

建筑业也是我国发展较快的行业，相比 1991 年，增加值增加了 8 倍多，其快速发展反映了我国城镇化基础设施建设和居民生活水平提高的迫切需求。建筑业本身二氧化碳排放较少，占全部终端能源消费二氧化碳排放的比例不足 2%，但是，建筑业与非金属矿物制品业、黑色金属冶炼及加工压延业、有色金属冶炼及加工压延业等息息相关。由于建筑对钢铁、水泥、玻璃等产品的刚性需求，建筑业增加值的快速增加也间接拉动了工业中高耗能行业的大力发展，进一步加剧了工业的碳密集程度，具体研究见 3.3 节。

1991～2014 年农业发展缓慢，增加值仅增加了 1 倍多，因此，增加值比例有所降低，二氧化碳排放减少了 1.61 亿吨。第三产业的交通运输、批发零售和其他行业对二氧化碳排放的影响很小，1991～2014 年由于增加值变化导致的碳排放变化几乎为 0。

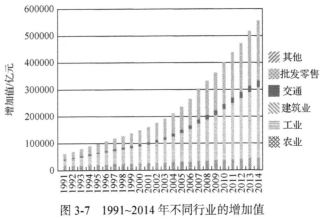

图 3-7　1991~2014 年不同行业的增加值

3.2.3　碳排放强度下降有效减缓了碳排放增速

二氧化碳排放强度能够在一定程度上反映能源结构和能源效率的变化。二氧化碳排放强度下降是减缓我国二氧化碳排放增速的主要因素，1991～2014 年抵消了部分由于人均 GDP、人口、产业结构导致的二氧化碳排放增长，减少了 39.35 亿吨二氧化碳排放，如图 3-8 所示。

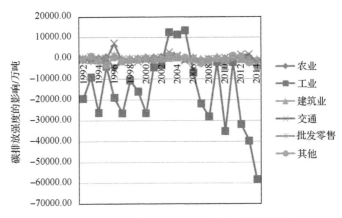

图 3-8　二氧化碳排放强度对二氧化碳排放的影响

从年度动态变化来看，由于不同产业二氧化碳排放强度的波动变化，其对二氧化碳排放的影响没有呈现出有规律的变化，2003～2005 年，由于二氧化碳排放强度的反弹，导致二氧化碳排放的增加，分别为 1.92 亿吨、1.48 亿吨和 1.16 亿吨；其他年份由于二氧化碳排放强度的下降，都不同程度地部分抵消了由人均 GDP、人口、产业结构导致的二氧化碳排放增长。在不同产业二氧化碳排放强度对二氧化碳排放减缓的贡献中，起主导影响的是工业二氧化碳排放强度，1991～2014 年，工业二氧化碳排放强度下降导致工业行业二氧化碳排放减少 35.23 亿吨，占二氧化碳排放强度影响的 89.55%。

根据上述分析，从年度动态变化来看，人均 GDP 增长、工业化程度提高、人口增加是我国终端能源利用二氧化碳排放增长的重要驱动因素，而二氧化碳排放强度下降则有利于减缓这些驱动因素导致的二氧化碳排放增长。未来我国经济仍进一步增长以实现全面建成小康社会和现代化奋斗目标，人口规模也将缓慢增长，如果要实现低碳发展，则意味着必须转变经济增长方式，协调不同产业之间的发展，进一步促进技术进步。

3.3　碳排放的行业关联分析

事实上，经济系统内各行业的二氧化碳排放不仅是由最终需求驱动的，各行业之间的相互关联关系也在一定程度上影响了其二氧化碳排放，因此，哪些因素对主要碳排放行业的二氧化碳排放起着决定性的影响？从碳排放的角度来看，这些行业存在怎样的关联关系？为了回答这些问题，本节从最终消费需求、行业投入-使用关系的角度，针对行业二氧化碳排放的弹性进行研究，以期发现影响二氧化碳排放的重要因素，为制定二氧化碳减排政策措施提供决策支持。

非零技术系数的灵敏性计算公式如下：

$$\varepsilon_{e_i a_{kl}} = \frac{a_{kl} x_l b_{ik}}{(1 - a_{kl} b_{lk}) x_i} \tag{3-2}$$

式中，$\varepsilon_{e_i a_{kl}}$ 为技术系数变化 1%，行业 i 的二氧化碳排放的变化量；e_i 为行业 i 的二氧化碳排放量，$i = (1, 2, \cdots, n)$；a_{kl} 为技术系数，$a_{kl} = \dfrac{x_{kl}}{x_l}$，$k = 1, 2, \cdots, n$ 和 $l = 1, 2, \cdots, n$；x_i 和 x_l 为行业 i 和 l 的产出；b_{ik} 和 b_{lk} 为里昂惕夫逆矩阵 $\boldsymbol{B}$ 的元素。

最终需求系数的灵敏性计算公式如下：

$$\varepsilon_{e_i h_{kl}} = \frac{\Delta e_i / e_i}{\Delta h_{kl} / h_{kl}} = \frac{b_{ik} h_{kl} g_l}{x_i} \tag{3-3}$$

式中，$\varepsilon_{e_i h_{kl}}$ 为最终需求系数变化 1%，行业 i 的二氧化碳排放变化；h_{kl} 为最终需求系数，$h_{kl} = \dfrac{y_{kl}}{g_l}$，$g_l$ 为最终需求 l 的合计，y_{kl} 为第 p 类最终需求对行业 k 的需求 p，$l = 1, 2, \cdots, m$。

"最大相关灵敏性"在本节中定义为系数变化 1%，相关行业二氧化碳排放变化在 0.1%以上的灵敏性。二氧化碳排放较大行业的技术系数和最终需求系数对二氧化碳排放的灵敏性关系如表 3-1 所示。在这些灵敏性结果中，分为直接影响和间接影响。对于某个行业的二氧化碳排放来说，如果与这个行业相关的最终需求系数或技术系数导致了这个行业二氧化碳排放的变化，称为直接影响；如果这个行业之外的其他行业之间的技术系数或最终需求系数导致了这个行业二氧化碳排放的变化，称为间接影响。例如，对于农业的二氧化碳排放来说，城镇居民对农业的最终需求系数变化 1%，农业二氧化碳排放变化 0.18%，这是直接影响；城镇居民对食品加工制造业的最终需求系数变化 1%，农业的二氧化碳变化 0.18%，这是间接影响。

3.3.1 建筑安装工程总额推动了主要排放行业的碳排放增长

（1）建筑业的固定资本形成总额是最终需求系数中导致二氧化碳排放变化最大的。由于 2012 年建筑业的固定资本形成总额占全部固定资产形成总额的 54.22%。建筑业的固定资本形成总额系数变化 1%，将导致建筑业的二氧化碳排放变化 0.96%，固定资本形成总额对煤炭开采业、石油加工及炼焦核燃料业、化学原料及化学制品制造业、非金属矿物制品业、金属冶炼及加工压延业、电力热力生产及供应业、交通运输业、批发零售业的二氧化碳排放影响也较大，灵敏性系数分别为 0.42%、0.33%、0.31%、0.75%、0.51%、0.34%、0.22%和 0.12%（表 3-1）。

在投入-产出表中，建筑业包括房屋和土木工程建筑业、建筑安装业、建筑装饰业和其他建筑业。房屋和土木建筑是高耗能的产品，建筑业与非金属矿物制品业、黑色金属冶炼及加工压延业具有较高的使用关系，技术系数分别为 0.19 和 0.14。我国正处于快速的城镇化进程，加大对建筑业的投资是必然的。但是，如 3.1.5 节所述，我国建筑整体寿命较短，导致建筑业的投资效率是较低的，并且是高碳排放的。因此，正确对待和处理既有建筑，进行合理的维护，延长其使用寿命，有利于减缓碳排放。

根据相关研究，生产用于住房的建材（水泥、钢铁、玻璃等）的能耗，折合到建筑面积约为 131.6 千克标准煤/米^{2}竣工面积（顾道金等，2007），按照 50 年的寿命计算，每年的建材能耗为 2.6 千克标准煤；按 30 年计算则为 4.39 千克标准煤。除了建筑寿命短，住房空置率也很高，据 2010 年 5 月和 8 月央视财经频道的两期"空置房"调查报道，北京、天津等地一些热点楼盘的空置率达 40%。

（2）城镇居民对高排放行业的弹性主要表现为对农业和其他行业碳排放的影响。一方面表现为直接影响，即城镇居民对农业的需求系数将导致农业碳排放变化 0.18%；对其他行业的需求系数变化将导致其他行业碳排放变化 0.24%。另一方面为间接影响，城镇居民对食品加工及制造业的需求变化 1%，也将导致农业碳排放变化 0.18%。在城镇居民的最终消费中，农业、食品加工及制造业和其他行业的消费支出相对较大，分别占 8.19%、17.75%和 34.77%。据一些统计资料表明，我国存在较为严重的食品浪费，尤其是城镇居民。中国农业大学调查显示，保守推算，我国 2007～2008 年仅餐饮浪费的食物蛋白质达 800 万吨，相当于 2.6 亿人一年的所需；浪费脂肪 300 万吨，相当于 1.3 亿人一年所需，也就是说中国餐饮业每年浪费粮食可养 2 亿人（孙瑞灼，2012）。仅在北京，每天就产生食物垃圾 1200 吨。

（3）农村居民对高排放行业的弹性主要表现为对农业碳排放的影响，农村居民对农业的需求系数将导致农业碳排放变化 0.11%。在农村居民的最终消费中，农业的消费支出占 17.77%。

（4）政府消费的需求系数对高排放行业的影响较小，主要影响其他行业的碳排放变化，消费系数变化 1%，其他行业碳排放变化 0.32%，主要是由于政府对其他行业的需求最多，占政府最终消费的 96.47%。

（5）出口系数也是影响高排放行业的一个重要因素。出口系数直接影响化学原料及化学制品制造业、黑色金属冶炼及加工压延业、交通运输业、批发零售业的碳排放。此外，通信设备计算机及其他电子设备制造业的出口系数对化学原料及化学制品制造业的碳排放是间接影响。主要是由于这些行业的出口比例相对较高，通信设备计算机及其他电子设备制造业占的比例最高，为 22.02%；化学原料及化学制品制造业、黑色金属冶炼及加工压延业、交通运输业、批发零售业分别占 3.67%、2.24%、4.17% 和 9.03%。

表 3-1　高排放行业的主要弹性关系

行业	使用者	灵敏性/%
农业		
农业	农业	0.17
农业	城镇居民	0.18
农业	农村居民	0.11
农业	食品加工及制造业	0.44
食品加工及制造业	城镇居民	0.18
煤炭开采业		
煤炭开采业	煤炭开采业	0.20
煤炭开采业	石油加工及炼焦业	0.13
煤炭开采业	非金属矿物制品业	0.13
煤炭开采业	黑色金属冶炼及加工压延业	0.14
煤炭开采业	电力热力生产及供应业	0.48
黑色金属冶炼及加工压延业	黑色金属冶炼及加工压延业	0.12
电力热力生产及供应业	电力热力生产及供应业	0.25
非金属矿物制品业	建筑业	0.17
建筑业	固定资本形成总额	0.42
石油加工及炼焦业		
石油加工及炼焦业	化学原料及化学制品制造业	0.19
石油加工及炼焦业	黑色金属冶炼及加工压延业	0.12
石油加工及炼焦业	交通运输业	0.26
化学原料及化学制品制造业	化学原料及化学制品制造业	0.15
建筑业	固定资本形成总额	0.33
化学原料及化学制品制造业		
化学原料及化学制品制造业	农业	0.16
化学原料及化学制品制造业	化学原料及化学制品制造业	0.63
化学原料及化学制品制造业	塑料制品业	0.19
化学原料及化学制品制造业	其他	0.10
通信设备计算机及其他电子设备制造业	通信设备计算机及其他电子设备制造业	0.10
建筑业	固定资本形成总额	0.31
化学原料及化学制品制造业	出口	0.12

行业	使用者	灵敏性/%
非金属矿物制品业		
非金属矿物制品业	非金属矿物制品业	0.25
非金属矿物制品业	建筑业	0.73
建筑业	固定资本形成总额	0.75
黑色金属冶炼及加工压延业		
黑色金属冶炼及加工压延业	黑色金属冶炼及加工压延业	0.43
黑色金属冶炼及加工压延业	金属制品业	0.17
黑色金属冶炼及加工压延业	通用设备制造业	0.11
黑色金属冶炼及加工压延业	交通运输业	0.10
黑色金属冶炼及加工压延业	建筑业	0.42
建筑业	固定资本形成总额	0.51
电力热力生产及供应业		
电力热力生产及供应业	化学原料及化学制品制造业	0.13
电力热力生产及供应业	电力热力生产及供应业	0.51
建筑业	固定资本形成总额	0.34
建筑业		
建筑业	固定资本形成总额	0.96
交通运输业		
交通运输业	交通运输业	0.17
交通运输业	其他	0.16
建筑业	固定资本形成总额	0.22
交通运输业	出口	0.11
批发零售业		
批发零售业	其他	0.15
批发零售业	城镇居民	0.22
批发零售业	出口	0.14
建筑业	固定资本形成总额	0.12
其他		
其他	其他	0.24
其他	城镇居民	0.24
其他	政府	0.32

3.3.2 建筑业对钢铁、建材等行业的刚性需求导致了主要排放行业的碳排放增长

技术系数对高排放行业的影响明显高于最终消费需求系数，而且以直接影响为主。

(1)对于农业的碳排放来说，农业和食品加工及制造业对农业的使用变化1%，农业

碳排放分别变化 0.17%和 0.44%。食品加工及制造业对农业的使用是固定的，刚性的，很难通过改变食品加工及制造业对农业的需求，实现碳排放的减缓。然而，据一些统计表明，我国在农产品加工过程中，存在较大的浪费。水果、蔬菜等农副产品损失率高达 25%~30%，而西方发达国家的损耗率普遍低于 5%，美国、日本仅有 1%~3%(陈军和但斌，2008)。

(2)对于煤炭开采业来说，煤炭开采业、石油加工及炼焦业、非金属矿物制品业、黑色金属冶炼及加工压延业、电力热力生产及供应业的关联关系产生直接影响，以电力热力生产及供应业最大，为 0.48%；黑色金属冶炼及加工压延业的使用，电力热力生产及供应业的使用，以及建筑业对非金属矿物制品业的使用产生间接影响。我国是以煤炭消费为主的国家，尤其是以煤电为主，电力热力生产及供应业等行业对煤炭开采业的需求短期内也是刚性的，因此，先进发电技术、清洁可再生能源发电技术的应用是有利于减缓碳排放的。

(3)化学原料及化学制品制造业、黑色金属冶炼及加工压延业、交通运输业对石油加工及炼焦业的碳排放产生直接影响，为 0.19%、0.12%和 0.26%；化学原料及化学制品制造业的使用产生间接影响。

(4)对于化学原料及化学制品制造业，农业、化学原料及化学制品制造业、塑料制品业、其他行业的关系是直接影响，以化学原料及化学制品制造业的使用产生的弹性最大，为 0.63%。由于行业之间的相互关系，通信设备计算机及其他电子设备制造业的使用是间接影响。化学原料及化学制品制造业对农业提供农药和化肥，据一些统计表明，我国是世界上农药和化肥使用量最高的国家，我国以占世界 8%的耕地施用了世界 30%以上的化肥，生产了占世界 20%的粮食(黄鸿翔，2012)。过度的农药和化肥使用，一方面对人体健康产生了不利影响，同时也增加了碳排放，因此，控制农药和化肥的使用，将在很大程度上减少化学原料及化学制品制造业的碳排放。

(5)对于非金属矿物制品业来说，表现为技术系数的直接影响，而且影响的行业相对较少，以建筑业的使用弹性最大，为 0.73%。非金属矿物制品业提供了水泥、砖瓦、玻璃、石灰等建筑的基本原材料，鉴于当前这些原材料的不可替代性，针对此行业的有效政策是合理控制建筑业发展速度，延长建筑使用寿命。

(6)对于黑色金属冶炼及加工压延业来说，表现为技术系数的直接影响，主要是黑色金属冶炼及加工压延业、金属制品业、通用设备制造业、交通运输业和建筑业。其中黑色金属冶炼及加工压延业和建筑业的影响较大，分别为 0.43%和 0.42%。

(7)电力热力生产及供应业是我国最大的碳排放行业，主要是由于我国以煤炭发电为主，煤电占全部发电量的 80%以上。化学原料及化学制品制造业和电力热力生产及供应业使用的直接影响较大，尤以电力热力生产及供应业的影响较大，为 0.51%。主要是由于电力供应行业从电力生产企业购买发电量，再进行供应。通信设备计算机及其他电子设备制造业的使用是间接影响。

(8)对于交通运输业，表现为建筑业、批发零售业和其他行业的直接影响。由于建筑材料的运输，以及批发零售的物流配送需求，这两个行业对交通运输业的弹性也是刚性的，但是合理规划运输，也有利于减缓碳排放。

(9) 对于批发零售业，表现为其他行业对批发零售业的使用导致的直接影响。

(10) 对于其他行业，表现为其他行业使用的直接影响。

3.4　本章小结

本章分析了我国碳排放现状以及快速增长的驱动因素，研究发现以下 3 个结论。

(1) 从年度动态变化来看，人均 GDP 增长、工业化程度提高、人口增加是我国终端能源利用二氧化碳排放增长的重要驱动因素，而二氧化碳排放强度下降则有利于减缓这些驱动因素导致的二氧化碳排放增长。因此，未来中国要实现低碳发展，则意味着必须协调经济增长与碳排放、不同产业之间的发展、碳排放与技术进步等关系。

(2) 从横向行业关联的角度，建筑业的固定资本形成总额是高排放行业碳排放的主要拉动力量，对除农业、其他行业、建筑业在外的 7 个行业表现为间接影响，以非金属矿物制品业和黑色金属冶炼及加工压延业最为突出，弹性分别为 0.73% 和 0.42%；建筑业的碳排放，则主要是由固定资本形成总额导致的，弹性最大，为 0.96%，接近 1%。出口系数也是影响高排放行业的一个重要因素。出口系数直接影响化学原料及化学制品制造业、黑色金属冶炼及加工压延、交通运输业、批发零售业的碳排放。此外，通信设备计算机及其他电子设备制造业的出口系数对化学原料及化学制品制造业的碳排放是间接影响。从行业间角度来看，主要是与建筑业关系紧密的黑色金属冶炼及加工压延业、非金属矿物制品业等，农业与食品加工及制造业，煤炭开采业与电力热力生产及供应业等这些行业间的技术系数导致的弹性较大。

(3) 上述年度动态变化的纵向分析和行业关联的横向研究表明，二氧化碳排放不仅与经济增长方式紧密相关，而且关系产业发展及我国在全球经济中的战略定位。未来低碳发展战略需要综合考虑社会经济各个方面，从国家宏观战略出发，将低碳发展理念融入国家重要发展决策，并全面部署，避免单一政策导致二氧化碳减排效果不能达到预期效果的情况出现。

第4章 居民消费与低碳发展

居民消费作为拉动经济增长的"三驾马车"之一——"最终消费"的重要组成部分，对碳排放具有较大的影响，一方面，直接决定低碳消费模式的建立；另一方面，也对引领低碳生产方式、推广低碳产品起着重要作用，因此，本章从居民消费的角度探讨低碳发展。

4.1 居民消费的直接碳排放

随着经济发展、人民生活水平提高，我国居民对生活用能量和用能类型的要求越来越高，与之相关的直接碳排放也将发生变化。居民部门已经成为仅次于工业部门的第二大碳排放主体，2012 年占全国碳排放的比例为 11.6%，因此，研究居民部门能源相关碳排放对于我国的节能减排具有重要意义。居民生活直接碳排放是由五类终端生活活动所引起的，包括取暖制冷、照明、炊事热水、家用电器和私人交通。因此，本节综合国家统计数据和调研数据，采用自下而上的、终端使用用途分析方法，核算并分析 1996～2014 年我国居民部门各种生活行为相关的碳排放变化特征，以期更直接地对居民部门及全国的节能减排提供可操作性的决策依据。这里的能源指商品能，不含传统生物质能等非商品能源。

此外，由于我国二元经济社会的基本特征，城镇和农村居民之间生活水平的差距直接反映在居民用能模式和用能要求的异同，所以，有必要分别来研究城镇和农村居民生活碳排放特征。居民生活碳排放的计算参考 IPCC 推荐的方法(IPCC，2006)，其中，含碳量和氧化率系数分别参考 IPCC2006 温室气体排放清单(IPCC，2006)和薛新民(1998)的文献。需要指出的是，居民部门消费的电力和热力属于二次能源，虽然没有直接产生碳排放，但因火力发电和制热过程中存在能源燃烧并排放二氧化碳，所以将其折算计入居民部门碳排放。在进行五类生活终端活动用能的分解计算时，参考 Fan 等(2013；2015)的方法，将煤炭和电力两种能源品种分配到不同终端用途，从而经修正调整计算得到 1996～2014 年各终端的各种能源消费量。

4.1.1 居民直接碳排放持续增加，城乡人均排放差距逐渐缩小

如图 4-1 所示，我国居民部门能源相关碳排放(含电力、热力的生产排放)在 1996～2014 年具有较明显的增长趋势，从 1996 年的 3.5 亿吨二氧化碳增加到 2014 年的 10.2 亿吨二氧化碳。根据增长速度的不同，大致可分为两个阶段：1996～2001 年和 2002～2014 年，年均增速分别为 3.0%和 7.4%，这反映了 21 世纪以来，随着居民收入增加，生活水平提高，居民部门的碳排放已不容忽视。其中，城镇居民直接碳排放明显高于农村居民，占比始终在 50%以上，但近年来有一定的下降，这在很大程度上取决于我国农村居民生

活用能的增加和用能结构的改善。

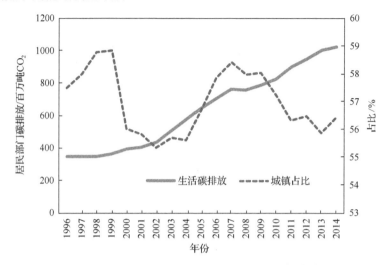

图 4-1　1996~2014 年我国居民部门能源利用的二氧化碳排放量

就人均量来看(图 4-2),城镇居民生活人均碳排放量明显高于农村,但随着农村居民生活质量的快速提升,城乡排放差距在逐渐缩小,1996 年城镇居民人均排放量是农村居民的 3.1 倍,到 2014 年仅是农村居民的 1.1 倍,这表明我国城镇和农村居民的生活水平和用能模式差距虽然还存在,但已经明显改善。从年度变化来看,很明显,城镇居民的人均碳排放具有明显的阶段特征:1996~2001 年略有下降,2002~2007 年较快增加,2008~2014 年具有缓慢增加趋势。

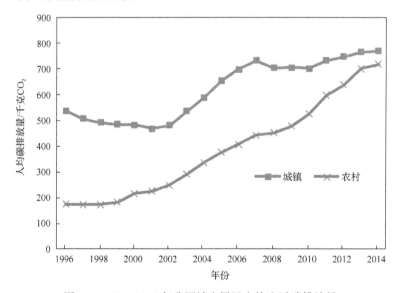

图 4-2　1996~2014 年我国城乡居民人均生活碳排放量

与之相比,农村居民人均碳排放稳定增长,1996~2014 年年均增长 8.2%。因此,随着我国城乡居民收入水平的进一步提高,人均生活碳排放不可避免地继续上升。

4.1.2　城镇居民私人交通碳排放增速快，取暖制冷和炊事热水碳排放占比多

如图 4-3 所示，随着我国经济发展、城镇化进程加快和居民生活水平提高，城镇居民生活的各类生活行为导致的碳排放增速明显不同。1996～2014 年，照明、私人交通、取暖制冷、家用电器和炊事热水行为的碳排放年均增长分别为 1.82%、12.69%、7.11%、0.46% 和 5.92%。可见，在过去十几年中，我国城镇居民私人交通行为引起的碳排放增速最快，这主要是由于城镇居民在收入增加时，对出行方式的追求发生转变，越来越青睐于购买家用小汽车来取代原有的公共交通出行和自行车出行等。据统计，我国城镇家庭平均每百户私人小汽车拥有量从 1998 年的 0.34 辆增加到 2014 年的 25.70 辆，平均每 4 户城镇居民家庭便拥有一辆私人小汽车 (表 4-1)，相应地，私人交通碳排放水平也从 704 万吨 CO_2 增加到 6042 万吨 CO_2，在城镇居民生活碳排放中所占比例也由 1996 年的 3.5% 增长到 2014 年 10.6%。虽然与炊事热水和取暖制冷行为相比，私人交通碳排放占比还不算很大，但增长潜力较大。因此，合理控制城镇居民私人交通行为，引导公共交通出行并健全城镇公共交通基础设施，对于控制居民部门碳排放过快增长具有重要意义。

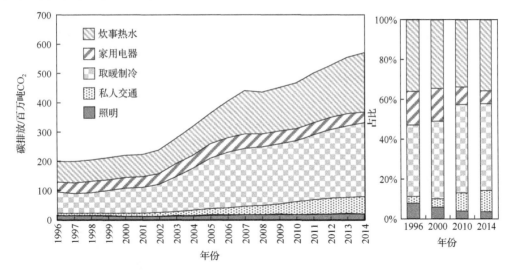

图 4-3　我国城镇居民五类生活行为碳排放结构

表 4-1　中国城镇居民主要年份主要生活行为相关指标

年份	空调拥有量 /(台/百户)	家用汽车拥有量 /(辆/百户)	集中供热面积 /万平方米	户数/万户**	城镇居民住宅面积 /亿平方米
1996	11.61	0.34*	73433	11657.5	63.53
2000	30.80	0.50	110766	14666.45	92.96
2005	80.67	3.37	252056	18990.54	146.71
2010	112.07	13.07	435668	23256.25	211.65
2014	107.40	25.70	611246	24888.81	234.19***

注：＊1998 年值；

　　＊＊ 由全国城镇人口数除以城镇平均每户家庭人口，且最新数据仅到 2012 年；

　　＊＊＊ 数据为 2012 年；

数据来源：国家统计局(1997，2001，2006，2011，2015)，WIND(2015)以及著者计算。

增速较快的是取暖制冷和炊事热水行为,这两种行为均属于居民最基本的生活需求,前者主要满足居住环境的舒适度,后者主要用于满足最重要的饮食方面的需求。北方地区冬季集中供暖为广大城镇居民提供了持续、温暖的取暖保障,我国城镇居民集中供热面积从1996年的7.3亿平方米增加到2014年的61.1亿平方米(表4-1),增长了7.3倍;同时,随着人们对室内温度舒适度越来越高的要求,空调的使用满足了大部分城镇居民的降温需求和无供暖设施区域的取暖需求,1996年每百户居民空调拥有量仅为11.61台,到2014年已增加到107.40台[①](表4-1)。这直接导致了城镇居民取暖制冷行为的CO_2排放由1996年的7261万吨,持续增加到2014年的2.5万吨,在城镇居民部门碳排放中所占的比例最大,基本在40%以上,甚至个别年份接近50%(图4-4)。因此,引导居民部门过高的舒适度要求所带来的不必要浪费能够有效减少城镇居民部门碳排放,如倡导夏季空调温度调节不低于26℃;改变部分小区冬季集中供暖室温过高的情况;改善建筑材料,特别是注意保暖防热墙体材料的质量等。

城镇居民炊事热水行为碳排放增长较快,从1996年的7202万吨CO_2增长到2014的2.03亿吨CO_2排放,在城镇居民部门碳排放总量中所占比例在35%左右,可见,1/3以上的碳排放来源于居民日常炊事热水行为,这也体现了民以食为天和中国特别的饮食文化特征。炊事热水行为的碳排放活动与居民户数和炊事行为的燃料选择有直接关系,尽管炊事用能类型不同,但平均每户居民至少拥有一整套耗能炊具,一般来说城镇居民户数越多炊事行为的潜在用能量也越多,1996~2012年我国城镇居民户数增长了1.13倍(表4-1),相应地,城镇居民炊事热水行为的用能总量增长迅速,2014年超过9000万吨标准煤,其中,天然气是最主要的拉动力量(图4-4)。

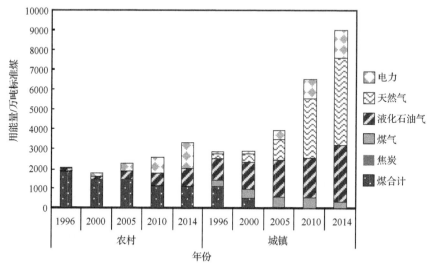

图4-4 主要年份城乡居民炊事热水行为用能情况

此外,城镇居民照明行为和家用电器行为的碳排放增长较为平缓,导致两类行为碳排放占城镇居民碳排放的比例甚至有所下降,2014年照明行为和家用电器行为碳排放分

①2013年、2014年的百户居民空调拥有量有所下降,这可能由于部分居民或住宅区选择中央空调。

别占 3.7%和 6.4%。这两类行为均由消费电力来实现，一般来说，照明范围和家用电器数量与居民居住面积直接相关。然而，城镇居民居住面积的增长(表 4-1，1996～2012 年年均增长 8.5%)高于照明和家电用能增长速度(1%～2%)，这充分体现了节能灯和电器能效标识等节能措施取得的成效。

4.1.3 农村居民私人交通碳排放增速高于城镇居民，取暖制冷碳排放未来增加潜力较大

在社会主义新农村建设不断推动下，我国农村居民收入水平和生活水平得到了较大提高，相应地，农村居民各类生活行为碳排放也增长迅速。与城镇居民相同，农村居民私人交通行为碳排放以较高的速度增长，从 1996 年的 163.1 万吨 CO_2 增加到 2014 年的 3267 万吨 CO_2，尽管不足城镇居民的 1/2，但 18.1%的年均增长速度却高于城镇居民。这一方面是由于农村居民从体力出行向动力出行方式的转变，另一方面是由于农村地区公共交通基础设施尚且非常落后，居民没有足够条件利用便捷的公共交通出行。具体地，可以从如下数据看出：摩托车是农村居民最主要的交通动力工具，每百户农村居民拥有量从 1996 年的 8.45 辆增加到 2012 年的 67.6 辆，增长了 7 倍，年均增长 12.2%(表 4-2)。从私人交通碳排放的相对量来看，私人交通占农村居民生活碳排放中的比例由 1.1%增长到 8.24%，尽管比例还较低，但随着农村居民收入水平增加，私人汽车出行的需求也会增多，将不可避免地刺激私人交通碳排放。不过，加强农村地区的公共交通出行基础设施建设，并适当引导鼓励居民使用公共交通工具，将有效减缓农村地区私人交通碳排放的增速。

表 4-2　我国农村居民主要年份主要生活行为相关指标

年份	摩托车拥有量/(辆/百户)	住房面积/亿平方米	洗衣机/台	电冰箱/台	空调拥有量/(台/百户)	抽油烟机拥有量/(台/百户)	户数/万户*
1996	8.45	21.7	20.54	7.27	0.3	0.9	19250
2000	21.94	24.8	28.58	12.31	1.32	2.77	19247
2005	40.70	29.7	40.20	20.10	6.4	5.98	18315
2010	59.02	34.1	57.32	45.19	16	11.11	16991
2014	67.60	37.1**	74.80	77.60	34.2	13.9	16552**

注：* 由全国农村人口数除以平均每户农村家庭人口；

　　** 2012 年数据；

数据来源：国家统计局(1997，2001，2006，2011，2013b)，Wind(2015)以及著者计算。

与城镇居民不同，农村居民的家用电器和照明行为碳排放增速较快，到 2014 年分别排放 6135 万吨 CO_2 和 3407 万吨 CO_2，年均增速分别达到 9.46%和 6.72%(图 4-5)。这主要体现了农村居民生活条件的不断改善。以家用洗衣机拥有量为例，1996 年平均每百户农村居民洗衣机拥有量 20.54 台，到 2014 年达到 74.8 台(表 4-2)，仍明显低于城镇居民拥有量(90.7 台)；城乡居民电冰箱拥有量变化也反映了类似情况。相应地，农村地区家用电器行为在生活碳排放中所占比例由 8.1%增加至 15.5%(图 4-5)。随着农村居民生活的进一步改善，农村居民家庭的现代化家用电器，如电冰箱、洗衣机、彩色电视机等将普及更大范围的家庭，每户家用电器行为引起的碳排放水平也不可避免将进一步增长。

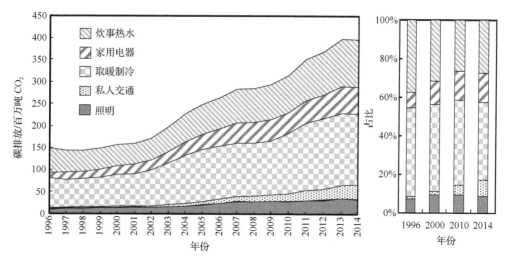

图 4-5　我国农村居民五类生活行为碳排放结构

　　照明行为则主要反映夜间活动的灯光需求,在农村居民生活碳排放总量中占比在10%以内(图 4-6)。一方面与灯泡、灯管的使用数量和使用时间有关,其中,使用数量与居民住房面积成正比,农村居民住房面积从 1996 年的 21.7 亿平方米增长至 2012 年的 37.1亿平方米,年均增长 3.41%(表 4-2);使用时间则与居民夜间活动时间有关,主要反映了劳动以外的精神文化活动的逐步丰富。另一方面与灯具的功率有关,农村地区照明行为碳排放的快速增长(1996～2014 年年均增长 6.72%)在一定程度上表明,农村地区居民节能灯的普及程度可能还不够高,例如,谭斌等(2011)的调研数据显示,湖南省农村地区的节能灯普及率相当低,平均只有 43%的水平。因此,在农村地区普及推广高效节能灯,既有利于缓解农村供电不足,又可以降低照明行为的碳排放增长速度。

　　然而,在城镇居民生活中增长较为迅速的取暖制冷行为碳排放和炊事热水行为碳排放,在农村居民生活中增速却相对最少,1996～2014 年年均增长速度分别为 4.84%和3.75%。取暖制冷行为包括冬季取暖行为和夏季制冷活动,其中,一方面因农村地区没有集中供热设施,农村居民的冬季取暖行为主要依靠煤炭消费,各类供暖能源中占比 88%以上,而城镇居民冬季取暖能源消耗品种多样,近年尤以电力、热力增长为主(图 4-6),根据本节假设,煤炭与电力和热力相比,实际是一种碳含量更低的能源,但效率较低;另一方面农村地区夏季制冷行为还以功率相对较低的电风扇为主,空调拥有量虽然近年来增长较快,到 2012 年百户农村居民拥有空调 25.36 台(表 4-2),而同期城镇居民为126.81 台(国家统计局,2013b)。可见,农村地区的取暖制冷行为碳排放增速与城镇居民相比偏低,部分原因可能是农村地区人口向城镇转移。如图 4-6 所示,农村居民的取暖制冷行为在居民各类生活行为碳排放中占比最高,持续在 40%以上。因此,农村居民的取暖制冷行为对整个居民部门碳排放增长的重要促进作用也应该给予特别重视。

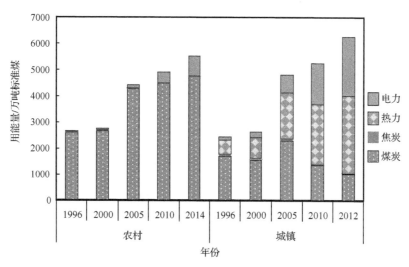

图 4-6　主要年份城乡居民取暖制冷行为用能情况

农村居民生活的炊事热水行为碳排放增速较低，导致其在农村居民碳排放中所占比例持续下降，1996～2014 年从 37.5%下降到 27.3%。究其原因，一方面农村居民现代化电炊具(如微波炉、电磁炉等)在居民家庭中的普及率还较低，且没有明显增长趋势，以抽油烟机为例，2014 年农村居民每百户家庭拥有量仅为 14 台(表 4-2)，城镇居民该数值在 2006 年就达到 70 台 (国家统计局，2007)。这使得农村居民每户家庭的炊事热水用电及所致的二氧化碳排放量相比城镇还较低，尽管如此，随着现代化电炊具在农村地区的普及程度提高，由此带来的未来农村居民家庭的户均炊事热水行为相关的二氧化碳排放还有较大的增长潜力。另一方面，随着城镇化进程加速推进，农村人口不断转移到城市，农村居民户数持续降低，这也是炊事热水行为碳排放增速较慢的原因之一。

4.2　居民消费的间接碳排放

居民在生活中，一方面直接利用能源，如取暖；另一方面，由于生活的需要，购买和使用衣服、食品等商品，这些商品的生产、加工、运输和处理等过程都需要消耗能源，导致能源的间接消费，因此，居民直接和间接的能源消费也将导致直接和间接的碳排放问题。

随着我国经济的增长，我国居民消费规模不断增长，1992～2012 年我国城镇和农村人均居民消费支出分别增加了 2.70 倍和 3.75 倍；而且，居民消费结构不断升级，食品类支出的比例不断下降，私家车、计算机、空调等成为家庭生活的必备用品。此外，由于居民收入的差别，消费支出也存在较大的差别。因此，本节根据 1992 年、1997 年、2002 年、2007 年和 2012 年投入-产出基本表和能源价格，利用投入-产出模型研究我国城镇居民和农村居民的二氧化碳排放，并根据农村和城镇居民不同收入水平的消费支出数据计算我国不同收入水平下城镇居民的二氧化碳排放。

4.2.1　城镇居民消费的间接碳排放明显高于农村居民

居民消费的间接碳排放明显大于其直接排放，如图 4-7 所示。除了 1992 年城镇和农村居民间接碳排放比较接近（分别为 4.64 亿吨和 4.68 亿吨），1997 年、2002 年、2007 年和 2012 年，城镇居民的间接碳排放明显高于农村居民，由于城镇居民消费支出规模的快速增长，2012 年和 2007 年比农村居民多 2.92 倍和 2.45 倍。

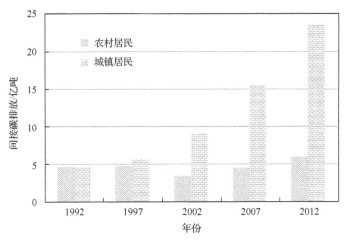

图 4-7　居民消费的间接碳排放

对于城镇居民，杂项商品和服务消费支出导致的间接碳排放最多，如表 4-3 所示，因为其消费支出占全部城镇居民消费支出的 41.35%。居住、食品和烟草消费支出导致的间接碳排放也较多，2012 年分别为 4.22 亿吨和 4.30 亿吨，但是其驱动力量是不同的：对于居住来说，主要是由于其碳排放强度是食品和烟草、杂项商品和服务的 8 倍多；对于食品和烟草消费导致的碳排放，主要是由于其消费规模占城镇居民全部消费的 29.73%，而居住仅占 2.96%。对于农村居民，食品和烟草消费导致的碳排放最多，由于其消费占农村居民消费支出的 42.98%。因此，必须结合不同消费类别间接碳排放的原因制定有针对性的政策，以保证减缓居民消费碳排放的效果。

表 4-3　2012 年城镇居民和农村居民消费的间接碳排放

项目	消费规模/十亿元		碳排放/亿吨	
	农村居民	城镇居民	农村居民	城镇居民
食品和烟草	1943.61	4558.14	1.79	4.30
衣着、家庭用品和医药	462.75	1804.35	0.99	3.94
居住	94.17	453.35	0.90	4.22
交通和通信服务	286.53	1401.84	0.54	2.64
教育、文化和娱乐服务	211.07	773.49	0.17	0.66
杂项商品和服务	1524.16	6340.21	1.60	7.71
全部	4522.28	15331.39	5.99	23.48

为了进一步分析居民消费碳排放变化的影响因素，本书采用 LMDI 方法研究 1992～2007 年居民消费碳排放的变化，研究表明：城镇人口增长、城市化和人均消费支出是居民

消费碳排放增长的主要拉动力量,碳排放强度的下降减缓了碳排放的增长。如图 4-8 所示,1992～2012 年人口增长、城镇化、人均消费支出、消费结构变化的影响分别是 1.96 亿吨、4.75 亿吨、22.87 亿吨和 1.21 亿吨,碳排放强度下降的影响是减少了 10.65 亿吨。

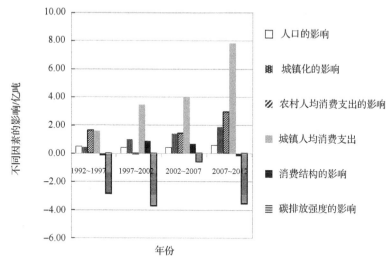

图 4-8　居民消费间接碳排放的驱动因素

4.2.2　高收入城镇居民的人均间接碳排放是低收入农村居民的 7 倍

中国城镇居民和农村居民由于收入水平悬殊,消费支出水平也差异巨大,2012 年最高收入水平城镇居民的人均消费支出是最低收入水平农村居民的 10 倍,而且消费支出结构也不尽相同,由此也导致了不同收入水平居民人均间接碳排放的差异。

对于城镇居民来说,最高收入居民的人均间接二氧化碳排放为 8571.11 千克,高收入居民为 5902.82 千克,中等偏上居民为 4517.84 千克,中等收入居民为 3627.43 千克,中等偏下居民为 2784.64 千克,低收入居民为 2163.96 千克,最低收入居民为 1661.55 千克,如图 4-9 所示。

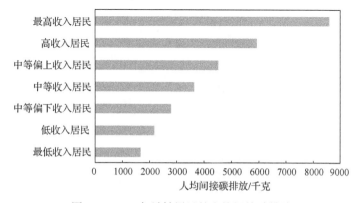

图 4-9　2012 年城镇居民的人均间接碳排放

对于农村居民来说,高收入居民为 3270.60 千克,中等偏上居民为 2233.75 千克,中等收入居民为 1696.37 千克,中等偏下居民为 1354.71 千克,低收入居民为 1112.92 千克,如图 4-10 所示。

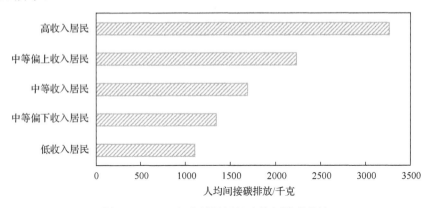

图 4-10　2012 年农村居民的人均间接碳排放

不同收入居民间接碳排放的巨大差异意味着未来随着我国居民收入水平的进一步提高,居民消费的间接碳排放也将快速增长,所以未来必须进一步降低碳排放强度,引导以低碳排放为特征的居民消费行为,以避免快速城镇化进程中高碳消费行为和模式的锁定效应。

4.3　碳排放约束下的最优消费模式

本节根据传统投入-产出方法所拓展的涵盖商品-产业的投入产出系统,并结合线性规划模型,建立环境约束目标下的消费优化模型。

1) 目标函数

根据排放的计算方法,引入一个产业部门环境强度向量 E,则 E 可以表示为

$$E = C^p X \tag{4-1}$$

式中,E 中元素表示各产业生产活动的环境负担;C^p 为 n 维行向量,其中元素表示产业部门单位产出直接排放的第 p 种环境排放量。

本模型的目标是最小化环境负担:

$$C^p X \to \min \tag{4-2}$$

模型要计算向量 X 的最优值,在这之后,将其描述为向量 X^*。

2) 约束条件

(1) 产品供需平衡。假设最终使用(居民消费、投资、出口)具有一个可调整的范围(调整任意一种最终使用,其他几种保持不变),分别围绕目前的水平波动 10%。将最终使用变动的上限记为向量 f^U,下限记为向量 f^L,则产品供需平衡必须满足以下准则:

$$f^U + f_{\text{other}} \geqslant [(I - R)(I - M)^{-1} C - A] X \geqslant f^L + f_{\text{other}} \tag{4-3}$$

(2)资本约束。式(4-7)考虑了资本存量的可获性限制，或资本限制：

$$KX \leqslant K^{**} \tag{4-4}$$

式中，K^{**}为目前总的资本存量。

(3)劳动力约束。对劳动力的限制为

$$LX \leqslant L^{**} \tag{4-5}$$

式中，L^{**}为目前的劳动力供给。

(4)GDP 约束。为了保持现有的经济规模，GDP 限制必须满足以下条件：

$$V_a X \geqslant GDP^{**} \tag{4-6}$$

式中，GDP^{**}为 GDP 的现值。

3)数据来源

本节的核心数据基础是中国 2007 年 43 部门制造-使用表，根据研究需要，将其合并为 31 部门。

4.3.1 固体废弃物排放控制的协同效果显著

本节在最小化不同环境负担的情景下，假设居民消费在基于目前水平 10%的波动范围内进行调整，进而对环境、经济以及居民消费变化情况进行研究。

通过应用模型最小化各种环境排放，获得了 8 个向量 X^*。然后，基于向量 X^*，为经济和环境项计算了 8 种不同的优化状态，并确定了这些项目的优化值相对于现值的变化（表 4-4）。在经济变化方面，最小化每一种环境排放，GDP、资本和劳动力报酬都没有变化。这说明各种优化情景下，经济系统并未受到不利的影响。在环境变化方面，最小化大气以及固体废弃物排放的情景中，每一种环境问题的变化都是负值。因此，最小化大气以及固体废弃物这两类环境问题并不会导致其他几种环境排放增加。而最小化化学需氧量和氨氮排放的情景下，却带来除自身外其他环境排放的增加，这可能是由水污染与大气以及固体废弃物之间产生机理的不同所导致的。

从数量上看，最小化固体废弃物排放带来的 8 种环境排放总量下降最大，下降了7.67%；最小化氨氮排放带来的排放下降最小，为 7.44%；而最小化化学需氧量排放却带来二氧化碳、二氧化硫、氮氧化物、烟尘、粉尘、固体废弃物排放的增加，分别增加了0.57%、0.52%、0.56%、0.30%、0.43%和 0.32%。另外，最小化大气及固体废弃物排放所带来的氮氧化物的减排程度最为明显，而带来的粉尘减排程度最少。此外，对于大气排放(除粉尘外)，最小化其中任何一种，所引起的同类型污染物减排程度都要大于不同类型的污染物(水污染、固体废弃物污染)。同样的，对于两种水污染也是如此。而最小化固体废弃物排放，所引起的自身减排程度却小于不同类型的大气(除粉尘外)减排程度。

表 4-4　居民消费系统中，最小化环境问题下的经济变化和环境变化

项目		最小化环境问题类型							
		CO_2	SO_2	NO_x	烟尘	粉尘	化学需氧量	氨氮	固体废弃物
经济变化 /%	GDP	0	0	0	0	0	0	0	0
	资本	0	0	0	0	0	0	0	0
	劳动力报酬	0	0	0	0	0	0	0	0
环境变化 /%	CO_2	−1.27	−1.27	−1.27	−1.27	−1.18	0.57	0.46	−1.24
	SO_2	−1.29	−1.29	−1.29	−1.29	−1.22	0.52	0.43	−1.26
	NO_x	−1.37	−1.37	−1.37	−1.37	−1.29	0.56	0.47	−1.34
	烟尘	−1.08	−1.08	−1.08	−1.08	−1.05	0.30	0.23	−1.07
	粉尘	−0.31	−0.31	−0.31	−0.31	−0.34	0.43	0.40	−0.32
	化学需氧量	−0.52	−0.52	−0.52	−0.51	−0.79	−1.59	−1.49	−0.64
	氨氮	−0.80	−0.80	−0.80	−0.81	−0.66	−1.09	−1.23	−0.86
	固体废弃物	−0.92	−0.92	−0.92	−0.92	−0.91	0.32	0.25	−0.93
总和		−7.55	−7.55	−7.55	−7.55	−7.44	0.02	−0.48	−7.67

4.3.2　最优模式应降低对纺织、造纸等 7 种商品的消费需求

借助式 (4-7)，可以比较 8 种不同的优化模式下居民消费向量 f^* 中的每一种商品需求变化。根据变化，可将商品归为三类：①在所有的最小化情景中其优化的需求相对于现有水平都下降的商品；②在所有的最小化情景中其优化的需求相对于现有水平都上升的商品；③优化需求的变化取决于环境问题的类型的商品。这种分类为调整日常的消费模式提供了一种简单的指示。

$$f^* = [(I-R)(I-M)^{-1}C-A]X^* - f_{other} \tag{4-7}$$

结果显示，综合考虑碳排放、大气污染、水污染以及固体废弃物污染时，在 31 种商品中，有 7 种归为第一类，分别是纺织、造纸印刷及文教体育用品制造、化工、燃气生产和供应、水的生产和供应、信息运输计算机服务和软件、卫生等。农林牧渔水利、批发零售、房地产等 3 种归为第二类，其余 21 种归为第三类。

4.4　居民碳排放未来趋势

4.4.1　居民直接碳排放增长空间

本节将中国与最具代表性的 2 种消费模式进行比较，即美国模式和日本模式，计算了中国居民部门碳排放的增长潜力。其中，发达国家生活用能数据来自于 OECD 国家能

源平衡表，中国数据来自中国能源统计年鉴和 Non-OECD 国家能源平衡表，各国人口数据来自世界银行。由于 IEA 统计居民用能时，没有将私人交通用能统计在内，这里估算的潜力不含私人交通用能碳排放。此外，由于生物质能的碳排放系数难以确定，故亦将生物质能的使用排除在外。

电力作为高品质的终端清洁能源，在居民生活能源阶梯中处于最高层，电气化水平很大程度上反映出生活用能特点和用能效率。如图 4-11(a) 所示，美国的人均生活用电水平明显高于其他国家，而日本、英国和 OECD 国家的用电水平类似，前者是其他几个国家的 2～3 倍。从趋势看，代表性国家的人均生活用电量均随时间有增加趋势，但是，最近几年发达国家人均用电均有趋稳的特点，如图 4-11(b) 所示。明显地，中国的人均生活用电量与发达国家相比还很低，2013 年用电量为 515 千瓦·时/人，仅仅相当于最节能的日本 20 世纪 70 年代初的水平(图 4-11)。由此判断，随着经济发展和人民收入水平提高，中国的居民生活用能还有较大增长空间。

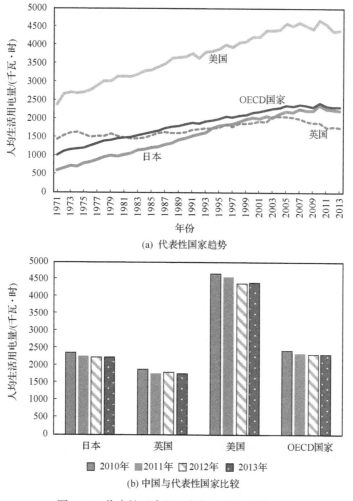

(a) 代表性国家趋势

(b) 中国与代表性国家比较

图 4-11　代表性国家居民部门人均生活用电量

鉴于美国和日本可以代表两种不同的消费模式，且近年来具有趋稳特点，所以用这两个国家 2013 年居民生活用能及碳排放为例，来估算中国居民生活碳排放的估算空间。如图 4-12 所示，若按照美国的消费模式，中国的人均生活碳排放将增加至 3.64 吨 CO_2，具有 4.9 倍的增长空间；如果按照日本的消费模式，中国的人均生活碳排放将增加值 1.78 吨 CO_2，具有 1.9 倍的增长空间。因此，中国居民未来消费模式不同，其生活碳排放的增长空间也将明显不同，相比之下，日本的节约型生活消费模式是更值得借鉴和参考的。

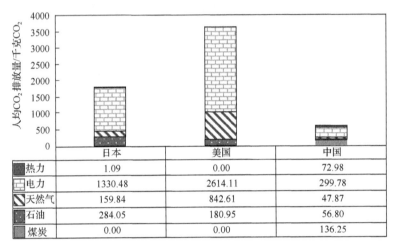

	日本	美国	中国
热力	1.09	0.00	72.98
电力	1330.48	2614.11	299.78
天然气	159.84	842.61	47.87
石油	284.05	180.95	56.80
煤炭	0.00	0.00	136.25

图 4-12　代表性国家居民部门人均生活碳排放量(2013 年)

4.4.2　居民消费的间接碳排放展望

居民消费的间接碳排放除了与居民收入水平有关，还与居民消费支出、消费结构、消费行为等有关，因此，随着居民收入水平的提高，居民消费的间接碳排放也将大幅增长。基于 4.2.2 节不同收入水平居民的间接碳排放预估了 2030 年居民消费支出的碳排放水平。假设 2030 年城镇人均消费支出达到 2012 年城镇高收入水平居民的人均消费支出水平和消费结构；农村居民人均消费支出分别达到 2012 年农村高收入水平居民的人均消费支出水平和消费结构(以 2012 年不变价格表示)。根据有关研究，2030 年中国人口为14.5 亿人(新华网，2016)，其中城镇化率达到 70%(新华网，2013)；同时，考虑技术进步因素，预测得到 2030 年我国城镇居民消费的间接二氧化碳约为 36 亿吨，农村居民消费的间接二氧化碳排放为 11 亿吨，合计为 47 亿吨。

4.5　本 章 小 结

本章研究了居民消费的直接和间接二氧化碳排放，研究结果表明：随着我国居民生活水平的不断提高，直接排放和间接排放都在快速增加。

(1)从直接排放来看，碳排放阶段性增长，2001 年前后年均增速分别为 1.2% 和 8.4%；城镇居民始终占比 50% 以上，且有增加趋势。城乡居民碳排放强度 1996～2001 年缓慢变化，2002～2012 年较快增长；城乡差距持续存在，但已明显改善。城镇居民私人交通碳排放增速最快，中短期仍具较大增长潜力；取暖制冷和炊事热水碳排放占比最多，分别在 40%和 30%左右，增速也较快，宜控制城镇居民过高舒适度标准。农村居民私人交通行为碳排放同样增速最快，甚至高于城镇居民，发展农村公共交通将有利于减缓私人交通行为碳排放过快增长；家用电器和照明行为碳排放增速较快反映了生活条件的改善和现代化的渗透，短期仍具增长潜力，但增速不会持续过久；取暖制冷行为增速较小但碳排放占比最高，且未来增加潜力较大，控制农村地区取暖用能浪费和降低制冷标准尤为重要。

(2)从间接排放来看，尽管城镇人口少于农村人口，但是城镇居民的间接排放明显高于农村居民，而且对于城镇居民和农村居民来说，不同消费类别导致的碳排放也具有很大不同，对于农村居民，食品和烟草消费支出导致的碳排放最多；对于城镇居民，其他商品和服务消费支出导致的间接碳排放最多；从驱动因素来看，城镇人口增长、城市化和人均消费支出是居民消费碳排放增长的主要拉动力量，碳排放强度的下降，减缓了碳排放的增长。因此，必须结合不同消费类别间接碳排放的原因制定有针对性的政策，以保证减缓居民消费碳排放的效果。

(3)考虑不同污染物的环境治理，在经济变化方面，最小化每一种环境排放，GDP、资本和劳动力报酬都没有变化。在环境变化方面，最小化大气以及固体废弃物排放的情景中，每一种环境排放都有所降低。而最小化化学需氧量和氨氮排放的情景下，却带来除自身外其他环境排放的增加。综合考虑碳排放、大气污染、水污染以及固体废弃物污染时，居民应该减少对纺织、造纸印刷及文教体育用品制造、化工、燃气生产和供应、水的生产和供应、信息运输计算机服务和软件以及卫生的消费，增加对房地产、农林牧渔水利、批发零售的消费。

第5章 重点工业部门与低碳发展

工业部门是中国碳排放的最主要来源，几乎贡献了中国碳排放总量的70%以上，工业部门的低碳发展将直接决定中国低碳转型的整体效果。因此，本章选取工业部门的4个高碳排放部门(钢铁、建材、有色、电力)，深入剖析这些部门的低碳发展现状，揭示低碳发展中存在的问题与挑战，并提出低碳发展的战略和政策建议。

5.1 重点工业部门碳排放现状

"十二五"规划期间，特别是"十三五"规划以来，围绕钢铁、建材、有色、电力等高碳排放的重点工业部门，社会各界普遍关心的话题是："两高一资"、产能过剩、环境污染、节能减排等。这些部门存在的这些问题主要是长期依赖投资拉动的经济增长模式所导致的，是未来经济发展空间的集中性释放。

工业部门是我国碳排放的最主要贡献者，近几年工业部门的碳排放占到我国碳排放总量的70%以上。如图5-1所示，1971~2013年，我国工业部门(包括电力部门，下同)CO_2排放量由5.6亿吨增长到72亿吨，年均增速约为6%，2013年工业CO_2排放量在化石能源燃烧排放量中的比例已接近85%。2003年前后，我国GDP年均增速由8.7%上升到10.3%，相应地，工业CO_2排放量轨迹在2003年也出现转折，其年均增速由5.6%上升为8.3%。钢铁、建材、有色、电力部门的CO_2排放轨迹存在上述类似的规律，但是不同部门存在一定的生产经营性差异，而且在不同的社会发展阶段，对不同工业品的需求不同，因此，钢铁、建材、有色、电力部门的低碳发展现状也各不相同。

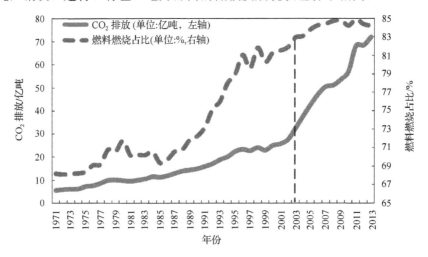

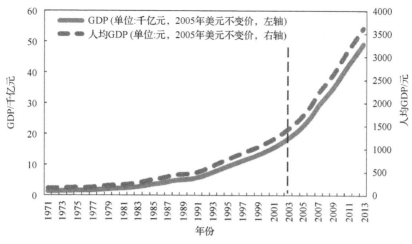

图 5-1　工业部门 CO_2 排放与经济发展的轨迹

GDP 是基于汇率法的 2005 年美元不变价

数据来源：IEA（2015a），世界银行（2016）

5.1.1　钢铁生产规模巨大，碳排放或已出现峰值

中国是钢铁生产和消耗大国，钢铁部门是除了电力部门，耗能最大的工业部门。过去 30 多年来特别是近 10 多年来的以房地产产业迅猛发展为主要特征的经济增长，带动了钢铁产量大幅增长。如图 5-2 所示，近 10 年我国钢铁产量与 GDP 指数呈现出很强的正相关关系。国家统计局数据显示，2014 年中国有 1668 家大中型黑色金属冶炼及压延加工业企业，427 家大中型黑色金属矿采选业企业。

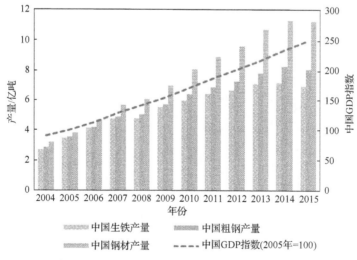

图 5-2　2004～2015 年中国钢铁产量与中国 GDP 指数

数据来源：国家统计局（2015）

如图 5-3 所示，中国钢产量逐年上升，占全球比例越来越大，尤其是 2000 年之后，中国钢材产量迅速飙升。按照世界钢铁协会统计，20 世纪 80 年代初，中国钢材产量不

足 3700 万吨/年，只占世界的 5%；到 2014 年，钢材产量达到 8.22 亿吨，占世界总产量的 49%。在 30 多年的时间内，中国钢材产量增长了 20 多倍。但是 2015 年钢材产量首次出现了下降，根据世界钢铁协会数据，2015 年全国粗钢产量为 8.04 亿吨，同比下降了 2.3%，是近 30 年来的首次下降。

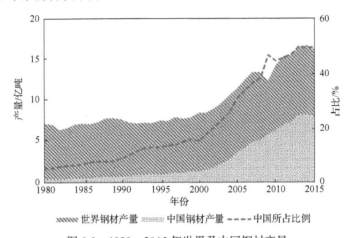

图 5-3　1980～2015 年世界及中国钢材产量

数据来源：世界钢铁协会 (2016)，其中 2015 年世界钢材产量数据为估计值

钢铁部门不仅拥有炼铁、炼钢、轧钢等工序，还有烧结、焦化及公辅配套设施等完整的生产体系，是一个能源、水资源、矿石资源消耗巨大的资源密集型产业。如图 5-4 所示，中国钢铁部门能源消费逐年增长，2014 年为 7.15 亿吨标准煤，占全国能源消费总量的 17% 左右；其中主要是煤炭，电力消费较少，近几年比例虽然有小幅度下降，但仍维持在 88% 左右。

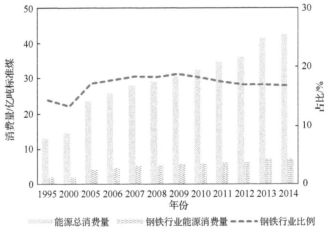

图 5-4　1995～2014 年中国能源消费与中国钢铁部门能源消费

钢铁部门二氧化碳排放情况与炼钢过程中采用的方法、工艺、技术等 (如转炉工艺和电炉工艺) 有着密切的联系，一般长流程的转炉工艺较短流程的电炉工艺能耗大。钢铁部门 2006～2010 年吨钢可比能耗、吨钢综合能耗以及工序能耗指标如表 5-1 所示。不同的

炼钢工艺需要不同种类的能源，其能源强度也不一样。在钢铁炼制的整个过程中，每个工序都会产生不同程度的二氧化碳排放。因此，二氧化碳减排贯穿生产的整个过程，仅仅针对其中某一工序并不能实现其减排效果，需要从整体把握，根据每个生产细节合理规划，以达到全流程最低碳。

表 5-1　我国重点钢铁企业各主要生产工序能耗情况　　（单位：千克标煤/吨）

年份	吨钢综合能耗	吨钢可比能耗	烧结	球团	焦化	炼铁	转炉	电炉	轧钢
2006	645	623.04	55.61	33.08	123.11	433.08	9.09	84.26	64.98
2007	628	614.61	55.21	30.12	121.72	426.84	6.03	81.34	63.08
2008	629.93	609.61	55.49	30.49	119.97	427.72	5.74	80.81	59.58
2009	619.43	595.38	54.95	29.96	112.28	410.65	3.24	72.52	57.66
2010	604.60	581.14	52.65	29.39	105.89	407.76	-0.16	73.98	61.69
2011	603.68		52.03	29.58	104.63	404.57	-3.51	70.26	58.44
2012	603.75		50.42	28.84	105.10	402.48	-6.16	66.91	60.72
2013	591.92		49.98	28.47	99.87	397.94	-7.33	61.87	59.36
2014	584.70		48.90	27.49	98.15	395.31	-9.99	59.15	59.22
2015	571.85		47.20	27.65	99.66	387.29	-11.65	59.67	58.00

数据来源：王维兴（2011；2013a；2014；2015；2016）。

我国钢铁部门一直相对较稳定，即使世界整体经济贸易相对动荡，钢铁产量及二氧化碳排放量一直维持在较高水平。二氧化碳排放量增长较快，如图 5-5 所示，从 1990 年的 1.08 亿吨增长到 2013 年的 11.45 亿吨，23 年间增长了 9.6 倍，年均增速超过 10%，与经济增速相当。尤其是 2000 年之后，钢铁部门碳排放量增长迅猛，其中 2007 年增长了 19%，即使遇到 2009 年的经济危机，钢铁部门排放量并没有像其他部门出现下降趋势，2009 年比 2007 年增长了 3.5%。

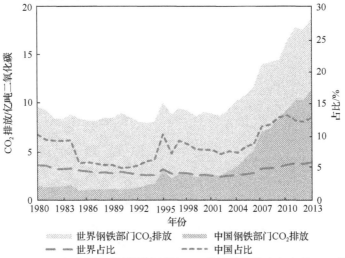

图 5-5　1980~2013 年中国与世界钢铁部门 CO_2 排放量及其占各自总 CO_2 排放比例

数据来源：IEA（2015a）

能源结构是影响钢铁部门二氧化碳排放的一个重要因素。2005～2014年，钢铁部门煤炭使用量平稳增长，占比略有下降，如图5-6所示。但是能源结构在短时间内无法改变，而且还需对设备以及生产工艺进行调节，所以通过技术途径节能并提高能源效率是减少二氧化碳排放的重要技术手段之一。

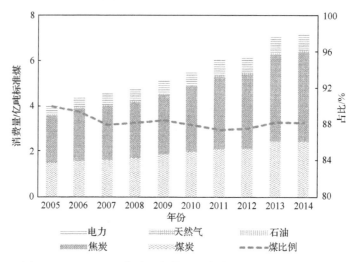

图5-6 2005～2014年中国钢铁部门各类能源消费及煤炭占比

从排放来源来看，钢铁部门排放的二氧化碳中高炉煤气的二氧化碳排放增速最快，从1990年的0.10亿吨到2014年的5.38亿吨，增长了50多倍，年均增长率超过18%。而来自于其他烟煤、焦炉煤炭的二氧化碳排放量涨幅相对较少，如图5-7所示。

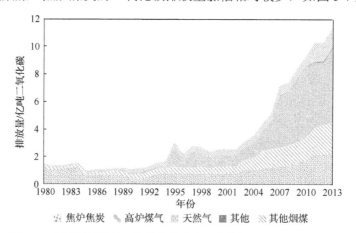

图5-7 中国钢铁部门二氧化碳排放来源变化轨迹（1980～2013年）
数据来源：IEA（2015a）

5.1.2 建材部门高附加值产品比例低，结构减排潜力大

建材部门是我国重要的基础原材料工业，全国能源消费总量中大约有1/10用在建材部门，全国二氧化碳排放总量中有1/6来自建材部门（中国建筑材料联合会，2014）。作

为"两高"部门，加快推进其低碳发展，既是实现我国碳排放早日达峰的需要，也是自身转型升级的需要。

进入 21 世纪以来，我国水泥工业取得了长足的进步。到 2014 年年底，我国新型干法水泥生产线累计约 1700 条（其中包括部分已停产但未拆除的项目），熟料产能达到 17.7 亿吨。2014 年全国水泥产量约为 24.8 亿吨，约占世界水泥总产量的 60%。国内水泥年消费量约为 24.5 亿吨，人均水泥年消费量约为 1.8 吨，远超欧美发达国家，也远超第二大发展中国家印度（中国水泥协会，2015）。但由于投资拉动的经济增长方式，建材部门也呈现追求规模、粗放发展的现状，由此导致了三方面的结构性矛盾：第一，水泥、平板玻璃和建筑卫生陶瓷等传统高耗能、高排放行业在建材部门中的比例过大；第二，低碳环保、高附加值的新兴建材工业发展比较缓慢；第三，落后产能（主要指产品结构中的低品质产品）的淘汰进程比较缓慢。建材部门不断突显的结构性矛盾进一步导致其碳排放总量和碳排放强度居高不下，也迫使水泥、玻璃和陶瓷行业面临低碳发展的严峻挑战。

1980～2013 年，化石燃料导致的 CO_2 排放量年均增速约为 6%，1980～2011 年水泥工艺过程 CO_2 排放量年均增速约为 11%，如图 5-8 所示，进入 21 世纪后，水泥过程排放量超过了化石燃料排放量。2011 年建材部门 CO_2 排放量约为 17.6 亿吨，其中化石燃料燃烧排放 7.1 亿吨，水泥工艺过程排放 10.5 亿吨（IEA，2015a；CDIAC，2015）。根据世界投入产出数据库（World Input-Output Database, WIOD）和 CDIAC 的数据，我国建材部门的 CO_2 排放总量超过了美国、日本和印度，位居世界第一，如图 5-9 所示；在排放强度方面，也高于美国和日本，与印度相近，2005～2009 年略低于印度。2009 年我国单位总产出 CO_2 排放量约为 44 吨/万美元（PPP，1995 年美元不变价），约是美国的 3 倍，约是日本的 5.6 倍（WIOD，2012；CDIAC，2015）。因此，无论在积极实现国际化和努力提高国际竞争力方面，还是在部门内实现转型升级和结构优化方面，客观的发展现状都迫切要求我国建材部门积极推进节能减排，实现绿色低碳发展。

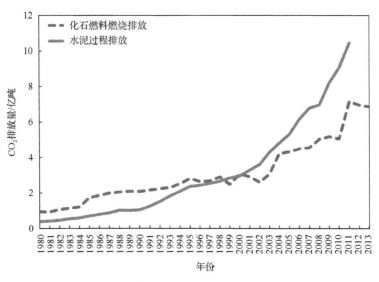

图 5-8　中国建材部门 CO_2 排放量轨迹

数据来源：IEA（2015a）和 CDIAC（2015）

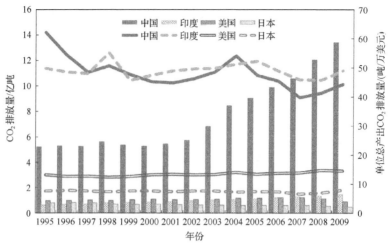

图 5-9　中国建材部门 CO_2 排放量与排放强度的国际比较

总产出为 PPP 法的美元不变价，1995 年=100

数据来源：WIOD（2012）和 CDIAC（2015）

从建材部门内部来看，能源消耗和二氧化碳排放主要来自水泥、平板玻璃、建筑卫生陶瓷三大产业。水泥、平板玻璃、建筑卫生陶瓷三大产业的能源消耗约占建材部门能耗总量的 80%，相应地，这三大产业的二氧化硫、氮氧化物和烟粉尘的排放量约占建材部门排放总量的 75%。

5.1.3　有色行业规模世界第一，企业排放水平差异大

有色金属行业在国民经济发展和国防建设中起着重要作用。铝合金由于强度高、耐腐蚀、密度低等一系列优良特性，已经成为仅次于钢铁的第二大金属，广泛应用于航空航天飞行器制造、食品饮料包装、电子器件加工等领域。镁及镁合金在汽车工业、3C 数码产品制造等领域有大量的使用。此外，有色金属在新兴产业也有广泛应用，如各种新能源装备、电池、超导材料、有害物质催化净化设备、LED（light-emitting diode，发光二极管）材料等。如图 5-10 所示，有色金属产量与中国经济发展趋势有着较强的相关性。随着经济结构逐步优化，科技水平不断提高，未来我国对有色金属材料的需求还将进一步增加（中国有色金属工业协会和《中国有色金属工业年鉴》编辑委员会，2014）。

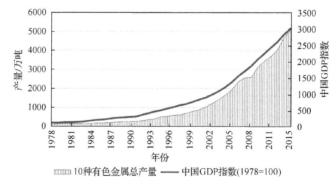

图 5-10　1978～2015 年中国十种有色金属总产量（2004 年以后不计入再生铝）

数据来源：中国有色金属工业协会和《中国有色金属工业年鉴》编辑委员会（2014）

有色金属行业属于典型的高耗能、高排放行业，是我国未来低碳发展的重要领域。能源强度和碳排放强度均高于全国工业平均水平，碳排放强度波动性较大。行业内部产能结构性过剩：低端材料滞销，产能开工不足；高端材料创新不足，大量依赖进口。基于此，有必要对有色金属行业的产品产能结构、能源消耗、碳排放进行系统分析。

1) 行业规模庞大，深刻影响世界有色金属行业发展

中国有色金属行业总体规模庞大，发展势头迅猛。自 2000 年以后，产量快速上升，逐步占据世界主导地位。2013 年，中国电解铝、精炼铜、锌、精炼铅、镍、锡、锑、汞、镁、钛和稀土矿产量分别达到 3020 万吨、684 万吨、500 万吨、448 万吨、55 万吨、16 万吨、31.2 万吨、0.135 万吨、80 万吨、8.2 万吨和 10 万吨，分别占世界总产量的 49%、32%、38%、44%、30%、45%、72%、75%、82%、38% 和 91%。如图 5-10 所示，近 10 年 10 种有色金属产量增速常年保持在 10% 以上，近 5 年增速略有放缓，但也都保持在 7% 以上。中国有色金属行业在世界居于举足轻重的地位，其技术更新和节能改造将影响世界范围内有色金属行业的能源需求，其产量波动也将极大地影响世界有色金属的供求关系，进而影响各种金属制品的价格。

2) 能耗总量和单位产品能耗较高，产品结构亟待调整

有色金属行业能耗总量增长较快，但增速低于全国能耗总量的增速。"九五"规划时期前后，有色金属行业能耗总量增速较为平稳；"十五"规划到"十一五"规划时期，能耗总量加速上升，尤其是 2003~2007 年，2007 年能耗总量达 2002 年的 2.4 倍。进入"十一五"规划末期(2007~2009 年)，外部经济条件变化和国家节能减排政策逐渐收紧，行业能耗总量基本维持不变。进入"十二五"规划时期后，行业能耗总量又出现了快速增长趋势。

有色金属行业低碳发展的核心环节在冶炼，冶炼环节的低碳发展重点在铝、锌、镁、铜。根据有色金属工业相关规划数据，有色金属行业能源消费主要集中在冶炼环节，大约占到行业能耗总量的 80%，其余部分中加工环节能耗约占 11%，矿山开采环节约占 5%。在冶炼环节中，铝冶炼能耗占到全部能耗的 61%，锌冶炼占 7%，镁冶炼占 6%，铜冶炼占 2%。

有色金属行业产业结构不合理，铝、铜、铅、镁等高耗能产品产能严重过剩。2010 年电解铝、镁冶炼行业开工率仅有 70% 和 60%(工业和信息化部，2012)。根据 Wind 数据，2014 年 1~10 月，电解铝行业开工率仅为 85% 左右(Wind，2015)。近 5 年来，针对有色金属行业过剩产能问题，国家执行了较为严格的淘汰政策。如图 5-11 所示，2010~2014 年，全国范围内电解铝、铜冶炼、铅冶炼和锌冶炼行业分别淘汰了 200 万吨、280 万吨、350 万吨和 110 万吨落后产能，均超额完成国家下达的淘汰任务。2012 年，我国铜、铅、镁、锌冶炼综合能耗分别为 424 千克标煤/吨、468 千克标煤/吨、4750 千克标煤/吨和 902 千克标煤/吨，电解铝交流电耗为 13827 千瓦时/吨。与"十二五"规划的 2015 年目标相比，分别有 41%、46%、19%、0.2% 和 11% 的差距。高耗能产品产能严重过剩，且淘汰任务较为繁重，严重制约了有色金属行业节能目标的实现，对行业低碳发展造成了严峻的挑战。

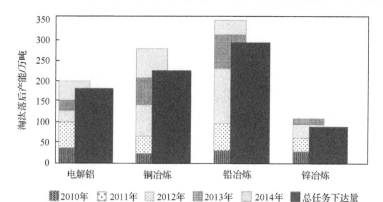

图 5-11　2010~2014 年部分有色金属淘汰落后产能任务下达量与各年完成量(截至 2014 年 10 月)

数据来源: Wind(2015)

3)近年来单位增加值能耗和碳排放不降反升

有色金属行业能源强度远高于工业平均水平。从增加值总量来看,有色金属行业增加值从 1998 年的 417 亿元增长到 2013 年的 5041 亿元(2000 年不变价)。1999~2012 年,有色金属行业增加值增长了 8.2 倍;行业增加值主要来自有色金属冶炼及压延加工业,有色金属矿采选业增加值占比维持在 19%~28%。如图 5-12 所示,1998~2012 年,中国有色金属行业单位增加值能耗有较大程度的下降,从 1998 年的 9.0 吨标煤/万元下降到 2012 年的 3.7 吨标煤/万元(2000 年不变价),但是仍远高于工业增加值能耗(2012 年为 1.53 吨标煤/万元)。其部分原因在于有色金属行业本身能耗较高,行业整体盈利能力偏低等。

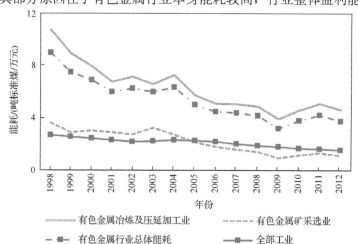

图 5-12　1998~2012 年有色金属相关行业和全部工业单位增加值能耗对比(2000 年不变价)

数据来源:国家统计局(2013b);中国有色金属工业协会和《中国有色金属工业年鉴》编辑委员会(2014)

行业内部,冶炼及压延加工业能源强度较高,但降幅显著。有色金属冶炼及压延加工业单位增加值能耗一直高于行业平均水平,由 1998 年的 10.8 吨标煤/万元下降到 2012 年的 4.7 吨标煤/万元(2000 年不变价),但 2001~2004 年("十五"规划时期)以及 2009~2012 年("十二五"规划时期),单位增加值能耗有波动上升的趋势。有色金属矿采选业单位增加值能耗相对较低,一直在 2.3 吨标煤/万元(2000 年不变价)上下浮动。由此可以看出,有色金属行业的主要节能潜力集中于有色金属冶炼及压延加工业。

　　有色金属行业碳排放增长迅速，实现行业低碳发展任重道远。如图 5-13 所示，2012 年有色金属行业能源消费导致的碳排放量达到 5.04 亿吨，其中电力生产和煤炭燃烧是主要碳排放源。

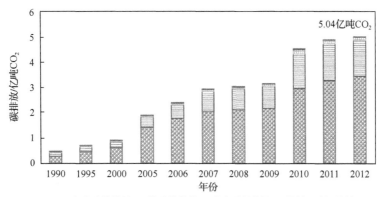

图 5-13　1990～2012 年有色金属行业能源使用碳排放情况

数据来源：中国有色金属工业协会和《中国有色金属工业年鉴》编辑委员会(2014)

　　从趋势上看，1990～2012 年，有色金属冶炼及压延加工业碳排放量上升了 9.4 倍。2000 年以来，用电量和用煤量的快速增长推动了行业碳排放的迅速上升。"十五"规划至"十一五"规划时期，行业碳排放经历了剧烈增长，2010 年行业碳排放量为 4.5 亿吨，较 2000 年的 0.9 亿吨增加了 4 倍，年均增长 35%。2007～2009 年，国家节能减排政策逐渐收紧，行业碳排放量增速下降，年均增长率仅为 2.6%。如图 5-14 所示，2012 年，有色金属冶炼及压延加工业碳强度为 11.9 吨 CO_2/万元(2000 年不变价，下同)，较 2000 年仅下降了 16%。值得注意的是，有色金属行业的碳强度在 2010 年之后经历较大波动。2000～2009 年，有色金属行业碳强度加速下降到 2009 年的 8.4 吨 CO_2/万元，但在 2010 年又回升至 12.6 吨 CO_2/万元，2011 年进一步升至 13.7 吨 CO_2/万元。

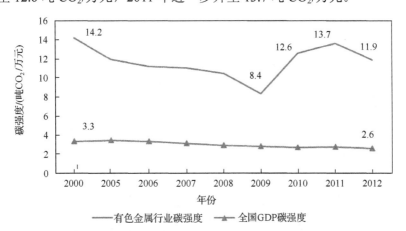

图 5-14　2000～2012 年有色金属行业与全国碳强度比较(2000 年不变价)

数据来源：国家统计局(2013b)

5.1.4　发电碳排放占全国1/2，以煤为主的电源结构短期难以改变

我国电力装机容量历年来持续增长，从2001年的3.4亿千瓦增长到2014年末的12.6亿千瓦，年均增长8.3%，其中2002~2006年增速较为明显，2006年增速达到21%。随着装机容量的提升，2013年全国装机容量首次超越美国位居世界第一，意味着我国发电能力迅速提升，为国民经济发展提供充足的电力保障。

从我国装机容量电源结构来看，由于历史及资源禀赋等因素，在装机结构中一直以火电为主。随着近年来国家对节能减排工作的重视，可再生清洁能源发电装机量也在逐渐增加。以2013年为例，火电装机比例达69.2%，清洁能源发电装机容量中水电占比22.3%，核电、风电装机容量占比7.3%，如图5-15所示。清洁能源装机较2012年增长了14.8%。根据国家2020年的碳减排指标，清洁能源装机到2020年需上升到34.9%，目前来看，我国基本实现了清洁能源装机容量的中期目标。尽管如此，由于火电装机在电力装机容量市场占据大份额，而且火电装机容量直接决定着电力行业对煤炭的需求量，所以在此基础上形成的能耗压力依然较大。

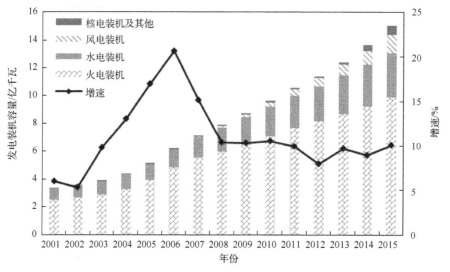

图 5-15　中国历年发电装机容量结构

数据来源：国家统计局(2015b)

以此为基础的发电结构同样体现了这一特点，根据2015年国民经济和社会发展统计公报的数据，中国2014年全年发电量为5.8万亿千瓦时，比上年增长0.3%。其中火电占比75%，水电占比18.9%，风电及其他可再生能源发电量总占比5.7%；中国火电发电量同比下降0.7%，首次出现负增长。相对于2008年的发电量结构而言，2015年火电发电量有所下降，风电发电量提升较为明显，如图5-16所示。

根据地理环境和水资源的分布，我国核电主要分散在东部沿海地带，在保证安全的情况下，这一清洁高效的发电方式有望缓解当前我国以燃煤为主带来的减排问题。

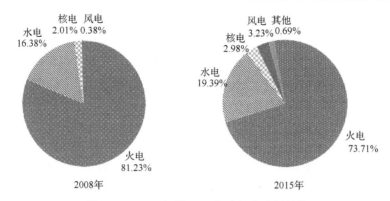

图 5-16　2008 年及 2015 年中国发电量结构

数据来源：中国电力企业联合会和美国环保协会 (2015)

根据 IEA 的数据，2011 年我国火力发电中煤、油、气电所占比例分别为 97.2%、0.3%、2.5%，而同期世界水平分别为 60.5%、7.2%、32.3%。由于天然气发电在生产过程中几乎不排放粉尘、二氧化硫等污染物，在环境压力约束下我国天然气发电还有很大的增长空间。2012 年在国家发展和改革委员会发布的第 15 号令即《天然气利用政策》中提出将包括分布式热电联产在内的城市燃气列为优先类，这为缓解优化火力发电结构提供了一定的政策支持。

研究表明，我国火力发电所排放的烟尘、二氧化硫、氮氧化物已经出现峰值(王志轩，2015)，但二氧化碳排放量依然处于增长过程中。IEA 数据显示我国电力行业二氧化碳排放占全国二氧化碳排放量比例，由 2000 年的 44% 上升至 2013 年的 49%，始终处于较高水平，如图 5-17 所示。这与火电结构中燃煤比例密不可分，单位标准煤炭燃烧所产生二氧化碳排放均高于等标量石油及天然气，分别是两者的 1.3 及 1.7 倍(金三林，2010)，导致以燃煤为主的电力行业在生产过程中排放的二氧化碳高于其他行业。几乎占全国碳排放 1/2 的电力部门的碳排放控制使得控煤、采用先进的洁净煤技术以提高能效成为重点解决的问题。

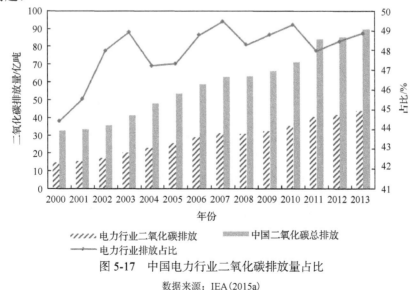

图 5-17　中国电力行业二氧化碳排放量占比

数据来源：IEA (2015a)

电力部门碳排放强度近年来出现下降趋势，如图 5-18 所示，根据 IEA 及国家统计局数据计算得出，我国电力部门的碳排放强度从 2003 年的 10.7 吨/(万千瓦时)，下降到 2013 年的 8 吨/(万千瓦时)。这一情形说明我国近年来发电行业在燃煤效率方面有所提升，在供电煤耗方面，2009 年全国发电机组平均煤耗 341 克/(千瓦时)，较国际平均水平的 330 克/(千瓦时)已相差不大(周一工，2011)，到 2015 年，6000 千瓦及以上电厂供电标准煤耗下降到了 315 克/(千瓦时)，这一标志性的变化得益于近年来我国大容量、高参数发电机组(600~1200MW 等级超临界/超超临界发电技术)的商业化运行，以及清洁能源的大力发展。但由于以煤炭为主的电源结构制约，碳排放强度仍居世界前列，减排压力仍较大。

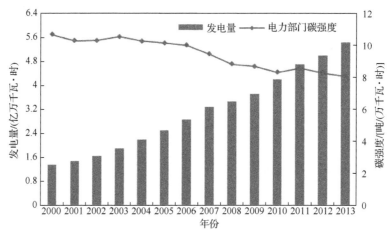

图 5-18　我国电力行业碳排放强度

数据来源：IEA(2015a)，国家统计局(2016)

从世界范围来看，1980 年来世界上大部分国家电力行业碳排放相对较为稳定，而以中国、印度和巴西为首的发展中国家电力碳排放增长明显较快，如图 5-19 所示。

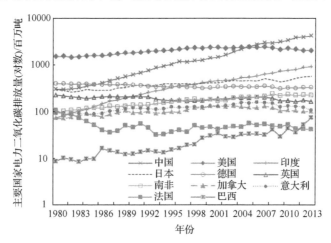

图 5-19　主要国家电力二氧化碳排放量

数据来源：IEA(2015a)

5.2　重点工业部门低碳发展的挑战

5.2.1　钢铁部门内部技术参差不齐，电炉钢比例低

中国吨粗钢二氧化碳排放水平一直高于世界平均水平，如图 5-20 所示，并且随着粗钢产量占比的不断提升，钢铁部门二氧化碳排放对世界吨粗钢二氧化碳排放水平有明显的拉升。因此，中国钢铁部门既面临国际钢铁行业的减排压力，也面临国内低碳发展的转型压力。

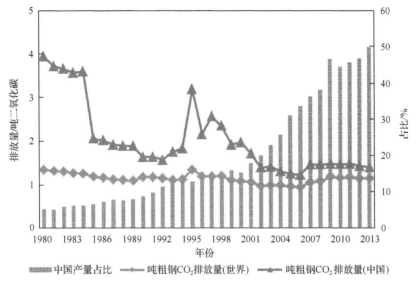

图 5-20　1980～2013 年中国及世界粗吨钢二氧化碳排放水平

数据来源：世界钢铁协会（2016），IEA（2015a）

虽然部分重点钢铁企业技术水平已达到国际先进水平，但仍与发达国家有 10%～20%的差距。钢铁部门大部分是长流程生产工艺，2008 年中国短流程的电炉钢只有 12%，而世界平均水平为 32%左右（李士琦等，2011）。从铁钢比指标对比，2010 年世界铁钢比为 0.74，我国为 0.94，除去中国后世界平均为 0.57；而美国铁钢比为 0.33，欧盟为 0.54。因我国铁钢比指标远高于世界先进国家，吨钢综合能耗比国际先进水平高 110～250 千克标煤/吨（王维兴，2011）。

同时，我国大中型钢铁企业余热资源的回收利用率为 30%～40%，全国平均值更低。而国外先进钢铁企业余热的回收利用率平均是 80%，部分企业在 90%以上（如日本的新日铁为 92%）。除去对煤气与高炉炉顶压差发电量的回收能，中国钢铁企业余热资源回收利用率不足 30%，而国外先进钢铁企业在 50%以上（蔡九菊，2009）。目前我国投产在建的 CDQ（coke dry quenching，干熄焦）158 套，有 TRT（blast furnace top gas vecovery turbine，高炉炉顶煤气发电）装备的高炉 655 座，烧结废气余热回收装置 166 套（王维兴，2013b），余热资源回收利用设备覆盖率较低。

未来 5～10 年内，我国钢铁需求仍将维持在较高的水平。现阶段，国民经济对钢铁的需求出现了较为严重的不对称性，具体表现在普通钢材产能过剩，特种钢材产能不足。2016 年 1 月 22 日国务院常务会议提出压缩粗钢产能 1 亿～1.5 亿吨的目标，该目标的提出对钢铁部门低碳发展是一次巨大的机遇，但因为我国的资源禀赋、炼钢技术、钢铁部门自身特点等因素，低碳发展过程中又充满了挑战。

5.2.2　有色产品种类工艺细杂，再生资源利用程度不高

有色金属行业当前再生金属比例较低。从图 5-21 中可以发现，中国矿生铝产能过剩问题非常严重，但再生铝仍有发展空间。目前再生铝产量约是矿生铝的 23.6%，在未来发展中，随着环保、能耗、资源约束不断加强，再生铝的优势会越来越明显。1961～2013 年，美国矿生铝产量随人均 GDP 经历了先增长后下降的过程。在人均 GDP 达 4 万美元（PPP，2005 年不变价）左右，再生铝产量超越了矿生铝，占比达 50% 以上。美国两类铝产量分别向两极化演变。

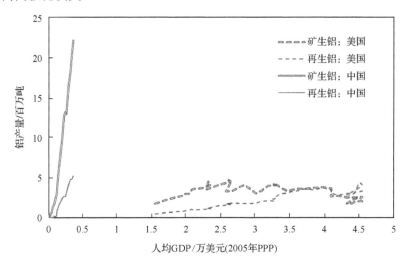

图 5-21　1961~2013 年中美矿生铝、再生铝产量与人均 GDP 关系（2005 年 PPP）

数据来源：Wind（2015），中国有色金属工业协会和《中国有色金属工业年鉴》编辑委员会（2014），World Bank（2014）

根据规划（工业和信息化部，2016），到 2020 年，中国再生铝、再生铜、再生铅产量占其供应量比例分别达到 20%、27%、45%，10 种有色金属产量达到 6500 万吨。有色金属的再生资源利用将明显推动行业的低碳发展。与矿生金属相比，再生金属的能耗量和污染物排放量均显著下降。再生铜、铅、铝、锌的综合能耗分别是矿生金属的 18%、45%、27% 和 38%（刘蓓琳和王彤，2012）。生产相等量的再生金属，每吨铜、铝、铅、锌分别比矿生金属节能 348 千克标准煤、1267 千克标准煤、496 千克标准煤、566 千克标准煤。有色金属行业 10 种金属再生产量占比每提升 1%，可以节约 38 万吨标煤，减少 120 万吨 CO_2 的排放。结合有色金属行业再生资源利用的广阔前景，有色金属行业有望加速实现低碳发展。

有色金属行业低碳发展的主要挑战是原材料供应不集中，能源供应不平衡和运输条

件不匹配。有色金属行业作为典型的资源型行业，其行业布局可分为三类：靠近资源原产地的资源依托型布局、靠近消费市场的市场依托型布局和靠近江海港口的港口依托型布局。如果按资源依托型进行行业布局，则有色金属资源丰富的内蒙古、湖南、云南等省份和能源资源丰富的山西、新疆等省份具有比较优势，但这些地区往往地处内地，与有色金属的主要消费地区(包括出口口岸)距离较远；如果按照市场依托型布局，又会造成资源运输过程中的较大浪费，影响行业低碳发展。此外，行业生产效率整体较低(王翔等，2009)，各省间生产率的差距在逐渐拉大，这说明随着行业集中度逐渐提高，虽然有些地区逐渐上马高效率产能，但仍有省份存在落后产能。

5.2.3　煤电占比较高，电源结构还有优化空间

从 5.1 节的分析可以看出，我国火电装机容量在总装机容量中占比一直较高，虽然近些年来水电、核电等清洁能源发电量有所增加，但火电的主导地位短时间内不会改变。同时"富煤、贫油、少气"的资源格局也决定了我国火力发电用能消耗以煤炭为主，煤电将继续作为我国火力发电的主要方式。我国自 2007 年采取的"上大压小"通过取缔高耗能高排放的小火电机组，以提高火电效率的措施，在近些年取得一定成绩，2010~2012年，全国关停小火电机组总容量分别为 1305 万千瓦、955 万千瓦、616 万千瓦(李志刚和罗国亮，2014)。但总体来看，以火电为主的电源结构所面临的资源消耗及碳排放压力仍较大。

部分清洁能源如水电在我国发电量占比中不断增加，但其近些年来也遇到相应的发展瓶颈，库区移民安置成本和当地生态环境保护成为制约水电发展的两大难题。核电发展则受制于地质、水文状况，环境及用水安全等因素，加上 2011 年日本福岛核事故使得公众对核电的接受意识降低等，核电还未得到大规模发展。

根据国家统计局数据，2012 年我国石油储量为 33.3 亿吨，天然气储量为 4.4 万亿立方米，煤炭储量为 2299 亿吨，资源总量丰富。根据第二次煤田预测资料，我国 94%的煤炭资源分布在北方地区，大部分水电则集中在西南地区，大部分可再生能源如风能、太阳能分布在西部地区。而从我国城市分布情况来看，大中型城市主要集中在华北、华中及华南地区，这些相对发达地区对于电力的需求往往大于西部省份，导致能源生产与消费呈逆向分布情形。

从省际能源流动趋势来看，煤炭跨省流动范围及规模较大，原油及天然气流动则相对较小，分别表现为北油南运和西气东输(沈镭等，2012)。在这种能源分布基础上形成的发电构成中，如何合理规划各地区电力消费及输配，避免资源浪费和环境污染，实现地区间能源平衡，是我国电力低碳化发展过程需要解决的问题。

伴随着火力发电技术的不断提升，供电煤耗等指标逐渐向世界先进水平靠拢，节能减排的空间则越来越小，这对火电特别是燃煤发电技术提出了更高要求。整体煤气化联合循环技术(Integrated Gasification Combined Cycle，IGCC)则受限于投资成本，其未来发展也存在较大制约。在电力二氧化硫、氮氧化物排放出现峰值的背景下，如何进一步研发更高参数的发电机组减少碳排放，成为电力行业低碳发展需要面对的首要问题。

5.3　重点工业部门低碳发展的政策建议

5.3.1　优化钢材产品结构，提高电炉钢比例

随着中国经济进入新常态，钢铁需求近年有所下降，钢铁产能相对过剩。在不改变经济驱动的情况下，钢铁部门的低碳道路是异常艰难的。钢铁部门涉及面广，生产过程较为复杂，单纯地改变一道工艺不能完全解决问题。需要逐个击破，有针对性地对不同的生产工艺采取不同的方法。

从机制上，制定科学合理的以节能环保强制性指标淘汰落后产能的具体技术指标，运用市场机制，让企业进行公平竞争，完善落后产能退出机制，加快落后产能和技术的淘汰。同时完善企业兼并重组方案，推动优势企业对落后企业的重组，利用企业优势提高钢铁部门的整体生产技术水平。

在企业管理角度，企业内部对生产过程中各个环节进行多方位多角度的监控，包括能源使用与二氧化碳排放，并建立一套完整的能源和碳排放管理信息系统。从生产的每一个环节把握能源消耗、二氧化碳排放，从全过程的角度摸清各钢铁企业二氧化碳排放的真实情况，提出有效的减排对策与发展路径。

在具体技术上，加大对最新氢还原技术的研发，提高热风温度，提高钢铁炼制工艺，多产出高性能钢和长寿命钢。达到设备能级相匹配、能源梯级利用、按质用能的效果；优化运行方式，对生产的各个环节进行合理调度；提高设备的可靠性。

钢铁部门低碳发展的关键在于对余温余热、余料废料的利用上。对于余温余热的利用，我国目前各项利用指标均低于世界先进水平，应当加大对相应技术的支持与投入。也可通过相应的技术，降低外购电比例。对于余料、废料的利用，建立一套完整的回收利用体系，合理回收生产过程中产生的冶金渣，以及社会产生的废钢，尤其是拆解废旧汽车产生的废钢。提高电炉钢比例，减少能源消耗，降低碳排放强度。

5.3.2　严格执行低标水泥停产政策，强化废弃物循环利用政策

目前，我国水泥年产能约为 35 亿吨，水泥年产量约为 25 亿吨，产能利用率约 70%（中国水泥协会，2016）。供给侧改革的核心之一是去产能，特别是淘汰落后产能。全面取消32.5 低标号水泥，可以削减掉约 6 亿吨产能，不仅实现小散落后企业自动退出市场，而且有利于我国水泥工业的良性发展。

各个行业的垃圾和废弃物的减量化和资源化对于整个社会的低碳发展都有着重要的作用，而建材部门是实现废弃物循环利用的关键环节。目前，建材部门应该重点实施水泥窑协同处置生活垃圾和固体废弃物专项，尽快实现水泥生产原料以石灰石为主到以各种废弃物为主的转变，协同实现废弃物合理消纳和水泥工艺减排。但在实施水泥窑协同处置生活垃圾和固体废弃物项目的同时，严格遵守控制增量的原则，要避免产能反弹。

积极推动建筑节能高端产品，如 Low-E 玻璃（低辐射玻璃）的研发、生产与应用。组织相关行业、企业和政府监管部门，共同研究制定建筑节能产品的设计、生产、装备和

使用的工程规范，推动新型节能建材产品的广泛应用，从终端推动建筑的低碳运行。

5.3.3　继续优化发电能源结构，加快低碳技术研发和推广

由于我国能源资源的约束，将来一段时间内煤电在总体发电中的份额难以出现较大改变，因此在火电减排方面，提高发电技术、发展洁净煤等仍是主要技术手段，具体包括粉煤流化床燃烧技术（pulverized coal fluidized bed combustion，PC-FBC）、氧气燃烧（oxy-combustion）技术、整体煤气化联合循环技术等（IEA，2013b）。同时强化传统的能源清洁技术，在较为成熟的超超临界发电机组技术上进一步挖掘技术潜力，截至 2014年，我国成立了国家 700℃超超临界燃煤发电技术创新联盟，继欧、美、日之后，在更高起点、更高参数等级开展超超临界燃煤发电技术领域全面研究（国家能源局，2014）。

优化我国发电耗能结构必须依靠新能源与可再生能源的利用与推广，降低煤电比例。考虑天然气发电排放较煤电低的特点，在热负荷需求较大的地区，推进燃气蒸汽联合循环热电联产（combined cycle gas turbine，CCGT）项目，拓展常规天然气发电空间。核电相对传统化石燃料是一种非常清洁的能源，在未来电力行业发展中有很大空间，因此，在加强核电安全管理的基础上，提高核电比例。在环境保护前提及库区居民得到良好安置前提下，加大水电开发力度。在太阳能、风能等可再生能源方面，解决并网等发展瓶颈，扩大可再生能源在我国电源结构中的占比。此外，发电领域适时开展不同规模的碳捕集与利用技术的研发与示范，将为未来开展火电领域的二氧化碳大规模减排提供技术基础。

5.3.4　重视再生资源利用，实现部分产业向西部及海外转移

有色金属行业当前发展的核心矛盾是当前的材料技术水平不能满足国家经济和重大战略部门的需求，特别是航空航天、汽车制造、电子 3C 产品、新能源等领域。因此，有色金属行业应当加快淘汰落后产能，优先提高行业生产技术，促进产品的转型与升级，提高生产效益，实现整个行业的低碳发展。

注重海外再生金属资源，尤其是镁、铝、铜等国内资源较为紧缺的金属品种，实现有色金属行业的跨越式低碳发展。有色金属行业循环经济有很大潜力，其内涵包括废旧金属再生利用，余热回收，尾矿、冶炼渣、炉渣和粉煤灰等废弃物的资源化，共生矿、伴生矿的综合利用等。目前中国有色金属行业循环经济以试点为主，相关行业标准和法规不完善，导致企业间的循环技术路线不甚清晰，尚不足以在行业内普及推广。建议多部门联合出台相关发展规划和行业标准，引导企业间实现循环发展，促进行业节约化、低碳化。

以技术标准为手段，以市场自愿为原则促进电解铝、镁冶炼行业的集约化发展。依托产业布局，坚持"上大压小"的原则，推进产业集约化发展。对规模效益显著、有一定技术基础的大型有色金属企业，鼓励其在相关规划指导下有序发展；对分散零星的小型电解铝、镁冶炼企业，限制其进一步发展。鼓励企业间开展全产业链的合作，延长产业链长度，整合主要企业，在条件适宜的地区建设有色金属行业基地，实现行业集约化发展。

结合可再生能源，优化有色金属行业用能结构，降低行业碳强度。根据各地区的可

再生资源条件，利用风电、太阳能等新兴低碳能源的发展趋势，选择开发前景好、成本较低的地区，结合有色金属"西进政策"，减少生产过程中的化石能源消费，实现源头上的低碳发展。综合可再生能源潜力、有色金属资源和市场条件，山东、内蒙古、江苏、广东、上海、浙江6个省份具备构建可再生能源与有色金属产业链条的优势（刘晓丽和黄金川，2008）。

在控制总量的前提下，鼓励东部地区铝、镁冶炼行业向西部迁移。东部地区依托其海岸线优势，发展需要海外进口原料的有色金属行业，特别是针对国外废旧铜、铅、镍、锌等，建设沿海可再生有色金属产业园区。有色金属行业的空间布局以西部为主，扶持中西部合作示范项目，实现有色金属行业的有序转移(吴滨，2011)。

立足国内需求，逐步推进有条件的有色金属行业向国外转移。国际有色金属巨头以跨国业务为主，涉及矿产开发、冶炼、运输、大宗商品交易等多国多种业务。未来我国有色金属行业要坚持"走出去"的发展战略，通过投资海外产能，转移国内环境保护压力，缓解有色金属资源矿产不足带来的发展困境，通过多边投资降低发展风险。

第6章 城镇化与低碳发展

伴随工业化发展，城镇化是非农产业在城镇集聚、农村人口向城镇集中的自然历史过程，是人类社会发展的客观趋势，是国家现代化的重要标志(国务院，2014)。目前有超过 1/2 的人口聚集在城市区域且持续增加，预计到 2030 年该比例达到 60%(United Nations Department of Economic and Social Affairs，2014)。城镇化在促进产业结构转型升级与经济快速发展的同时，同样面对能源环境领域的挑战：其全球能源消费占比为 67%~76%，碳排放占比超过 75%(IPCC，2014)。这意味着，城市已然成为全球节能减排的主要参与者。

得益于我国东部沿海地区的优先发展战略，京津冀、长江三角洲、珠江三角洲等一批城市群逐渐形成发展。这些城市群的经济拉动作用同样引发了高能耗与高碳排放的能源环境问题。随之的结果是，我国成为世界上第一大碳排放国。与此同时，我国城镇化过程面临着多方面的挑战，如人口迁移与增长、土地利用以及农民工形成的"半城镇化"等，增加了节能减排的压力。因此，如何协调我国城镇化过程中的经济发展与节能减排的矛盾，即城镇化过程中的低碳发展问题，将是本章的主要研究问题。

6.1 人口城镇化对碳排放的影响

6.1.1 人口城镇化起点低、速度快且区域差异大

改革开放以来，我国城镇化得到快速发展。1978~2014 年，城镇常住人口从 1.7 亿人增加至 7.5 亿人，城镇化率从 17.9%上升至 54.8%，如图 6-1 所示。在东部地区优先发展战略的影响下，城镇人口主要集中在东部省份，2014 年东部省份的城镇常住人口占全国比例达到 48%，中部省份为 29%，西部省份为 23%。从户籍人口来看，1984~2013年，城市户籍人口从 1.4 亿人增加至 4.3 亿人，户籍人口城镇化率从 13.1%上升至 30.4%，东部城市人口总数是中部城市和西部城市人口的约 2 倍，如图 6-1 所示。

我国各省份城镇化水平均得到提升，中西部省份城镇化发展潜力大。2005~2014 年，所有省份的城镇人口增速都大于 0(如图 6-2 所示，图中加标注的省份主要为东部省份与部分中西部省份)。城镇化的影响范围逐步从东部省份扩展至中西部省份，因为中西部省份的城镇人口增速大于全国平均增速(如图 6-2 所示，图中上半部分的省份主要为中西部省份)，中西部省份城镇人口的增长潜力较大。

城市人口增长与城市规模扩大呈现紧密的正向发展态势。其中，小城市(市辖区人口在 20 万~50 万人的地级市)的人口比例远低于其他类型城市，且增速最低(年均增速为–0.5%)；而大城市(市辖区人口在 100 万~400 万人的地级市)的增速高于小城市和中等城市，略低于特大城市，如图 6-3 所示。

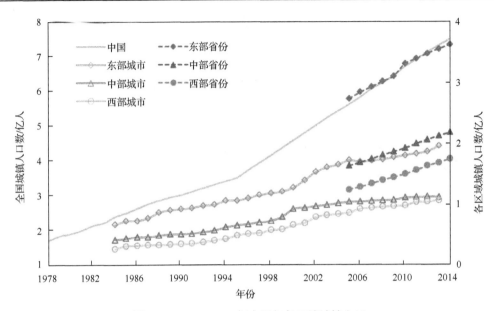

图 6-1　1978～2014 年中国与各区域城镇人口

东部、中部、西部三大地带划分依据参考国家统计局，东部地带包括北京、天津、河北、辽宁、上海、江苏、浙江、福建、山东、广东、海南，中部地带包括山西、吉林、黑龙江、安徽、江西、河南、湖北、湖南，西部地带包括内蒙古、广西、重庆、四川、贵州、云南、西藏、陕西、甘肃、青海、宁夏、新疆。中国与各省份为常住人口数据(2005 年之后才有统计数据)，东中西部城市为各省份地级市的市辖区户籍人口数据加总所得

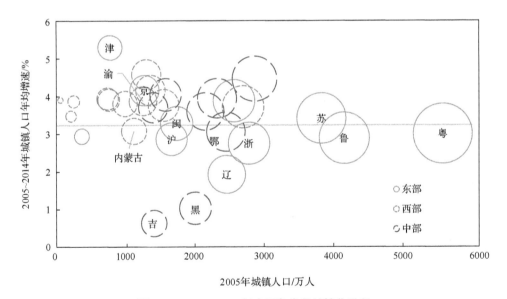

图 6-2　2005～2014 年中国各省份城镇化进程

气泡大小为 2014 年各省份的总人口数；横坐标与纵坐标的交点为全国城镇人口年均增速(3.2%)；加标注的省份为 2014 年城镇化率高于全国城镇化率的省份

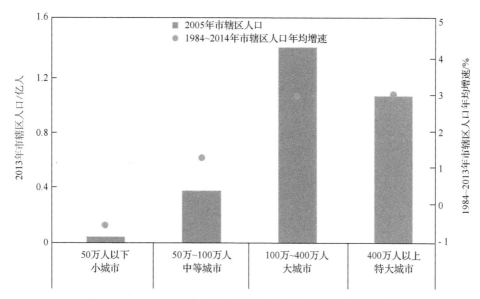

图 6-3　1984～2013 年我国不同城市类型人口增速与人口规模

城市类型划分参考中国城市统计年鉴的划分依据，根据 2013 年的市辖区人口数进行划分；图中不包括 1984 年之后新增的
地级市数据

大城市与特大城市的人口规模快速扩张，但增速差异较大。1984～2013 年全国地级市市辖区人口年均增速为 3.93%，而深圳、佛山、绍兴的市辖区人口增速为全国平均增速的 2 倍多，其余高于全国平均增速的城市主要分布在广东、江苏、浙江等东部省份，如图 6-4 所示。

城镇化不仅包括农村人口向城市的转移，还涵盖非农产业在城镇集聚的过程，进一步促进了人均收入与生产效率的提高。京津冀、长江三角洲、珠江三角洲三大城市群，以 2.8% 的国土面积集聚了 18% 的人口，创造了 36% 的国内生产总值（国务院，2014）。城镇化率较高的省份，往往有更高的人均地区生产总值，尤其是城镇化率较高的东部省份有远高于全国平均水平的人均地区生产总值（图 6-5 的右上部分）。这是因为相对于农村来说，城市能更好地发挥经济规模效应，通过更高的劳动生产率和就业水平来促进经济的快速发展。

6.1.2　人口城镇化不主导人均生活用能增加

除了产生规模经济效应，为经济发展提高助力，城镇化还会导致负外部性，如城市拥堵、能源消耗引起的空气污染等。城镇化进程对能源需求的压力主要来自居民的消费结构转型升级，一方面为商品能源（煤炭、石油、燃气等）对传统生物质能的替代效应，另一方面为收入水平提高引起能源消费增加的收入效应。

居民生活用能主要为了满足照明、取暖与制冷、设施使用及交通出行等需求。城镇居民人均汽油消费、人均液化石油气消费、人均电力消费均高于农村居民，只有人均煤炭消费低于农村居民，如图 6-6 所示。而天然气与热力等需要管道设施的燃料，只集中在城镇消费。除了煤炭，城镇居民与农村居民的人均燃料消费比值，随着城镇化率的提高，会趋于 1，如图 6-6 所示。根据全国能源平衡表数据，2014 年中国城镇居民人均生活用能总量为 0.36 吨标准煤，而农村居民人均生活用能总量为 0.33 吨标准煤(发电煤耗法，不包括非商品能)。这说明人口城镇化进程对居民直接生活用能的影响有限，即人口城镇化率不为居民生活用能增加的主导原因。例如，人口城镇化率与近年来终端能源耐用品能效标准的提升的关系不直接，但后者却能在能源品质上影响居民生活用能。

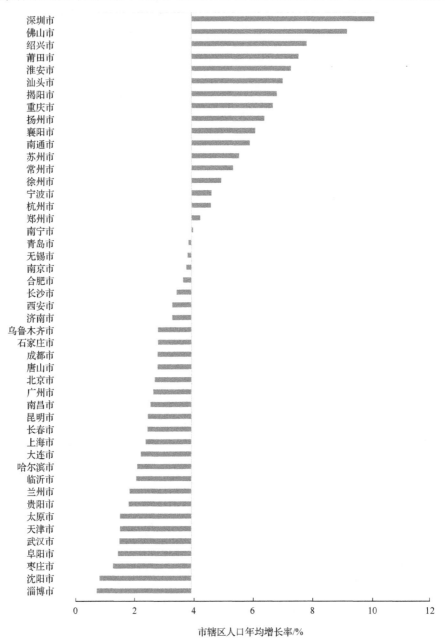

图 6-4　1984～2013 年部分地级市人口增速排序

图中为 2013 年市辖区人口超过 200 万人的地级市；基准纵坐标为全国地级市平均年均增速(3.93%)；阜阳市为 1996～2013
年年均增速数据，揭阳市为 1992～2013 年年均增速数据

数据来源：根据历年中国城市统计年鉴的地级市市辖区人口数自行计算

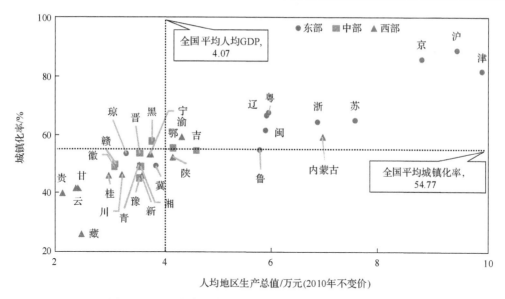

图 6-5　2014 年中国各省份城镇化率与人均地区生产总值

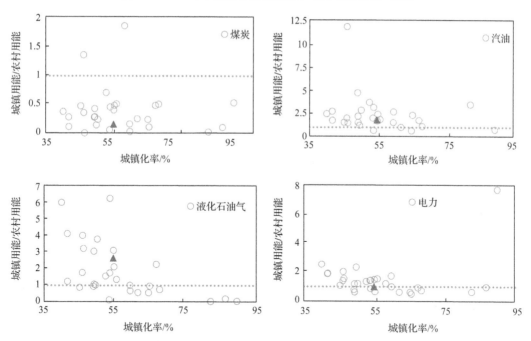

图 6-6　2014 年中国各省份各种燃料人均生活用能与城镇化率

纵坐标超过 1，表示该种燃料城镇人均消费超过农村人均消费；生活用能还包括天然气与热力，只集中在城镇消费

　　此外，城市居民人均收入提高对能源需求增加的收入效应也已经趋于稳定，2014 年人均居民生活用电、人均居民液化石油气用量、人均居民煤气和天然气用量与人均地区生产总值的弹性分别为 0.56、0.34、0.16，如图 6-7 所示。这说明城市居民的收入水平提升对用能需求的增加作用趋于减缓。

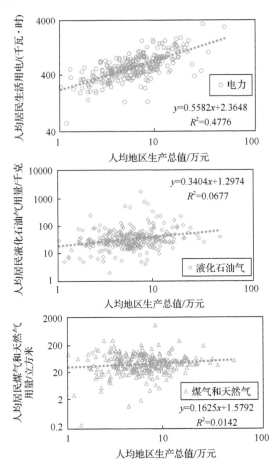

图 6-7　2014 年中国地级市各种燃料人均居民生活用能与人均地区生产总值

数据均为市辖区口径；液化石油气、煤气和天然气的人均量计算考虑用气人口，其余考虑市辖区人口

6.1.3　人口城镇化不主导人均生活碳排放增加

在全国各省份层面，人口城镇化率高，人均排放水平也高，但排放水平的区域差异较小。基于 2014 年我国各省份人均生活消费碳排放与城镇化率的相关关系，在不考虑其他因素时，城镇化率每提升 1 个百分点，将增加人均排放 5.8 千克 CO_2，如图 6-8 所示，相当于 2014 年全国人均排放（0.29 吨 CO_2）的 2%。如果按照新型城镇化规划目标，2020 年城镇化率达到 60%，人均居民生活消费碳排放将从 0.29 吨 CO_2 增加到 0.33 吨 CO_2，排放总量约为 4.55 亿吨 CO_2（假设 2014 年中国人口约为 14 亿），相当于 2014 年碳排放总量（96.78 亿吨 CO_2）的 4.7%。

就每一个省份而言，在城镇化进程中，随着农村人口向城镇的转移，居民生活用能总量会相应增加，但这不意味着人口城镇化对人均生活碳排放的增加有显著的作用。如图 6-9 所示，2014 年我国城镇居民与农村居民人均生活消费碳排放分别为 0.29 吨 CO_2 与 0.31 吨 CO_2，大部分省份城镇居民的人均排放低于农村居民，这说明人均生活碳排放的变动不仅仅依赖于人口的变动，还与其他碳排放的影响因素相关，如农村与城镇居民终端用能结构的差异及各种能源的排放因子差异等。

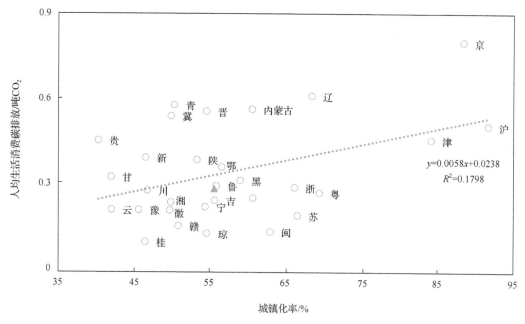

图 6-8　2014 年中国各省份人均生活消费碳排放与城镇化率

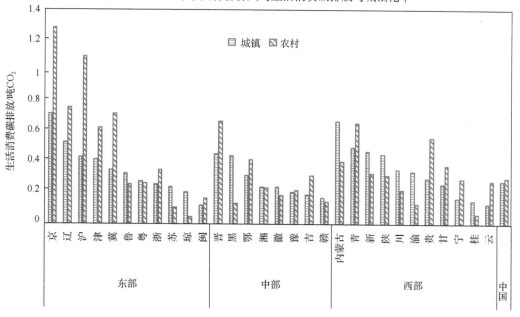

图 6-9　2014 年中国各省份生活消费碳排放

6.2　土地城镇化对碳排放的影响

城镇化进程除了增加居民生活用能，还将导致大量城市基础设施和房屋建设，消耗大量钢铁、建材、有色等高耗能产品，但是这种影响会随着城市基础设施的完善逐渐趋缓。

6.2.1　城市建设带动大量碳排放

"土地城镇化"作为我国城镇化进程中的突出矛盾和问题之一，快于人口城镇化，并表现为建设地粗放且低效(国务院，2014)。2008～2014 年各省份城市建设用地面积快速扩张，如图 6-10 所示，大部分省份的城区面积年均增速在 3%以上，远高于全国平均水平(0.6%)。在城市土地不断扩张过程中，大量基础设施建设被拉动，能源消耗与碳排放进一步增加。然而，随着城市基础设施的完善，土地扩张的速度会随着城镇化率的提高而略有下降，如图 6-10 所示。

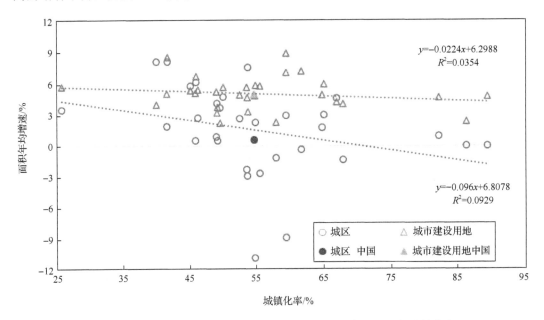

图 6-10　中国各省份城区面积与城市建设用地面积年均增速与城镇化率

6.2.2　人口密度和人均城市建设用地面积的控制有助于减排

城市人口密度的提升可以降低人均电力消费与人均碳排放，如图 6-11 所示，例如，2014 年陕西省的城市人口密度是内蒙古自治区的 4.2 倍，而陕西省的人均电力消费与人均碳排放分别是内蒙古自治区的 34.7%与 29.2%。但是，人均城市建设用地面积的增加，会增加人均电力消费与人均碳排放，如图 6-11 所示，因为城市建设用地面积的增加往往伴随着大量的商圈、住宅区、公共交通等基础设施的建设，从而拉动能源消耗与碳排放的上升。因此，针对城市特征，合理控制人口密度和人均城市建设用地面积将助于减排。这也在一定程度上反映了《国家新型城镇化规划(2014～2020年)》中的城镇规划要求，即将 2020 年人均城市建设用地面积控制在 100 平方米以下(国务院，2014)。

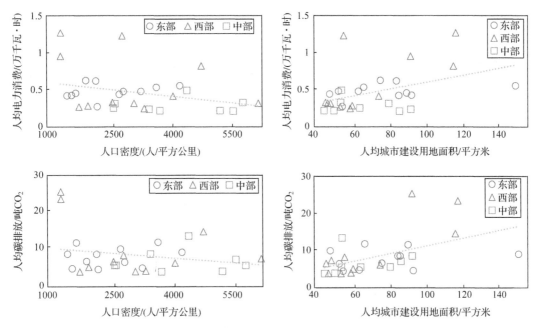

图 6-11　2014 年中国各省份人均电力消费与人口密度

6.3　半城镇化对农民工消费碳排放的影响

我国快速城镇化的最重要特征是"半城镇化"，即农民工。农民工相对于城镇居民，虽然居住在城市但不拥有城市户口，收入相对农村居民较高，但是不能与城市居民享受同等的公共服务和工资待遇。自 2008 年建立农民工监测调查制度以来，全国农民工数量年均增长 3.3%，2012 年全国农民工总量到达 26261 万人，占全国总人口的近 20%(国家统计局，2015b)。通常情况下，农民工人口数计入城镇人口，例如，据统计，截至 2014 年我国的城镇化水平已达 54.77%，而实际我国的非农业人口比例仅为 36.63%。

农民工居民消费方式与城市和农村居民差异显著，随之产生的直接能源消费和间接能源消费及相关碳排放也会有所不同，如家用电器种类多、普及率高的城市居民家庭的生活用电量更多。此外，城市农民工市民化是健康城镇化的要求，也是建设社会主义和谐社会的要求(赵立新，2006)，同时也是促进能源公平的必然趋势。已有学者开展了各国居民消费的碳排放相关研究，其中，我国长期以来固有的城乡"二元经济"特征，决定了现有关于中国居民能源消费和碳排放研究均集中于城镇和农村居民。

因此，为更全面地理解中国社会不同阶层的碳排放特点，有必要对农民工和农民工市民化带来的碳排放开展研究。本节在详尽的数据处理基础上，通过建立含农民工账户的投入产出模型，重点研究农民工消费对碳排放的影响特点。根据最新的 2012 年 139 部门的投入产出表，将部门合并为 34 部门。

将农民工与城镇、农村居民的收入和消费模式相比较可以发现三者之间有着较为显

　　著的差别，如图 6-12 所示①。值得注意的是，农民工的人均年收入高于农村居民和城镇居民，分别是农村居民和城镇居民人均年收入的 1.5 倍和 1.2 倍。农民工人均收入比城镇居民还要高似乎难以理解，但实际上造成这种结果的主要原因在于国家统计的农民工群体全部是有收入的从业劳动者，而城镇居民包括有城镇户籍的所有家庭成员（包括无收入的孩子和收入较低的老人），平均后的人均收入较低。通过对比两类居民的收入水平可以进一步得以印证，据调查（赵显洲，2016），2013 年我国城市工和农民工的年平均工资分别是 27818 元和 24193 元，前者是后者的 1.15 倍。而农村居民人均收入水平与农民工差距较大的部分原因亦如此。

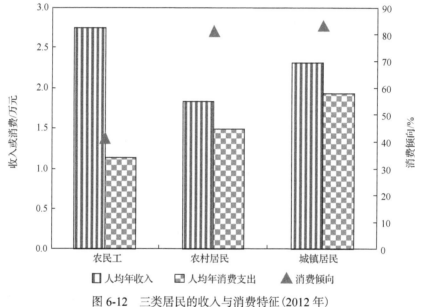

图 6-12　三类居民的收入与消费特征（2012 年）

　　然而，由图 6-12 可知，农民工的消费倾向为 41.2%，明显低于城镇和农村居民消费倾向（分别为 83.2%和 81.2%），这表明农民工的消费特点有一定的保守性，即大部分收入（近 3/5）都用于储蓄或寄回农村老家。这与农民工收入不够稳定和社会保障尚不够完善有一定关系。由此带来的结果是：与人均收入水平不同，农民工的人均消费支出最低，仅是城镇居民的 58.8%，也仅是农村居民人均消费支出的 76.2%。人均消费支出水平在一定程度上代表居民的生活水平，因此，生活在城市的农民工生活水平还很低，反映了我国城市化进程中"半城市化"的扭曲状态。

　　农民工的消费结构与农村和城镇居民存在差异，但差异不大，如图 6-13 所示。首先，农民工的恩格尔系数（食品在消费支出中所占比例）为 37.6%，介于农村居民和城镇居民之间，比农村居民和城镇居民分别低 1.9 个百分点和高 1.7 个百分点。经济学中恩格尔定律指出一个家庭或个人收入越少，用于购买生存性的食物的支出在家庭或个人收入中所占的比例就越大。然而，对比农民工和城镇居民收入水平和恩格尔系数发现，两类居民之间并不符合恩格尔定律，这表明农民工消费结构还较为初级。需要注意指出的是，由于不少农民工的务工条件里包含"包吃"，也导致农民工的恩格尔系数偏低。此外，农民工对于居住和交通通信的支出比例也较多，分别为 18.0% 和 11.8%，类似于农村居民。而对于医疗保健和教育文化娱乐服务的支出比例甚小，支出总和仅为 6.1%，明显低于城镇居民（21.2%）和农村居民（17.2%），这表明农民工的居住条件、医疗保障和教育资源分配方面并没有得到有效保障，距离真正的城市生活还有较大差距。

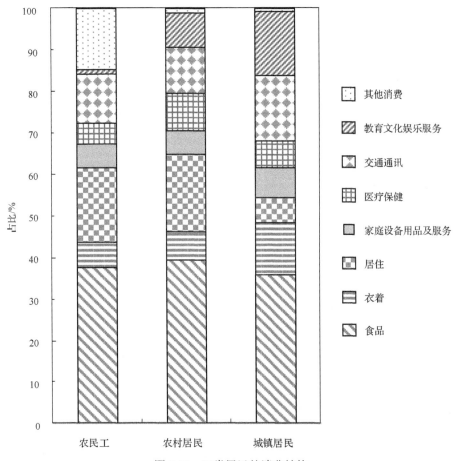

图 6-13　三类居民的消费结构

6.3.1　农民工消费引起的碳排放总量占全部居民碳排放近 1/5

如表 6-1 所示，2012 年我国居民消费所引起的间接 CO_2 排放总量达 23.50 亿吨，占一次能源消费碳排放的 28.8%。其中，农民工消费带来的间接 CO_2 排放总量占比为 19.9%，接近于农村居民消费的间接碳排放（20.2%），是城镇居民的 1/3。从人均量来看，农民工居民消费引起的人均碳排放为 1.781 吨 CO_2，是全国平均水平的 73.8%。与其他两类居民相比，农民工消费的人均间接碳排放最低，分别是城镇和农村居民的 60.7% 和 87.2%，这与农民工的消费水平最低相一致。

表 6-1　中国各类居民最终消费的完全二氧化碳排放

项目	居民消费的间接碳排放/百万吨 CO_2				居民消费的人均碳排放/吨 CO_2			
	合计	农民工	农村	城镇	平均	农民工	农村	城镇
排放合计	2349.64	467.59	474.16	1407.89	2.411	1.781	2.043	2.935

注：2012 年居民生活直接碳排放 9.45 亿吨 CO_2，占全国一次能源消费碳排放的 11.6%；

2012 年居民消费的间接 CO_2 排放占一次能源消费碳排放的 28.8%。

为进一步认识农民工消费对碳排放影响的原因，定义单位最终需求拉动的 CO_2 排放量为边际碳排放系数。例如，农村居民消费的边际碳排放系数就是单位农村居民消费额拉动的间接 CO_2 排放量。如表 6-2 所示，农民工的边际碳排放系数值为 1.296 吨 CO_2/万元，高于其他两类居民，分别比城镇和农村居民高 0.13 吨 CO_2/万元和 0.159 吨 CO_2/万元。农民工居民的单位消费额引致的碳排放量比城镇的高，这意味着在农民工消费水平不变的情况下，转变消费结构（对各种商品的边际消费倾向），将会带来碳排放的减少。

表 6-2　各类居民的边际碳排放系数

项目	平均	农民工	农村	城镇
边际碳排放系数(吨 CO_2/万元)	1.183	1.296	1.137	1.166

6.3.2　农民工消费碳排放集中在电力生产业和食品加工业

为考察农民工消费引起的间接碳排放的部门来源，并使各类居民之间具有可比性，本书主要关注各部门消费的人均间接碳排放（表 6-3 和表 6-4），部门划分见附表 A-1。

部门消费的人均间接碳排放是由人均部门消费额与各部门产品的边际碳排放系数（对部门产品的单位消费额所引致的间接 CO_2 排放量）乘积得到的，对于一类居民的纵向部门比较，其差异由两项因素共同决定，对于不同类型的居民横向比较，其差异则仅由人均部门消费额的差异所决定（原因是视各类居民最终消费的同部门产品间无差异，故各部门产品的边际碳排放系数对各类居民都不变）。

如表 6-3 所示，农民工居民对电力生产业和食品加工业的消费所引致的间接碳排放显著高于其他部门消费所引致的，分别占比 29.5% 和 13.4%，比其他部门至少高 7 个百分点，对两部门的人均消费对碳排放的影响在 239 千克 CO_2 以上。对于前者主要是由于电力部门的边际碳排放系数是各部门中最高的，引致了较高的部门消费碳排放；对于后者则主要是因为农民工消费的恩格尔系数较高（0.38），支出结构中食物消费比例大导致了该部门消费的完全碳排放和人均碳排放均最高。与城镇和农村居民相比（表 6-4），农民工对电力产品的消费产生的 CO_2 排放较多，这在一定程度上也反映出农民工外出务工闲暇时间的用电行为，如上网、看电视等。

表 6-3　农民工各部门消费的人均完全碳排放量

部门	比例/%	部门消费的人均完全碳排放量/千克 CO_2	部门	比例/%	部门消费的人均完全碳排放量/千克 CO_2
Elec	29.5	525.30	Wear	2.9	51.41
Food	13.4	238.73	Traf	2.5	45.30
Esta	5.7	101.30	HSer	2.3	40.68
Agri	5.4	96.61	PSGa	2.0	35.96
Reta	5.4	95.28	Wate	1.8	31.40
Tran	4.6	82.32	Petr	1.7	29.97
Chem	4.4	79.10	Comp	0.9	16.00
OSer	4.4	78.15	Timb	0.6	11.05
Heal	4.0	70.58	NMPr	0.6	11.00
Hote	3.6	63.35	以上合计	98.7	1756.8
EMac	3.0	53.28	其他部门	1.3	23.8

表 6-4　城镇居民和农村居民各部门消费的人均完全碳排放量

农村	比例/%	部门消费的人均完全碳排放量/千克 CO_2	城镇	比例/%	部门消费的人均完全碳排放量/千克 CO_2
Food	17.5	357.95	Food	13.0	381.98
Elec	16.4	334.84	Elec	11.5	336.28
Agri	10.9	223.53	OSer	8.0	235.49
Reta	7.9	161.48	Reta	7.7	226.88
Heal	5.6	113.85	Tran	6.6	193.99
OSer	4.7	96.33	Chem	6.2	183.39
Chem	4.7	96.20	Wear	6.1	178.34
Wear	4.4	89.04	Heal	5.9	173.31
EMac	3.8	77.83	Agri	4.9	142.43
Esta	3.1	64.25	Hote	4.2	122.38
Tran	3.1	63.22	EMac	3.5	103.39
Traf	2.6	52.95	HSer	3.4	100.44
Hote	2.4	49.19	Traf	3.3	96.53
Comp	2.4	48.93	Comp	2.8	83.15
HSer	2.3	46.83	Petr	2.5	72.42
Educ	1.3	27.54	Esta	2.2	64.87
Pape	1.3	26.44	Pape	1.8	52.95
NMPr	1.0	20.06	Educ	1.5	44.71
Text	0.8	16.96	PSGa	0.8	24.10
Petr	0.8	15.61	Timb	0.7	21.84
以上合计	97	1983.0	以上合计	96.6	2838.9
其他部门	3	59.8	其他部门	3.4	96.0

6.3.3　农民工市民化将增加全国二氧化碳排放近 2 亿吨

　　本节计算农民工市民化对能源消费和碳排放的影响[①]，这里假设农民工市民化是彻底的，即农民工的人均消费水平和消费结构与当前城市居民消费情况完全趋同。假设农民工市民化在实现能源公平的同时，全社会的 CO_2 碳排放将增加 1.93 亿吨 CO_2，这对我国实现 2030 年左右二氧化碳达峰目标提出了挑战。从部门的贡献来看(图 6-14)，农民工市民化对其他服务业和食品消费的增加将导致大量的一次能源碳排放(分别是 6078 万吨 CO_2 和 5201 万吨 CO_2)，合计占总排放增加量的 58%，紧随其后的是对农产品、教育、住宿餐饮、服装和房地产业消费，均占总排放增加量的 10% 以上。此外，由于农民工人均居住支出额高于城镇居民，在本节的模型假设条件下，使农民工市民化对居住相关产品消费导致的 CO_2 排放量有所下降，在一定程度上抵消了农民工市民化带来的碳排放增加。这是因为农民工市民化使得前面各部门产品人均消费额增加，从而带来碳排放增加，但农民工人均居住支出额本身就高于城镇居民，故抵消了其他部门的碳排放增加量。

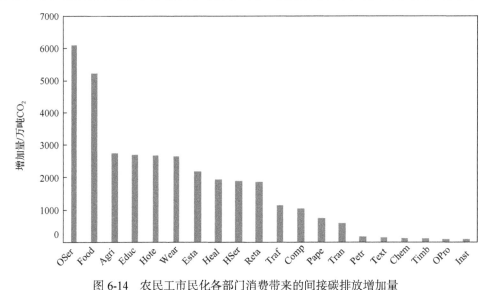

图 6-14　农民工市民化各部门消费带来的间接碳排放增加量

6.4　未来低碳发展对城镇化的要求

　　改革开放以来，城镇化为中国经济的快速发展提供了强劲的动力，而未来也将通过消费结构转型升级与基础设施建设，为经济发展提供持续的动力。然而，过去城镇化快速发展过程中，并没有过多考虑城镇化对能源消耗与碳排放的影响。为了推动城镇化进程的低碳发展，建议采取如下措施。

―――――――――――

①该计算较为粗略，假设农民工市民化过程中技术没有发生改变（技术系数矩阵不变），且一次能源发电占总发电比例保持不变。

6.4.1　合理引导居民消费结构转型升级

农村人口向城镇的转移以及农业转移人口市民化的进程都将伴随着居民消费结构的转型升级。居民消费支出重点从食品、衣服开始转向住房、汽车、空调、冰箱、计算机等产品。这些产品在生命周期内要消耗大量的能源。因此，有必要在居民消费结构转型过程中，出台并严格执行相关的能效标准或标识制度，大幅度提高这些产品的能效水平，实现未来的居民消费品存量是高能源效率的，尽可能抵消居民消费结构转型升级对能源需求与碳排放增加的冲击。

在居民消费结构升级时期，还需要积极引导居民的合理消费水平和结构，加大节约能源的宣传教育，增强全社会节约意识，营造节约型社会氛围，避免或者减少高耗能的消费倾向。例如，合理引导居民住房需求，鼓励乘坐公共交通工具等。

6.4.2　形成科学合理的城市发展模式

相比较居民消费，城镇基础设施建设对能源消耗与碳排放的拉动作用更加明显，因此有必要提供科学合理的城市发展模式。城市群发展战略方面，因地制宜、充分发挥各类城市的资源、市场、资金等优势，避免"一刀切"式的发展战略；城市内部规划方面，优化城市功能布局，科学规划城市空间结构；人口规模和土地扩张方面，逐步提高城市人口密度，控制人均城市建设用地；基础设施方面，提高并严格执行建筑节能标准，提高绿色建筑在新建建筑中的比例，防止低水平重复建设和短寿命建筑出现；在公共交通方面，建立有利于节能的城市交通运输系统，积极推动混合动力、纯电动等新能源车辆在公共交通行业的发展，加快充电桩等配套设施的建设。

第7章 交通碳排放与低碳发展

近年来，全球交通二氧化碳排放呈现快速增长趋势。交通碳排放是低碳发展的核心议题之一。2006 年联合国 IPCC 在《国家温室气体清单指南》中指出，产生温室气体排放的交通部门包括铁路运输、道路运输、水路运输、航空运输和其他（管道运输等）。目前，关于管道运输的温室气体排放相关研究工作还比较少，这里不作专门介绍。

7.1 交通碳排放趋势和特征

7.1.1 我国交通部门碳排放增速远高于全球平均水平

全球交通部门 CO_2 排放从 1990 年以来一直呈快速增长状态（图 7-1）。1990~2013 年，交通部门 CO_2 排放增长了 65%，其中，国际航空 CO_2 排放增长 107%，增长最快；其次是水运，国际和国内水运部门 CO_2 排放均分别增长约 80%；道路交通 CO_2 排放增长 69%；相较而言，国内航空和铁路运输 CO_2 排放增长较为缓慢，分别为 14% 和 3%。2013 年全球交通 CO_2 排放占化石燃料燃烧 CO_2 排放比例约为 23%。从主要经济体交通部门排放看，美国 2013 年交通部门 CO_2 排放共 17 亿吨，占全年 CO_2 总排放的 33.2%，1990~2013 年，美国交通部门 CO_2 排放上升了 13.7%。欧盟 2013 年交通部门 CO_2 排放量为 8.6 亿吨，占 CO_2 总排放量的 25.8%，尽管欧盟工业领域实现了碳减排，但交通部门碳排放却在 1990~2013 年增长了 19.5%。

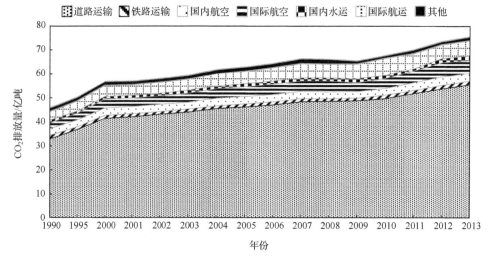

图 7-1　1990~2013 年全球不同交通模式二氧化碳排放

数据来源：ITF（2010a），IEA（2011a；2012；2013a；2014；2015a）

根据《中华人民共和国气候变化初始国家信息通报》，中国 1990 年交通部门 CO_2 排放量为 1.36 亿吨，占当年 CO_2 总排放量的 6%，其中道路交通 CO_2 排放 0.65 亿吨，占交通部门 CO_2 排放量的 48.1%。中国在 1990～2013 年，交通领域的排放增长了 590%，而道路交通排放增长了 943%（ITF，2010a；IEA，2011a；2012；2013；2014；2015a），显著高于全球平均增长水平。

IEA（2011b）在新政策情景中预测全球交通部门能源需求在 2009～2035 年将增加 43%，到 2035 年达到 32.6 亿吨标油（图 7-2）。交通能源消费增速大为降低主要得益于燃油经济性的提高。交通部门的能源消耗和碳排放增长主要来自非 OECD 国家和国际航空领域，尽管生物燃料和电动汽车都将迎来较大发展，但交通部门以化石燃料为主体的局面不会改变。在这一时期，中国交通部门的能源需求增量占全球交通部门能源总需求的增量比例预计超过 1/3。从石油消费量看，交通部门仍将是石油消费的主体。从增量来看，全球石油消耗量的增长大多来自交通部门，其中，中国交通部门的石油需求增长将占 1/2。

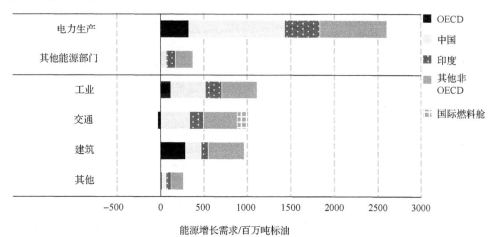

图 7-2　全球 2009～2035 年部门能源增长需求（新政策情景）

数据来源：IEA（2011b）

7.1.2　我国交通部门碳排放主要来源于道路交通

从各交通模式排放分布上看，全球道路交通 CO_2 排放占交通领域 CO_2 排放的比例始终在 70%以上，欧盟 2013 年的比例甚至达到了 95.1%，道路交通是全球交通领域 CO_2 排放强劲增长的主要来源（图 7-3），其次是国际海运，再次是国际航空和国内航空。根据 IEA 计算，2013 年全球道路运输排放 55.48 亿吨 CO_2。1990～2013 年，全球道路交通 CO_2 排放增加了 67.7%，OECD 国家和非 OECD 国家分别增加 27.4%和 158.8%，其中，亚洲国家（不包括中国）上涨 233.2%，而中国上涨了近 9 倍。

中国作为最大的新兴经济体，随着经济快速发展和城镇化进程的加快，城市机动化进入了一个高速发展时期。截至 2014 年年底，全国机动车保有量达 2.64 亿辆，私人机动车保有量 1.05 亿辆，年均增长率约 20%，全国共有 31 个城市的机动车保有量超过 100

万辆，其中，北京、重庆、成都、深圳、上海、广州、杭州、天津等 8 个城市的机动车
保有量超过 200 万辆；北京市机动车保有量突破 500 万辆。快速机动化是交通行业能源
消耗与温室气体排放迅速增加的重要原因之一（公安部交通管理局，2017）。

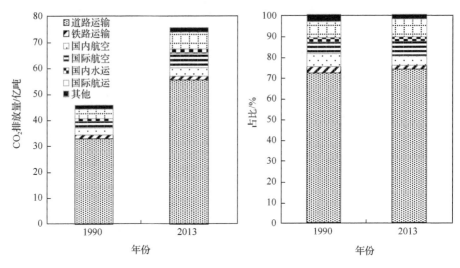

图 7-3　全球 1990 和 2013 年交通领域 CO_2 排放

数据来源：ITF（2011），IEA（2011b；2012；2013a；2014；2015a）

　　另外，城市公交水平偏低，出行吸引力非常有限，慢行交通基础设施发展长期不受
重视，导致小汽车出行量不断增加，交通拥堵越发严重，车辆行驶速度明显降低，居民
出行时间显著延长，造成了巨大的经济损失。机动车的实际燃油经济性在很多城市，特
别是北京、上海等大型、特大型中心城市，由于严重的交通拥堵而大打折扣，平均能耗
明显增加，污染物和二氧化碳排放量急剧上升，加剧了空气污染和温室效应。调查显示，
中国部分大城市机动车的高峰期平均车速只有 12 公里/小时，中心城区更是只有 8～10
公里/小时，甚至低于自行车的正常速度。交通拥堵而带来的污染物排放也加重了城市雾
霾等环境问题，引起全社会的广泛关注。环境保护部数据显示，我国城市空气污染物的
来源中，机动车污染占 20%~30%，而小汽车在拥堵状况下怠速状态的排放量是畅通行驶
时的 3～5 倍。IEA 对中国交通 CO_2 排放进行了估算，其结果如图 7-4 所示。中国交通部
门 CO_2 排放自 1990 年以来呈较快增长势头（仅在 2009 年受全球金融危机影响有所震荡，
但快速恢复）。1990～2013 年，交通 CO_2 排放增长近 6 倍，年均增长 7.7%（全球年均增
长率为 2.2%），其占全国 CO_2 排放总量的比例从 6%上升至 9%。其中，道路交通对整个
交通部门 CO_2 排放的贡献率也从 48%上升至 77%，年均增长率约 10%，远高于全球道路
交通 CO_2 排放的增长速度（2.1%）。

　　道路运输所产生 CO_2 排放中，轻型载客汽车（私人小汽车）的排放占比最高。在 IEA
新政策情景下，全球轻型载客汽车保有量在未来仍将较快增长（图 7-5），非 OECD 国家
的保有量相对增速高于 OECD 国家。2009 年，非 OECD 国家平均每千人拥有 40 辆轻型
载客汽车，OECD 国家平均每千人拥有 500 辆轻型载客汽车。非 OECD 国家的保有率仍

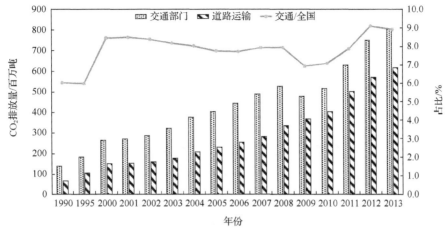

图 7-4 中国 1990~2013 年交通部门 CO_2 排放

数据来源：ITF（2010b），IEA（2011；2012；2013a；2014；2015）

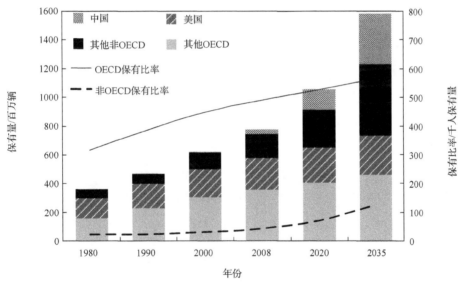

图 7-5 轻型载客汽车保有量（IEA 新政策情景）

数据来源：IEA（2010b）

然较低，例如，中国仅为 30 辆/千人，而美国和欧洲则分别为 700 辆/千人和 500 辆/千人。按照政策情景预测，到 2035 年，中国轻型载客汽车保有量预计约占全球总量的 1/3。尽管轻型载客汽车的保有量在不断增加，但同时，其燃油经济性也在不断提高。2009年，全球新轻型载客汽车的平均燃油经济性为 9.7 升/100 公里，预计到 2020 年将提高至 7.6 升/100 公里，到 2035 年会进一步提高至 6.7 升/100 公里。综合考虑机动车保有量和燃油经济性，到 2035 年，中国及非 OECD 国家道路交通人均用油量仍将出现较大幅度的增长（IEA，2010b）。其中，中国的涨幅会接近 2 倍。OECD 国家整体会出现下降趋势，其中北美国家降幅较大，接近 30%，欧洲国家和 OECD 国家也会有不同程度的下降。

7.2　交通碳排放的驱动因素

交通是基础性、先导性、服务型行业，是国民经济发展的重要支柱行业。在对交通行业碳排放驱动因素的研究进行整理后，归纳出以下七类驱动因素，分别为经济发展、人口效应、交通运输强度、交通能源强度、交通运输结构、交通能源结构和城市化率。

7.2.1　GDP 和私人小汽车增长是交通碳排放增长的重要原因

Timilsina 和 Shrestha(2009)等利用 LMDI 方法分析了不同影响因素对典型亚洲国家交通 CO_2 排放的驱动力，研究认为，经济增长是交通 CO_2 排放的主要驱动因素(表 7-1)。

表 7-1　亚洲典型国家交通领域 CO_2 排放及驱动因素

国家	CO_2 排放变化/千吨	影响因素
中国	10199	FM, PC, POP
孟加拉	140	EI, PC, POP
印度	2022	FM, EC, PC, POP
印度尼西亚	2271	MM, EI, PC, POP
韩国	2882	FM, PC, POP
马来西亚	1322	FM, EI, PC, POP
蒙古	−4	MM, EI
巴基斯坦	719	FM, PC, POP
菲律宾	761	FM, MM, EI, PC, POP
斯里兰卡	137	PC, POP
泰国	1874	FM, EI, PC, POP
越南	746	FM, EI, PC, POP

注：FM. 燃料比例，代表不同燃料类型(汽油、柴油)在总燃料中的比例；MM. 交通模式，代表不同交通模式(道路、铁路、航空、水运)的周转量占比；EC. 排放因子，代表不同燃料的排放因子；EI. 交通能源消耗强度；PC. 人均 GDP；POP. 人口；

数据来源：Timilsina 和 Shrestha(2009)。

经济发展对交通运输行业 CO_2 排放增长表现为显著的正向作用。随着中国经济的迅速增长和居民消费水平的日益提高，对于日常出行、旅游、货运等交通量的需求快速增加，交通运输部门的能源消耗也随之增长，从而引起 CO_2 排放量的不断上升。

中国交通部门 CO_2 排放和经济发展水平之间的关系如图 7-6 所示，交通部门 CO_2 排放和 GDP 显著正相关(判定系数 R^2=0.811)，而交通部门 CO_2 排放和人均 GDP 之间却并无显著相关性(判定系数 R^2=0.214)(蔡博峰等，2012)。中国的经济发展(用 GDP 增长来表征)很大程度上依赖工业生产、出口和基础设施建设，例如，广东的 2007 年人均 GDP 低于北京、浙江等，但其交通领域 CO_2 排放却高居全国首位。交通部门 CO_2 排放和 GDP 的强相关性说明经济活动强度对中国交通 CO_2 排放具有很强的影响。

通常认为，道路交通 CO_2 排放受居民收入显著影响，因为私人小汽车产生排放量占比很高，Timilsina 和 Shrestha(2009)研究认为，从时间序列上看，中国甚至亚洲国家的人均 GDP 是道路交通 CO_2 排放的主要影响因子，原因是人均 GDP 直接影响人均收入水平，而人均收入直接影响了居民个人出行的总预算以及私人小汽车的保有量和行驶里程。

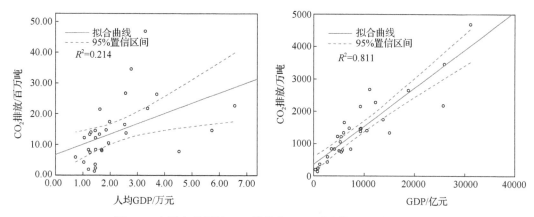

图 7-6　中国交通部门 CO_2 排放和 GDP 及人均 GDP 的相关性

　　为了进一步验证上述结论，此处以中国各省份道路交通 CO_2 排放为例，分析其与消费水平（居民可支配收入）及经济总量（GDP）的相关性，可以看出，道路交通 CO_2 排放与居民收入的相关性很低，而与各省份 GDP 的相关性很高，见图 7-7。这进一步证实了中国交通领域 CO_2 排放和经济活动强度的强相关性。同时也说明，私人小汽车排放还不是中国交通 CO_2 排放的主体。

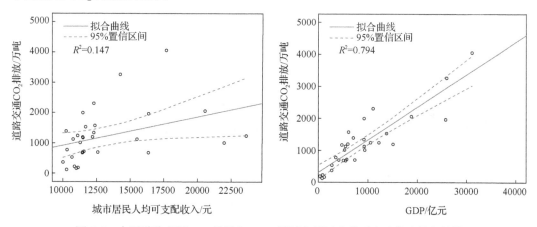

图 7-7　中国道路交通 CO_2 排放和 GDP 及城市居民人均可支配收入的相关性

资料来源：蔡博峰等（2012）

　　除了经济活动，人口效应、交通运输结构和城市化率均对交通部门 CO_2 的增长产生正向推动作用。

　　人口效应对于 CO_2 排放的影响与 GDP 的贡献相比，其作用相对较弱。虽然我国人口基数大，但在一定研究区间内人口数量变化不大，人口变化所引起的交通运输行业 CO_2 的排放约占整个交通运输行业的 3.8%（欧阳斌等，2015）。

　　交通运输结构是指交通运输行业体系中不同的交通方式所承担的交通量比例，反映了交通需求的特点和不同交通方式的主要功能与地位。公路和航空运输作为高耗能、高排放的运输方式，近年来在交通运输总量中的占比持续上升，由此带来的 CO_2 排放将明显增加。道路运输（含公共交通、货运、轻型载客汽车、两轮和三轮机动车等）所产生 CO_2

排放最多,其中,轻型载客汽车(私人小汽车)的排放占比逐年上升。根据 ITF (International Transport Forum)的模型模拟,到 2030 年, 全球小汽车排放的 CO_2 将占交通部门总排放的 45.2%, 到 2050 年, 这一数字将进一步上升至 52.1%(表 7-2)。水路和铁路运输占比则呈现出下降趋势,但由于其低能耗、低排放、高能效的特点,对行业 CO_2 排放仍然具有一定的抑制作用。

表 7-2　全球不同交通方式 CO_2 排放占比　　　　　　　　　　(单位: %)

交通方式	2000 年	2030 年	2050 年
铁路(客运+货运)	2.3	1.9	1.5
道路运输(客运+货运)	74.7	75	78.7
公共交通客运	6.3	4.3	3
轻型载客汽车	42.5	45.2	52.1
两轮和三轮机动车	2.4	2.2	2
货运	23.5	23.3	21.6
航空	12.4	13.8	12
水运	10.6	9.2	7.8

数据来源: ITF(2011)。

　　城市化率指城市人口占总人口(包括农业与非农业)的比例,是我国城市化的重要指标。城市化率对行业 CO_2 排放具有一定的促进作用。第六次人口普查显示,2010 年中国城市人口达到 66557.5 万人, 城市化率为 49.68%,相比于 2000 年,增加 20713.7 万人,乡村人口减少 13323.7 万人。人口城市化进程的加快,导致生产和消费的快速增加,由此引发交通运输行业货运、客运的需求增加,最终导致碳排放量增加。

7.2.2　交通运输强度和能源强度下降是抑制交通碳排放增长的主要因素

　　交通运输强度也称经济发展对交通运输的依赖,表示为运输周转量与 GDP 的比值。喻洁等(2015)分析了中国 2005～2011 年交通运输行业碳排放的变化,结果显示由于交通运输强度的下降,累计减少二氧化碳排放 2961 万吨,占交通运输行业碳排放变化绝对值的 10.8%。从理论上讲,经济发展对交通运输的依赖性越大,交通运输强度的值就会越大,经济发展所带动的行业能源消耗和二氧化碳排放也就越多。2005 年, 中国交通运输强度为 $53.52×10^2$ 吨公里 / 万元, 2005～2011 年总体呈现下降趋势, 2011 年降至 $48.91×10^2$ 吨公里 / 万元, 与 Tian 等(2013)的研究结果类似,均说明交通运输强度对行业碳排放表现为抑制作用。2008 年的金融危机以实证的形式证明了这个论点。金融危机使得代表交通运输活动水平的运输周转量显著下降,但与此同时中国经济仍保持高增长速度,交通运输强度降为中国历史最低值,贡献 CO_2 减排 6807 万吨,效果十分显著。

交通能源强度可表示为交通工具每装载 1 吨货物行驶 1000 公里所消耗的能源量，降低交通能源强度对行业 CO_2 排放有显著的抑制作用。张陶新 (2012) 对中国城市道路交通碳排放进行了预测和情景分析，结果表明在长期均衡情况下，其他因素不变，交通能源强度、城市居民消费水平、人均 GDP 分别变动 1%，碳排放量会分别同向变动 0.734%、0.676%、0.442%，交通能源强度对碳排放的影响十分显著。不同的运输方式能源强度的变动对碳排放的影响效果不同，其中公路运输能源强度下降对碳排放的抑制作用最大，这也与公路运输在交通运输领域的高占比相关。水路和铁路运输通常认为是低能耗、低碳排放、高能效的交通运输方式，四种运输方式中铁路运输的能源强度最低。近年来高铁动车的快速建设发展，提高了铁路运输的能源效率，技术进步使得能源强度进一步下降。而航空的能源强度相对较高，由于其运输的高成本，目前应用主要集中在客运方式，未来有望通过技术提升来进一步降低航空业能源强度，减少行业碳排放。

优化能源结构能够有效减少 CO_2 排放量，表现为负效应。在上游发电技术保持不变的情况下，电气化在不同的假设情景下可以实现 3%～36% 的碳减排效应，清洁发电技术的应用，将进一步加大减排空间 (Ou et al.，2008；Wu et al.，2012)。年江 (2014) 对中国交通运输行业碳排放影响因素进行研究，发现行业能源结构的改善对交通运输部门来说具有一定的节能减排潜力。电力和清洁能源在能源消费总量中所占比例每提高 1%，碳排放量将会减少 0.208%，用电力替代其他污染密集型的能源对于中国交通运输部门节能减排来讲十分关键。不同交通运输方式的能源消费品种不同，公路运输的能源消费以柴油和汽油等化石能源为主；水路运输的主要能源消耗为柴油和燃料油；早期铁路运输能源消耗以柴油和煤炭为主，而近年来电力使用逐渐增加，对碳排放的削减作用十分显著；航空运输方面则一直以航空煤油为主要消费，能源结构变动不大，对行业碳排放影响微弱。调整能源结构是缓解交通运输部门 CO_2 排放增加的最直接有效途径，应加大对水电、核电、风能和太阳能等清洁能源的使用力度，有效改善能源结构，从而减少 CO_2 的排放。

以上研究结果表明，当前中国交通部门 CO_2 排放仍然是生产型、发展型排放，还未转入以居民可支配收入为代表变量的消费型排放阶段。因此，在近期交通 CO_2 减排措施的设置上，应重点考虑经济结构调整和交通模式转换因素，进一步降低交通能源强度，加大清洁能源的应用，改善能源结构。在道路交通 CO_2 减排中，当前应重点考虑公交车、出租车、营运货车等营运车辆以及公司用车和政府公车的减排，并前瞻性地采取经济、法律等手段限制小汽车使用。

7.3　交通低碳发展的政策实践

为贯彻落实国家应对气候变化战略，加快建设低碳交通运输体系，交通运输部于 2011 年发布《建设低碳交通运输体系指导意见》，2013 年印发了《绿色循环低碳交通发展指导意见》，明确了到 2020 年低碳交通运输体系的减排目标和主要任务。其中，公路、水路交通运输及城市客运的能耗及二氧化碳排放强度目标如表 7-3 所示。

表 7-3　2020 年交通部门节能减排目标

交通运输部门	能源强度指标	CO_2 排放强度指标
公路运输	营运车辆单位运输周转量能耗比 2005 年下降 16%，其中，营运客车下降 8%，营运货车下降 18%	营运车辆单位运输周转量 CO_2 排放比 2005 年下降 18%，其中，营运客车下降 9%，营运货车下降 20%
水路运输	营运船舶单位运输周转量能耗比 2005 年下降 20%，其中，内河船舶下降 20%，海洋船舶下降 20%。港口生产单位吞吐量综合能耗下降 10%	营运船舶单位运输周转量 CO_2 排放比 2005 年下降 22%，其中，内河船舶下降 23%，海洋船舶下降 21%。港口生产单位吞吐量 CO_2 排放比 2005 年下降 12%
城市客运	城市客运单位人次能耗比 2005 年下降 26%，其中，城市公交单位人次能耗下降 22%，出租汽车单位人次能耗下降 30%	城市客运单位人次 CO_2 排放比 2005 年下降 30%，其中，城市公交单位人次 CO_2 排放下降 27%，出租汽车单位人次 CO_2 排放下降 37%

　　"十二五"规划期间，交通运输行业建立健全了节能减排试点示范机制。一是组织开展了低碳交通运输体系建设试点城市工作。先后确定了 26 个城市参加试点，按计划推进试点项目实施，并组织开展经验总结交流，积累了城市绿色低碳交通运输体系实践经验。二是开展了绿色循环低碳交通区域性和主题性项目试点工作。先后组织开展了江苏、浙江、山东、辽宁 4 个绿色交通省份，北京等 27 个绿色交通城市，天津港等 11 个绿色港口，广东广中江高速公路等 20 条绿色公路的绿色交通试点工作，逐步形成了一套绿色低碳交通运输区域性试点和主题性试点管理模式。

7.3.1　道路运输：综合采用命令控制、经济激励及宣传教育策略

　　当前世界主要发达国家的道路交通领域低碳发展政策措施可以分为三类：一是命令控制型，主要包括一些法律法规、标准、规划等；二是经济激励手段，如燃油税、碳税、清洁燃料车购置优惠税费等；三是宣传教育手段，如倡导绿色出行和绿色驾驶习惯等（冯相昭，2009）。以上政策基本覆盖了主要发达国家道路交通发展的各个领域，涉及整个道路交通系统的核心要素：人、车（含燃料）、路和管理系统。目前，我国也综合采用这三类政策来实现全国及地方道路交通运输的低碳化进程。具体如表 7-4 所示。

表 7-4　道路运输主要低碳政策措施

类别	政策名称	政策层面
命令控制型	高速干道速度限制	城市
	燃油经济性标准和温室气体排放标准	国家
	车辆 I/M 制度	国家
	牌照拍卖制度或摇号制度	城市（或国家）
	机动车限行号牌制度	城市
	实行弹性工作制（错峰上下班制度）	城市
经济激励手段	购置环节税费（增值税、消费税及注册费等）	国家
	清洁节能车购置税费优惠或奖励	国家或城市

续表

类别	政策名称	政策层面
经济激励手段	基于车辆状况的年度税费	国家
	清洁节油公务用车奖励制度	国家或城市
	环保车辆租赁奖励制度	国家
	公交车专用道违规占用罚款制度	国家或城市
	公共交通低票价制度	城市
	停车费	城市
宣传教育手段	机动车能效标识	国家
	倡导绿色出行和绿色驾驶	国家或城市

注：I(inspect，检查)/M(maintenance，维护)制度是世界上发达工业国家和地区对在用车进行强制性定期检测，并对出现故障的车辆进行强制修理的制度；

资料来源：冯相昭(2009)。

新能源汽车因其对化石能源的低消耗和低排放而成为全球各国低碳交通发展的未来。鉴于新能源汽车成本高、技术壁垒较强以及需配建专用充电设施等特点，各国政府结合自身经济发展特点，通过制定规划战略、加大研发投入、完善财税激励、鼓励示范推广等政策手段推动新能源汽车的发展(表7-5)。目前在借鉴发达国家经验的基础上，我国充分结合上述各类政策的优势，一方面通过制定规划战略来宏观把控新能源汽车总量的增长以及发展速度，另一方面采用财税激励和放宽出行约束(如不受机动车限行的约束)等政策来鼓励消费者购买，同时大力支持新能源汽车企业进行产学研发展和充电桩等基础设施的全面建设。

道路交通是当下中国交通节能减排的重中之重，政府和研究机构也对道路交通的减排路径和成本进行了深入的分析，为其低碳发展奠定了基础。以道路客运为例，根据麦肯锡预测的 2030 年道路客运 CO_2 减排成本曲线(图 7-8)，可以看出，驾驶习惯的改善、道路管理等都具有较大的减排潜力，而混合动力、电动汽车等新能源车辆技术的推广应用在 2030 年之前虽具有较大的减排潜力，但减排成本仍然较高。

表 7-5　世界主要国家新能源汽车发展政策措施

国家	主要政策和措施
美国	税收抵扣：2004 年前后，美国的混合动力汽车进入商业化推广阶段，2007 年，美国国内税务局(Internal Revenue Service，IRS)调整针对环保车辆的税收优惠措施。规定消费者购买通用汽车、福特、丰田、日产等公司生产的符合条件的混合动力车，可以享受到 250～2600 美元的税款抵免优惠。2008 年混合动力汽车销售 32 万辆，占美国汽车总销售量比例达到 2.3%左右； 鼓励消费：美国克林顿政府提出 PNGV 计划，布什政府提出 FreedomCAR 计划，奥巴马政府提出资助插电式混合动力电动汽车的研究项目，设定了各个阶段新能源汽车的研究目标与计划。奥巴马政府斥资 140 亿美元支持动力电池、关键零部件的研发和生产，支持充电基础设施建设，消费者购车补贴和政府采购。为鼓励消费，购买充电式混合动力的车主，可以享受 7500 美元的税收抵扣。基础设施方面，联邦政府规定，安装电动汽车充电桩的个人消费者和企业都可以获得总费用 30%的补贴，前者的最高限额为 1000 美元，后者则为 3 万美元。在美国，各地政府给予电动汽车在城市市区内停车便利，对电动汽车免收停车费、高速公路免收养路费、过桥费等

续表

国家	主要政策和措施
日本	新国家能源战略：2006 年 5 月日本政府制定了"新国家能源战略"，提出到 2030 年将目前近 50% 的石油依赖度进一步降低至 40%。日本混合动力车已形成产业化，其中丰田、本田、日产等日本厂商的混合动力汽车在国内外市场已占据重要地位。日本非常重视燃料电池等技术的研发。为攻克电池领域的关键性技术，日本已经建立了开发高性能电动汽车动力蓄电池的最大新能源汽车产业联盟，共同实施 2009 年度"创新型蓄电池间断科学基础研究专项"。日本政府计划 7 年内投入 210 亿日元，通过开发高性能电动汽车动力蓄电池，在 2020 年前，将日本电动车一次充电的续航里程增加 3 倍以上； 绿色税制：为推进新能源汽车以及节能环保汽车，日本从 2009 年 4 月 1 日起实施"绿色税制"，它的适用对象包括纯电动汽车、混合动力车、清洁柴油车、天然气车以及获得认定的低排放且燃油消耗量低的车辆，其中前 3 类车被日本政府定义为"下一代汽车"，购买此类车可享受免除多种税收优惠
英国	财政补贴支持：政府向"低碳汽车项目"注资 3 亿英镑以支持新能源汽车的发展。英国气候变化委员会提出到 2015 年推广使用 24 万辆各类电动车，并需要对电动汽车进行补贴，在 2014 年前每辆车补贴 5000 英镑。同时，花费 15 亿英镑建设充电设施； 鼓励消费：英国交通部 2010 年 3 月发布私人购买纯电动车、插电式混合动力汽车和燃料电池汽车补贴细则，根据这项细则，2011 年 1 月~2014 年，政府共安排 2.3 亿英镑的补贴，其中平均每辆车补贴额度大约为车辆推荐售价的 25%，但不超过 5000 英镑。此外，在英国伦敦，电动车可以免交城市拥堵费
法国	实行现金奖罚：早在 1995 年政府就制定了支持电动汽车发展的优惠政策，对购买每辆电动汽车发放补贴；法国政府规定，自 2008 年 1 月 1 日起，政府按所购买新车 CO_2 排放量的情况，对车主给予相应的现金"奖罚"，以鼓励购买低排量环保车型； 制定战略计划：法国政府 2009 年 10 月 1 日公布了旨在发展电动车和充电式混合动力车的计划，最终目标是在 2020 年前生产 200 万辆清洁能源汽车

资料来源：ICCT(2010)。

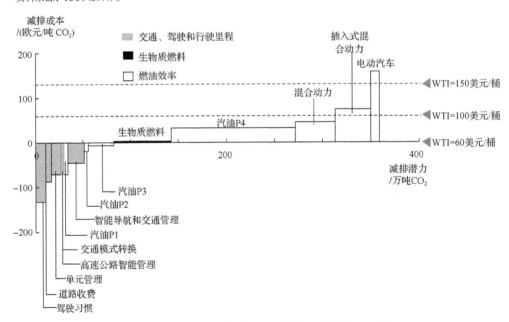

图 7-8　麦肯锡中国道路客运减排成本曲线(2030 年)

资料来源：蔡博峰等，2012

　　UNEP(2011) 研究显示，随着经济的发展和人均 GDP 的提高，公众对于私人小汽车出行的依赖性会逐渐降低(图 7-9)。其中效果最优模式也为快速城镇化、机动化进程中的中国城市指出了未来的发展方向。为避免重蹈欧美国家高能耗、高排放的私人小汽车飞速发展的历史，大力发展以公共交通为主体，步行、自行车等慢行交通体系并行的绿色城市交通体系，是交通低碳发展的必由之路。

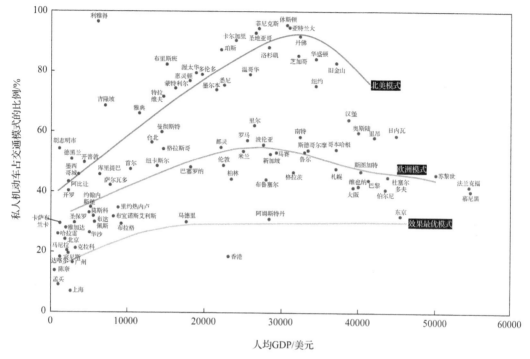

图 7-9　人均收入与私人机动车占交通模式比例关系

资料来源：UNEP(2011)

7.3.2　水路运输：优化港口布局、加快技术和能源结构改造

　　水路运输作为国际化最强的行业之一，国际海运温室气体排放一直受到各国和国际组织的广泛关注。由于国际航空及海运的特殊性，在《京都议定书》的第一承诺期，即 2008~2012 年，《联合国气候变化框架公约》和《京都议定书》并未要求在国家报告中包含此项数据，而只要求部分国家通过国际民航组织(International Civil Aviation Organization, ICAO)及国际海事组织(International Maritime Organization, IMO)实现相关方面的减排。IMO 围绕国际海运减排的方法和技术问题，在 IMO 的海上环境保护委员会(Maritime Environment Protection Committee, MEPC)会议中开展了多轮激烈讨论(表 7-6)。

　　总结现有国内外海运温室气体减排措施，根据其性质可以分为技术措施、营运措施和市场措施，具体见表 7-7。近年来，我国为了实现水路运输的节能减排目标，相继出台了一系列政策规章，对水路交通能源强度和减排目标给出了具体要求。《公路水路交通节能中长期规划纲要》中指出，我国水路运输工作要点是提升航道技术等级，优化船舶运力结构，优化船舶能源消费结构，研发推广节能船型，大力研发和推广船舶节能新技术、新产品，研发推广航标节能新技术，提升水路运输组织管理水平，强化船舶营运节能管理。同时，我国针对技术问题制定了《水运工程节能设计规范》等一系列标准，从水运工程建设项目设计阶段采用的新技术、新材料、新工艺和新设备以及涉及的能源消耗种类、数量、主要工艺、设备能耗量、单位能耗和采取的节能措施等方面给出了具体的项目标准。可以看出，优化港口布局、加快技术和能源结构改造是我国目前水路运输实现低碳发展的主要手段。既有措施已取得了良好的实践结果，为我国实现节能减排作出了巨大的贡献，但与国际经验相比，市场措施在我国水运行业的应用较为欠缺。

表 7-6　IMO 历届 MEPC 会议主要内容

时间	会议	内容
2008年	MEPC 第57 届会议	提出了 IMO 未来船舶温室气体减排法规框架原则，其中"强制、平等地适用于所有船旗国"原则与"共同但有区别的责任原则"相悖，遭到了广大发展中国家的反对
2009年	MEPC 第59 届会议	会议通过了"新船能效设计指数"(Energy Efficiency Design Index, EEDI)、"能效营运指数"(Energy Efficiency Operation Index, EEOI)、"船舶能效管理计划"(The Ship Energy Efficiency Management Plan, SEEMP)在内的 5 份技术、营运方面的重要文件，并制定了市场机制减排措施的工作计划
2010年	MEPC 第60 届会议	成立了市场机制可行性研究和影响评估专家组，从环境、航运、外贸、法律等方面对国际海运市场机制的可行性及影响进行了评估
2011年	MEPC 第62 届会议	挪威等 9 国提出将把减排技术和营运措施纳入 MARPOL(The International Convention for the Prevention of Pollution From Ships)(《国际防止船舶造成环境污染公约》)附则 VI 的修正案，利用 IMO "简单多数"的决策机制，试图通过该修正案以加快市场机制谈判进程。以德国为首的欧洲国家是减排议案的积极推动者。以中国和巴西为首的一些发展中国家则努力游说，反对让发展中国家采取同一标准

资料来源：IMO 历届 MEPC 会议决议。

表 7-7　水路运输主要低碳政策措施

类型	主要内容
技术措施	改进船舶设计：船体优化、推进器的选择、发动机效率的提高等； 供应岸电：通过向靠港船舶提供岸电的方式来减少船舶在港期间的油耗，相应减少温室气体排放； 利用新能源技术：在商船航行中，借助风帆来利用风能，从而减少能耗和大气污染物的排放； 使用替代燃料：将生物燃料用于海运业等
营运措施	加强交通控制、船队管理，提高装卸货操作效率； 制定严格的限制船载制冷(温室)气体泄漏的标准
市场措施	燃油税和 GHG(Greenhouse Gas)基金：由当事国政府根据税率向船舶征收燃油税，然后将税款汇总到独立的国际海运温室气体排放基金中； 排放交易体系：设定温室气体排放总量限制，在各船舶之间分配额度； 将强制性 CO_2 因素纳入港口使费中，根据船舶在温室气体排放方面的技术、性能或管理措施增加一项有区别的 CO_2 排放费用，对表现良好的给予奖励

资料来源：张爽和张硕慧(2008)。

海运温室气体排放交易机制(Emission Trading System, ETS)和基金机制(Green House Gas Fund, GHG FUND)是用于海运温室气体减排的两个代表性市场机制。在目前的减排路径选择上，欧盟和伞型集团(Umbrella Group，是由欧盟以外发达国家组成的松散联合体，包括美国、日本、加拿大、澳大利亚、新西兰、挪威、俄国、乌克兰）均表现出推进市场机制减排新规则的强烈愿望，而我国作为发展中国家在这样的机制下处于被动地位。为此，我国应积极参与当前的国际海运减排谈判，对 IMO 及相应研究机构关于海运温室气体排放的估测工作提出自己的意见，在国内水运减排机制设计上也要充分考虑国际机制，制定符合国内和国际减排标准的相关政策，实现水运建设和航道运输的高效发展。

7.3.3　航空运输：大力发展航空减排技术、适当引入碳交易机制

国际航空碳排放一直是气候变化国际谈判和行业减排的关注焦点。根据《联合国气候变化框架公约》(United Nations Framework Convention on Climate Change, UNFCCC) 1994年会议（A/AC.237/5），国际航空 CO_2 排放不纳入国家温室气体排放清单，但需单独列出。IPCC 在 2006 年的《国家温室气体清单指南》也继承了这一观点。因此，一直以来对于国际航空 CO_2 排放的归属和国家分配问题存在较大的争论。随着欧盟立法通过，从 2012年起将航空业纳入 EU-ETS，中国民航行业减排的压力也随之增加。一方面，航空业是国际化程度最高的产业之一。另一方面，在国际气候谈判进展缓慢和《京都议定书》第二承诺期谈判尚未达成共识的大前提下，各国际组织和各国政府也更加可能以行业减排为突破口，加强国际行业减排体制设计，推动国际磋商和谈判进程。国际航空和航海业正处在行业减排的风口浪尖。

目前，国际上研究较多的有约束力的行业减排目标方案主要有以下几种，见表 7-8，其中基于无损（未实现目标也没有惩罚措施）排放强度目标的行业信用机制与我国民航2020 年控制温室气体排放目标接近，可以此为基础深入分析。

表 7-8　行业减排目标方案

行业减排方案	主要特点
基于"无损"技术目标的行业信用机制	通过国际谈判设定技术目标或某种技术占比目标，优于目标实现的减排量可作为排放信用在碳市场出售，未实现目标无惩罚措施
基于"无损"排放强度目标的行业信用机制	通过国际谈判设定行业单位产量排放强度目标，优于目标所对应的减排量可以作为排放信用在碳市场出售，未实现目标无惩罚措施
行业清洁发展机制	设定行业整体到未来特定年份的基准排放量，若核实的实际排放量优于此基准，则可以将排放差额在碳市场出售
强制性行业减排目标	设定各国强制性的行业减排目标，如量化减排、技术标准、排放强度等，设定相应不达标的惩罚机制
强制性行业排放上限和贸易	设定各国行业排放量上限，并在国内开展行业碳减排交易，设定不达标的惩罚机制
自愿行业减排目标	国际或地区性机构和行业组织发起成员国或企业自愿承担特定的减排目标，可以是量化减排、技术标准、排放强度等

资料来源：刘杨（2011）。

为应对国内外减排压力，减少日益增长的航油成本负担，目前国内的航空产业采取各种有效措施来进行节能减排活动（表 7-9）。但行业内国际交易体制存在不公平性，技

术上飞机等制造业大多存在技术壁垒，基础设施建设缓慢，配套的法律法规及标准体系不完善等问题依然存在。目前还应加强法律法规的执行力，并逐渐将国际社会认可的具体措施列入法律条文，全面推进航空减排工作。

表 7-9　航空运输主要低碳政策措施

航空减排措施	内容
发展航空减排技术	通过科学飞行、运行挖潜、机务保障等措施实现运营的全过程节油控制； 通过制作计算机飞行计划比较，选择出最经济的航路飞行，以缩短飞行时间、降低飞行油耗； 各大飞机制造商也在寻求从开发新机型实现技术突破来节能减排，如生物燃油和电动飞机、选购轻型机上设备等
提升基础设施建设和航空管理水平	通过开放原有管制航路、开辟新航路等措施，民航飞机实现截弯取直，从而缩短飞行时间和降低航油消耗； 营造有序、便捷的空中交通环境，缩短不必要的空中盘旋和地面等待时间； 设计合理的候机楼、停机位和跑道等将缩短飞机的入位等待时间和进出港地面滑行时间
完善航空业减排相关立法	《关于加快推进节能减排工作的指导意见》明确指出到 2020 年我国民航单位产出能耗和排放比 2005 年下降 22%； 《民航行业节能减排规划》规定新建机场垃圾无害化处理率及污水处理率达到 75%

7.3.4　铁路运输：提升铁路复线率和电气化率、提高基础设备技术水平

铁路运输作为我国国民经济的大动脉，是节能减排的重点领域。近年来，中国铁路事业发展迅速，特别是高铁建设高速发展，但我国现有的铁路交通技术装备仍具有较高能耗，在技术领域进行低碳减排有较大潜力。目前我国铁路复线率和电气化率稳步提升，从客观上优化了铁路运输的能源消费结构。然而要从根本上实现铁路运输行业的节能减排，就要通过线路技术改造和设备更新换代，提高铁路基础设备的技术水平，为资源节约创造较好的条件。原铁道部分别于 2007 年和 2012 年 4 月制定发布了一系列政策报告，明确提出了铁路节能工作的指导思想、原则和目标、重点任务以及相关政策等（表 7-10）。

表 7-10　铁路运输主要低碳政策措施

阶段	内容	相关法规
建设	铁路建设项目在可行性研究阶段编报节能评估报告和节能篇，分析建设项目的能源消耗量和各耗能工序、设备的能效水平，提出节能技术、管理措施	《固定资产投资项目节能评估和审查暂行办法》
运营	对节能设计的重点领域，包括技术标准选择、设计选线地质、隧道通风、牵引动力、电气化、站房建筑、照明、采暖制冷等方面给出了具体要求	《铁路工程节能设计规范》
评估与审查	完善铁路节能管理体系，加快构建节能型铁路运输结构，加大铁路重点领域节能力度，大力推进铁路节能机制创新，加强铁路节能管理基础工作，加快淘汰落后产能	《铁路"十二五"节能规划》 《中国铁路总公司节能减排项目推广管理办法》

随着高速铁路快速发展，大量高速列车投入运营带来了能源消耗与环境保护等一系列问题。相比于公路和航空，铁路运输是一种低能耗、低排放、高能效的交通运输方式。国外铁路节能技术发展至今已呈现出多元发展的趋势，部分已经投入使用，代表着铁路

节能技术发展的新方向。这些节能技术发展倾向主要集中在两个方面，一是降低列车牵引能耗，二是应用和推广新能源替代节能技术。国外已将一些典型的铁路减排技术应用在铁路运行实践中。例如，日本各大铁道公司目前正在引进可再生能源，在列车制动时，将电机作为发电机工作所产生的电力；德国联邦铁路公司使用新能源替代技术，提高列车运营过程中所使用的风能、水电和太阳能的比例；英国 Virgin 公司在其高速旅客列车上开始试验燃用 20%生物柴油混合燃料，以减少二氧化碳排放量；纽约 Stillwell Avenue 地铁车站与车站建筑结合处安装了太阳能光伏发电系统，每年大约可以产生 25 万千瓦·时的电能，能够满足该车站每年用电需求的 15%等。

　　从世界各国的经验来看，节能减排主要通过 3 种路径加以实现：一是通过技术手段，二是通过管理手段，三是通过能耗结构的调整。而在铁路运输方式上，技术突破是关键，我国目前已实施绿色照明、固体物收集处理、电机系统、供热系统、中央空调系统的节能环保设施等，对铁路减排起到了重要作用。而结构调整是长远性战略。欧洲各国 21 世纪初就着手调整运输结构，推出了一系列发展铁路尤其是高速铁路的战略举措，以改善交通运输能耗结构。与欧洲各国相比，我国优化运输结构的潜能更大。欧洲各国交通规模已经较为完善，调整的空间已经很小，而我国交通运输仍在发展中，经济发展带来运输量的增加，居民出行行为日益频繁，未来更加注重交通方式多元化和完善化。在此情况下，通过综合各类政策手段来改善我国交通行业能耗结构，推动我国整体能耗结构的优化，建立绿色低碳现代综合运输体系，具有长远的战略意义。

7.4　主要结论与政策建议

　　交通部门二氧化碳排放是未来全球二氧化碳排放增长的重点领域，并将呈现持续增长态势。中国交通二氧化碳排放量逐年增长，从近期看，我国交通领域二氧化碳排放仍然属于生产型、发展型排放，还未转入以居民可支配收入为代表变量的消费型排放阶段。从中长期看，全球范围以私人小汽车排放为标志的消费型交通二氧化碳排放将占据主导地位，各国在采取减排措施时应特别重视城市交通中私人小汽车的排放控制。因此，在近期交通 CO_2 减排措施的设置上，应重点考虑经济结构调整和交通模式转换等因素。具体结论与政策建议如下。

　　(1)充分认识建设绿色交通运输体系的重要性。"十三五"规划时期是我国加快转变发展方式的重要时期，也是交通运输业转型发展的关键时期。2014 年，交通运输部提出集中力量加快推进综合交通、智慧交通、绿色交通、平安交通的发展，其中加快发展绿色交通，是建设生态文明的基本要求，是转变交通运输发展方式的重要途径，也是实现交通运输与资源环境和谐发展的应有之义。

　　(2)推广新能源交通运输工具的使用。交通运输部门作为国家中长期节能降耗和温室气体减排的重点领域之一，必须改善能源消费结构，加大新能源使用比例，提高行业总体用能效率，使交通运输行业逐步改变对化石能源的过度依赖。加快低碳交通运输体系建设，不仅是传统节能减排工作的继续和扩展，更是新形势下进一步深化节能减排工作的新起点。从国际经验看，美国、日本、欧盟等国家和地区的运输能源强度呈不断下降态势，而且普遍降幅较大。这表明即使是国际上道路运输业、货运业、物流业发达的国家，其节能潜力依然较大，这对于我国交通运输节能具有重要的启示意义，"十三五"规划期间调整优化交通运输结构，采取合理有效的措施，降低道路运输和货运行业的能源强度和排放仍具有较大空间。在中长期二氧化碳减排措施的设置上，应重点考虑快速城镇化进程带来的城市基础设施建设和居民消费能力对交通出行消费需求的影响。

(3)通过推进紧凑型、集约型城市建设，构筑以公共交通为主体、以人为本的城市空间。注重城市土地利用规划与城市综合交通规划的衔接与协调，强调公共交通沿线土地利用的综合布局。对新型城镇化进程中的新型城市和新规划的城市开发区进行高密度开发，建立紧凑型发展模式，加强土地利用的混合开发，减少居民无效出行。避免在快速城镇化进程和统筹城乡发展过程中形成盲目的城市扩张与蔓延，规避城市交通基础设施的锁定效应，积极探索大容量快速公交通道连接、提高城郊和城际交通供给服务能力，减缓交通拥堵，从源头上减少快速城镇化进程中的交通二氧化碳排放。

(4)积极参与国际规则制定是保障交通运输发展的关键。随着世界各国以及国际组织对国际航运、海运强制减排规则的制定呼声越来越高，为了在国际气候变化谈判中赢得主动，必须积极响应国际民航组织、国际海事组织等推行的新的技术准则，在国家应对气候变化总体部署下，积极推动研究制定交通行业二氧化碳排放监测办法，制定营运船舶节能减排设计标准等相关标准规范，完善新投入营运船舶燃料消耗量及二氧化碳排放限值标准，推动重点节能减排技术示范，同时积极引入市场机制，参与国际合作和谈判。

(5)始终坚持将科技进步和科技创新作为交通二氧化碳减排的最有效途径。充分发挥科技进步在交通部门减排中的先导性和基础性作用，积极推动绿色交通发展，大力发展新能源、可再生能源技术和节能新技术，促进碳吸收技术和各种适应性技术的发展。在产业上应继续强化能源节约和产业结构优化，加速企业的硬件设施改造。在管理上，努力提高企业的综合管理水平，坚持推进节能减排措施创新，抓好监督落实，综合控制二氧化碳排放。

第8章 区域碳排放与低碳发展

低碳发展不仅体现为国家和行业发展战略，更要落实到区域层面，"自下而上"推动低碳转型。本章从区域的角度结合不同区域的经济社会发展差异，研究并提出我国不同区域低碳发展建议。

8.1 区域碳排放空间差异特征

由于我国不同区域经济发展、产业布局、能源禀赋等不同，区域终端能源消费的二氧化碳排放也具有很大的差异，具体如下。

8.1.1 鲁、冀、苏、粤、豫、蒙、辽的终端用能碳排放占47%

1）区域二氧化碳排放总量分析

2003 年和 2014 年我国终端能源利用的二氧化碳排放在空间分布有很大的变化，如图 8-1 所示（由于数据因素，未包括港澳台和西藏）。河北省、江苏省、山东省、山西省、内蒙古自治区、河南省、广东省等的碳排放总量较大，2003 年山东省、河北省、江苏省、广东省、辽宁省、山西省、河南省等 7 个省的二氧化碳排放占 30 个省份终端能源利用二氧化碳排放的 46.05%。2014 年排放前 7 位的是山东省、河北省、江苏省、广东省、河南省、内蒙古自治区和辽宁省，碳排放占 30 个省份终端能源利用二氧化碳排放的 46.99%。

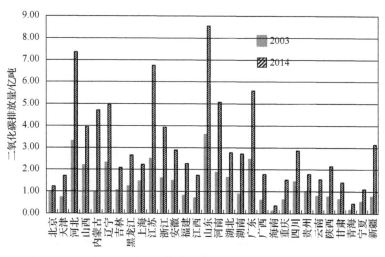

图 8-1 排放总量的区域比较

2014 年，山东省、河北省和江苏省的二氧化碳排放最多，分别为 8.56 亿吨、7.37 亿吨和 6.77 亿吨。根据 IEA 的二氧化碳排放估算，3 个省的二氧化碳排放均低于 2013

年世界第五大排放国家日本的排放(排放量为 12.35 亿吨)，但山东省超过了世界第六大排放国家德国的排放，河北省和江苏省超过了世界排放第七大国韩国的排放，2013 年德国的二氧化碳排放为 7.59 亿吨，韩国的二氧化碳排放为 5.72 亿吨。

2) 区域二氧化碳排放占比分析

图 8-2 显示了区域二氧化碳排放占比与人口、GDP 占比的比较分析，由此发现如下特点。

(1) 以北京、天津、上海、江苏、浙江、安徽、福建、广东为代表的区域 GDP 占比较高地区的二氧化碳排放占全国排放的 28.18%，人口为 29.44%，区域 GDP 为 41.03%。

(2) 以河北、山西、内蒙古、辽宁、吉林、山东、宁夏、新疆为代表的二氧化碳占比较高的地区二氧化碳排放占全国排放的 39.54%，人口占 24.61%，区域 GDP 仅占 26.30%。

(3) 除上述区域以外的其他区域，则人口占比较高，人口占全国的 45.95%，二氧化碳排放占 32.28%，区域 GDP 占 32.67%。

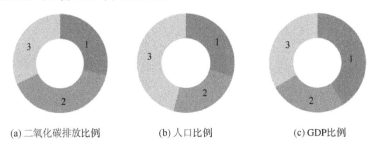

(a) 二氧化碳排放比例　　　　　(b) 人口比例　　　　　(c) GDP比例

图 8-2　区域二氧化碳排放比例与人口、GDP 比例对比

1 指的是北京、天津、上海、江苏、浙江、安徽、福建、广东；2 指的是河北、山西、内蒙古、辽宁、吉林、山东、宁夏、新疆；3 指的是黑龙江、江西、河南、湖北、湖南、广西、海南、重庆、四川、贵州、云南、陕西、甘肃、青海

3) 区域二氧化碳排放增量分析

2014 年相对 2003 年，全国碳排放翻了一番多，增长了 51.74 亿吨，其中河北省、内蒙古自治区、江苏省、山东省、广东省和河南省的排放增量占全部增量的 45.00%。从各省份的排放增量来看，以内蒙古自治区增长最多，由 2003 年的 9800 万吨增加到 2014 年的 4.73 亿吨；其次是湖南省，增加了 201.51%。北京市和上海市的碳排放增长最为缓慢，分别增长了 25.35%和 51.16%。

8.1.2　部分地区人均碳排放达到发达国家水平

人均碳排放除了与人口规模有关，还与经济发展方式、产业结构等有关。相对 2003 年，2014 年各省的人均碳排放除了北京市，都有所增加，以内蒙古自治区增加最多，由 2003 年的 4.11 吨，增加到 2014 年的 18.89 吨，如图 8-3 所示。

2003 年，北京市、上海市、天津市和宁夏回族自治区的人均二氧化碳排放较高，在 6.6 吨以上；江西省、广西壮族自治区较低，在 1.8 吨以下。2014 年，内蒙古自治区、天津市、辽宁省、宁夏回族自治区、新疆维吾尔自治区、山西省的人均碳排放较高，在 10 吨碳以上。其中，内蒙古自治区的人均二氧化碳排放最高，约为 18.89 吨，相当于美国 1990 年的人均排放水平，明显超过了 2013 年世界平均水平，以及人均排放较高的发达国家，如美国、加拿大、澳大利亚等，如图 8-4 所示。

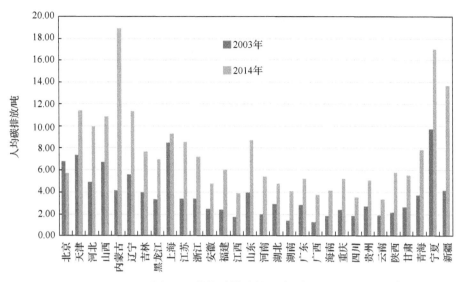

图 8-3　人均碳排放的区域比较

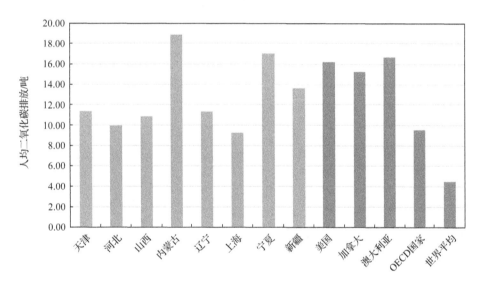

图 8-4　2014 年部分省份与 2013 年发达国家人均二氧化碳排放比较

8.1.3　经济发达地区碳排放强度明显低于经济欠发达地区

碳排放强度除了与碳排放总量、经济发展水平相关，还与经济结构、产业结构、能源结构等密切相关。相对 2003 年，2014 年各省的碳排放强度除了新疆维吾尔自治区，其余各省份都有明显的降低趋势，其中以北京市降低最多，降低了 56.88%，如图 8-5 所示。

河北省、山西省、内蒙古自治区、宁夏回族自治区和新疆维吾尔自治区的碳排放强度是较高的, 2014 年在 2.5 吨/万元(2010 年不变价)以上, 其中宁夏回族自治区最高, 2014 年为 4.50 吨/万元(2010 年不变价)。北京市、上海市、广东省的碳排放强度是较低的, 2014 年在 0.90 吨/万元以下, 其中北京市的最低, 为 0.65 吨/万元。

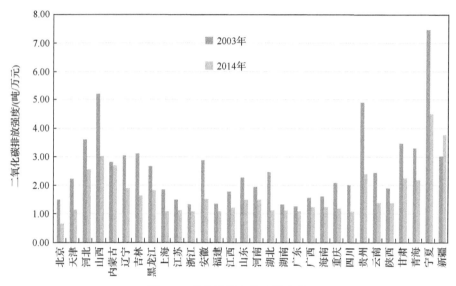

图 8-5　碳排放强度的区域比较

从单位地区生产总值增加的角度来看, 内蒙古自治区、新疆维吾尔自治区、宁夏回族自治区、河北省、山西省单位地区生产总值增加的二氧化碳排放明显高于其他地区, 如图 8-6 所示, 说明这些地区的经济增长是以碳密集型产业为支撑的。

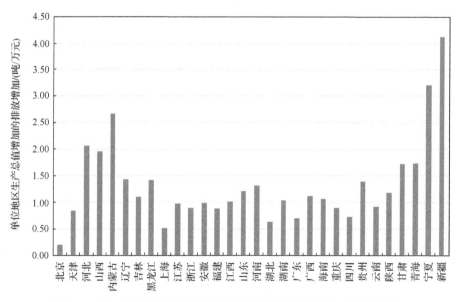

图 8-6　2014 年相对于 2003 年单位地区生产总值增加的二氧化碳排放

8.1.4　上海是单位国土面积碳排放最高的地区

单位国土面积的碳排放反映了单位国土面积的经济活动、能源消费强度。北京市、天津市、上海市单位国土面积的二氧化碳排放最高，其中上海市最高，2014 年为 3.57 吨碳/平方公里，其次是天津市，为 1.53 吨/平方公里。青海省和新疆维吾尔自治区单位国土面积的碳排放最低，仅为 0.01 吨/平方公里和 0.02 吨/平方公里，如图 8-7 所示。

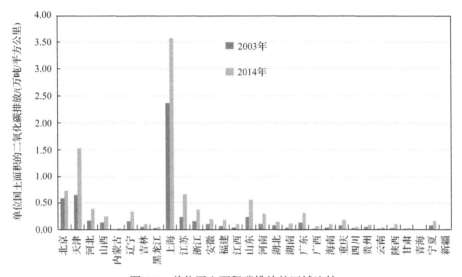

图 8-7　单位国土面积碳排放的区域比较

8.2　区域碳排放核算

现有关于中国区域碳排放的研究大多是从生产的角度出发的，即核算的是各区域内实际发生的排放。然而，事实上，由于区域贸易的存在，区域内实际发生的排放并不一定是为了满足该区域自身的消费而产生的，还有可能是由其他区域的消费拉动的。换言之，一个区域实际发生的排放与其驱动的排放之间会有差异，因此，区域排放责任的界定非常复杂。如果这种差异很明显，就不可避免地会引发一系列问题：从何种角度进行排放责任核算，对于一个区域平衡经济增长和碳减排才是公平的、可接受的？对于一个区域公平的核算方式，对于其他区域是否公平？如何能在全国总体水平上兼顾减排的公平性与经济效益？为了进一步捕捉我国区域间碳排放流动的特征，应用最新发布的 2007 年的中国多区域投入产出表，构建中国区域间投入产出模型，对我国八大区域 2002 年和 2007 年的碳排放进行详细的讨论，包括按不同原则核算的各区域的排放量，以及区域间的碳排放转移。

为了应对全球不同国家和区域间，以及一国内部不同区域间的经济问题研究，研究人员进行了一系列扩展，提出了各种用于多个区域的投入产出模型，比较著名的如 IRIO 模型(Interregional Input-output Model)，MRIO 模型(Multiregional Input-output Model)(Miller and Blair，2009)。投入产出模型在刻画部门和区域间的相互关系，从而从不同的角度(基于生产或消费)核算各经济主体的排放方面非常有效。

与单区域投入产出模型不同，在区域间投入产出模型中，不仅要考虑每个区域内部产品的流动，还要考虑区域间产品的调入和调出。假设研究对象为 m 个地区，则

$$区域间直接消耗系数矩阵 A = \begin{bmatrix} A^{11} & A^{12} & \cdots & A^{1m} \\ A^{21} & A^{22} & \cdots & A^{2m} \\ \vdots & \vdots & \ddots & \vdots \\ A^{m1} & A^{m2} & \cdots & A^{mm} \end{bmatrix}，其 n \times n 维子矩阵 A^{rs} 中的元$$

素 a_{ij}^{rs} 表示 s 区域 j 部门生产单位产品对 r 区域 i 部门产品的直接消耗量。

$$各区域的最终使用矩阵 Y = \begin{bmatrix} Y^{11} & Y^{12} & \cdots & Y^{1m} \\ Y^{21} & Y^{22} & \cdots & Y^{2m} \\ \vdots & \vdots & \ddots & \vdots \\ Y^{m1} & Y^{m2} & \cdots & Y^{mm} \end{bmatrix}，其 n \times 1 维子矩阵 Y^{rs} 中的元素$$

y_i^{rs} 表示 s 区域对 r 区域 i 部门产品的最终需求量。

$$各区域的总产出矩阵 \hat{X} = \begin{bmatrix} X^1 & 0 & \cdots & 0 \\ 0 & X^2 & \cdots & 0 \\ \vdots & \vdots & \ddots & \vdots \\ 0 & 0 & \cdots & X^m \end{bmatrix}，其 n \times 1 维子矩阵 X^r 中的元素 x_i^r 表$$

示 r 区域 i 部门的总产出。

本书使用的 2002 年和 2007 年各省份的能源数据分别来自相应的《中国能源统计年鉴》；区域间投入产出表采用相应年份的中国区域间 8 部门投入产出表(Zhang and Qi，2012)；各种能源的缺省 CO_2 排放因子来自于 2006 年 IPCC 的《国家温室气体清单指南》(IPCC，2006)。

为了得到本书的数据基础，需要对上述数据进行一系列归并处理。

(1) 对各省能源数据按区域进行合并：在国家信息中心发布的中国区域间投入产出表中，中国分成八大经济区域，如表 8-1 所示。根据此区域划分，本书对中国各省份能源平衡表中的终端能源消费量数据进行了相应的合并和调整。

表 8-1　中国八大经济区域划分

区域名称	英文简称	涵盖省份
东北区域	NE	黑龙江、吉林、辽宁
京津区域	BT	北京、天津
北部沿海区域	NC	山东、河北
东部沿海区域	EC	江苏、上海、浙江
南部沿海区域	SC	福建、广东、海南
中部区域	C	河南、山西、湖北、湖南、安徽、江西
西北区域	NW	陕西、内蒙古、宁夏、甘肃、青海、新疆
西南区域	SW	四川、重庆、广西、云南、贵州

注：由于缺乏 2007 年的能源使用数据，西藏和港澳台没有列在八大区域中。

(2)对区域间投入产出表进行部门合并:由于能源平衡表中的部门口径和区域间投入产出表中的并不完全匹配,需要对相应部门进行合并处理。一方面将区域间投入产出表中的采选业,轻工业,重工业,电力蒸汽热水、煤气自来水生产供应业合并成工业部门,另一方面将能源平衡表中的交通运输、仓储和邮政业,批发、零售业和住宿、餐饮业,以及其他服务业合并成服务业,最终得到八区域四部门(农业、工业、建筑业、服务业)的区域间投入产出表。

8.2.1　区域间碳流动明显且呈上升趋势

表 8-2 显示了 2002 年和 2007 年各区域间碳流动的计算结果。2007 年区域间的碳流动总量从 2002 年的 136.4 百万吨碳上升到了约 377.8 百万吨碳,年均增速高达 22.6%,明显高于这一时期全国碳排放的年均增速(约 14.7%)。区域间碳流动占当年全国碳排放总量的比例由 2002 年的 15.2%上升到了 21.1%,提高了近 6 个百分点。

在 2007 年的区域间碳流量中贡献最大的依次是中部对东部沿海、西北对东部沿海、中部对北部沿海的流入,分别占 9.5%、5.3%、4.8%;贡献最小的是西南对京津的流入,只占 0.15%。从流动碳的源来看,在各区域流出的碳总量中贡献最大的是中部,占 23.0%,紧随其后的是西北区域,占 21.4%;贡献最小的是京津,只占 4.6%。从流动碳的汇来看,在流入各区域的碳总量中贡献最大的是东部沿海,占 22.9%,随后依次是中部和南部沿海区域,均约占 18.3%,贡献最小的是东北,占 4.7%。

表 8-2　2002 年和 2007 年的区域间碳流动　　　(单位:百万吨碳)

年份		NE	BT	NC	EC	SC	C	NW	SW
2002 年	NE	98.67	3.57	4.43	0.98	1.39	1.83	1.84	1.15
	BT	0.62	31.62	3.52	0.38	0.73	0.44	0.38	0.17
	NC	1.33	8.12	120.46	1.95	1.37	3.00	1.78	0.42
	EC	0.54	1.04	2.81	120.20	3.10	6.15	1.23	0.73
	SC	0.77	0.98	1.53	2.01	62.21	2.56	1.70	2.36
	C	1.79	3.77	10.10	9.04	5.87	179.76	3.78	1.84
	NW	1.75	1.82	3.21	3.11	1.62	3.24	70.65	1.64
	SW	1.33	1.20	2.02	1.84	4.23	2.24	4.05	79.98
2007 年	NE	148.88	4.56	8.37	8.00	6.62	8.47	2.83	3.98
	BT	1.75	36.80	8.04	2.05	1.60	2.27	1.00	0.71
	NC	3.80	11.15	264.75	8.17	5.92	16.34	5.14	2.85
	EC	0.83	0.88	2.65	235.34	9.38	9.31	1.57	1.58
	SC	2.74	1.47	3.15	5.14	116.11	8.49	3.73	9.28
	C	2.49	2.45	18.22	36.02	17.96	317.90	5.41	4.49
	NW	4.76	3.49	11.85	20.11	13.16	17.44	134.83	9.95
	SW	1.39	0.56	2.96	6.94	14.36	6.72	3.27	156.66

从 2007 年相对 2002 年的变化来看,除了西南、中部和东部沿海对京津的流入分别减少了 53.4%、34.9%和 15.6%,以及西南对西北和东部沿海对北部沿海的流入分别减少了 19.2%和 5.8%,其他各区域间的碳流量都增加了,且大多数增幅都比较明显,过半数的年均增速均超过了 20%。其中年均增速最快的是东北对东部沿海的流入,紧随其后的是西北对南部沿海的流入,年均增速均高达约 52.1%,而年均增速最小的是西南对东北

的流入，仅为约 0.8%。在 2007 年区域间碳流量相对于 2002 年的增量中，贡献最大的是中部对东部沿海的流入(占 11.0%)，随后是西北对东部沿海的流入，贡献了 7.0%，贡献占比超过 5%的还有西北对中部和北部沿海对中部的流入，分别占 5.8%和 5.5%。其他各组区域间碳流增量中近半数的贡献占比小于 1%。

从在总的碳流出中的贡献来看，与 2002 年相比，2007 年贡献比例变动比较明显的是西北、东部沿海、中部和西南区域，其他区域的贡献比例只有微弱的变化。在碳流出总量中，西北区域的贡献比例 2007 年比 2002 年提高了 9.4 个百分点，而东部沿海、中部和西南区域的贡献比例 2007 年比 2002 年分别下降了 4.5 个百分点、3.5 个百分点和 2.8个百分点。从在总的碳流入中的贡献来看，与 2002 年相比，2007 年贡献比例变动最明显的分别是东部沿海和京津，分别提高了 8.7 个百分点和下降了 8.5 个百分点。

8.2.2 各区域生产端碳排放

图 8-8 显示了各区域 2007 年的生产端碳排放以及 2007 年相对于 2002 年生产端碳排放的增量。结果显示，2007 年生产端排放最大的是中部区域，占全国排放总量的 22.6%；随后依次是北部沿海区域和东部沿海区域。这 3 个区域的生产端排放量占全国排放量的55.0%。

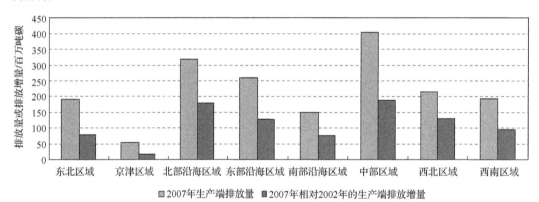

图 8-8　2007 年生产端碳排放量以及 2002～2007 年生产端碳排放增量的区域分布

图 8-8 还显示，大多数区域 2007 年的生产端排放相对于 2002 年都有了明显的增长。其中，增幅最大的两个区域为西北区域和北部沿海区域，这两个区域 2007 年的生产端排放比 2002 年分别提高了 147.7%和 129.8%；增幅最小的两个区域为京津和东北区域，这两个区域 2007 年的生产端排放比 2002 年分别提高了 43.2%和 68.4%。在 2007 年相对于2002 年的生产端排放增量中，贡献最大的两个区域依次为中部和北部沿海，分别贡献了21.3%和 20.2%。

从部门层面来看，在 2007 年全国排放总量中贡献最大的依次为中部、北部沿海、东部沿海和西北的工业，这四个部门贡献比例之和为 60.2%。除了西北的建筑业排放 2007年相对于 2002 年反而下降了 2.6%，其他各区域各部门 2007 年相对于 2002 年的碳排放都出现了增长。实际排放增长最为明显的部门依次为北部沿海的服务业、南部沿海的建筑业、西北的服务业和工业、东部沿海的建筑业，以及北部沿海的工业，年均增速都接近或超过了 20%。实际排放增长较小的部门依次为京津、东部沿海、北部沿海的农业，以及北部沿海的建筑业，年均增速均不足 3%。在 2007 年相对于 2002 年的实际碳排放增量中，贡献最大的依次是中部和北部沿海的工业，分别贡献了 19.7%和 18.5%。除了京津区域的工业，其他 7 个区域的工业排放增量的和占了全国 2007 年较 2002 年排放总增量的 87.8%。而京津区域的工业排放增量的贡献还要略小于北部沿海、西北、东部沿海和中部的服务业排放的贡献。京津的农业排放在 2007 年相对于 2002 年的增量中的贡献是最小的，仅为 0.0008%。各区域的农业和建筑业的排放增量的贡献都小于服务业和工业的贡献，其中增量占比最大的西南的农业也仅贡献了约 0.2%。

从各区域各行业的产值和单位产值碳排放 2007 年相对于 2002 年的变化来看，北部沿海的工业排放在全国实际排放增量中的突出贡献主要源于其产量的明显增长(居各区域各行业首位)，其单位产值碳排放的下降幅度是第 5 位(平均每年下降了 6.0%)；中部的工业排放在全国实际排放增量中的突出贡献主要源于其产量的明显增长(居各区域各行业的第 7 位)，以及单位产值碳排放的缓慢下降(平均每年只下降了 3.4%)；京津区域的工业产值涨幅居各区域各行业的第 3 位，但由于其单位产值碳排放的降幅是最大的(年均降速达 13.2%)，所以，其在增量中的贡献还要略小于北部沿海、西北、东部沿海和中部的服务业排放增量的贡献。东部沿海的农业产值有明显下降，但由于其单位产值碳排放有比较明显的增长，所以碳排放反而有增长。同样，南部沿海的农业产值稍微下降，而单位产值碳排放明显提高(年均增速达 14.9%)，因而碳排放明显增长。

8.2.3　各区域使用端碳排放

图 8-9 和图 8-10 分别显示了两种使用端核算原则下各区域 2007 年的排放量以及 2007 年相对于 2002 年的排放增量。

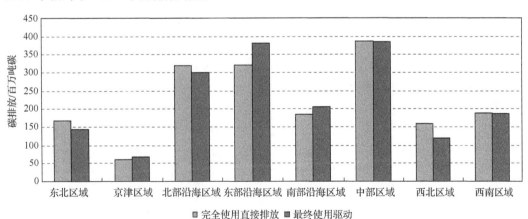

图 8-9　2007 年两种使用端原则下碳排放的区域分布

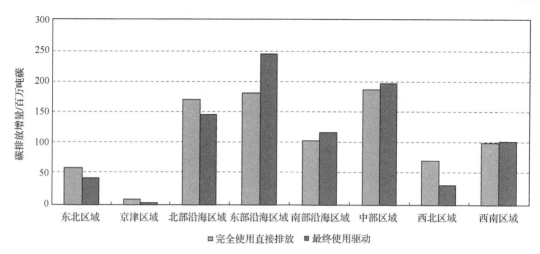

图 8-10　2002～2007 年两种使用端原则下碳排放增量的区域分布

结果显示,在两种使用端核算原则下,2007 年各区域排放的排序都一致,最大的都是中部(均占约 21.6%)、最小的都是京津(占比均小于 4%)。在最终使用驱动的核算原则下,除了中部和西南,其他区域的排放量与完全使用直接排放的核算原则下的相比都有明显不同。具体来说,与在完全使用直接排放的核算原则下的排放量相比,东北、北部沿海、西北的排放量在最终使用驱动的核算原则下要分别低 14.1%、6.1%、24.1%,而京津、东部沿海、南部沿海的排放量在最终使用驱动的核算原则下要分别高 10.8%、18.4%、10.7%。

从 2007 年相对于 2002 年的变化来看,两种使用端核算原则下,各区域 2007 的排放量相对于 2002 年都是明显增加的。此外,除了京津地区,其他各区域的增速都比较明显。与在完全使用直接排放的核算原则下的排放增量相比,在最终使用驱动的核算原则下,东北、京津、北部沿海、西北的排放增量要分别低 27.8%、69.1%、14.9%、54.6%,而东部沿海、南部沿海、中部、西南的排放增量要分别高 34.5%、12.8%、5.2%、2.0%。

从最终使用这一驱动源头来看,除了京津和南部沿海的库存,其他各区域的各最终使用项均对 2007 年的碳排放起着正向驱动作用,尤其是东部沿海的出口,中部、北部沿海、东部沿海的固定资产投资,以及南部沿海的出口,这 5 项最终使用驱动的碳排放约占 2007 年全国总排放的 37.6%。

除了京津、南部沿海、西北区域的库存,东北、京津、西北的农村居民消费和京津、西北的城镇居民消费,各区域的各种最终使用都驱动着 2007 年的排放相对于 2002 年出现增长。其中,增幅最明显的依次为西北的出口、东北的库存、南部沿海的城镇居民消费、东部沿海的库存和出口、中部的库存所驱动的排放。这几项最终使用所驱动的排放的增幅均超过 200%,其中西北区域的出口所驱动的排放增幅高达 389.3%。在增量中贡献较大的是东部沿海的出口,中部、东部沿海和北部沿海的固定资产投资,南部沿海的出口,中部的城镇居民消费。这几项最终使用驱动的排放增量在 2007 年相对于 2002 年的总排放增量中占了约 43.9%。

8.3　区域碳排放分类特征

不同区域在碳排放总量、碳排放强度、人均碳排放、单位国土面积碳排放方面均存在巨大的差异，在这种情况下，应考虑区域差异制定因地制宜的低碳发展战略。因此，为了更好地探究我国省际的区域碳排放特征，本节基于一种改进的粒子群优化-模糊均值聚类法（Particle Swarm Optimization-Fuzzy C-means, PSO-FCM）算法，采用离散型 PSO（Particle Swarm Optimization）来优化最佳类别数。选取排放强度、人均排放量、第二产业比例和人均 GDP4 个碳排放特征指标，通过 PSO-FCM 优化出我国 30 个省份碳排放特征的最佳聚类数与隶属度，提出设定各类省区减排目标的建议。

本节 PSO-FCM 聚类算法中，粒子群种群大小 $n=10$，粒子长度 $l=5$（因为共有 30 个省份，25>30）；ISODATA 收敛准则 $\varepsilon=10^{-3}$；种群迭代次数 $\text{gen}_{\max}=100$。将本书选择的区域碳排放特征数据（排放强度、人均排放量、第二产业比例和人均 GDP）归一化后，在进化约 80 代时收敛，找到最优类 $c=4$，即 2003～2014 年碳排放特征聚为 4 类，其最优适应度值为 3.6823。

算法获得的最优聚类隶属度如表 8-3 所示，根据隶属度最大原则，其聚类结果如表 8-4 第二列所示。

表 8-3　各省份能源 CO_2 排放特征聚类隶属度值

地区	第一类	第二类	第三类	第四类	地区	第一类	第二类	第三类	第四类
北京	**0.9604**	0.0222	0.0105	0.0069	河南	0.0021	0.1088	**0.8763**	0.0129
天津	**0.4982**	0.3620	0.0418	0.0980	湖北	0.0001	0.0065	**0.9929**	0.0004
河北	0.0018	0.0213	0.0217	**0.9553**	湖南	0.0009	0.0157	**0.9818**	0.0016
山西	0.0010	0.0074	0.0074	**0.9842**	广东	0.0036	**0.9540**	0.0402	0.0022
内蒙古	0.0249	0.0447	0.0188	**0.9116**	广西	0.0009	0.0130	0.9844	0.0017
辽宁	0.0207	0.3529	0.0613	**0.5651**	海南	0.1254	0.2095	**0.5977**	0.0674
吉林	0.0050	0.3953	**0.5505**	0.0492	重庆	0.0009	0.0693	**0.9267**	0.0031
黑龙江	0.0009	0.0482	**0.9450**	0.0059	四川	0.0005	0.0108	**0.9877**	0.0011
上海	**0.9834**	0.0116	0.0021	0.0029	贵州	0.0239	0.1011	**0.6935**	0.1815
江苏	0.0010	**0.9960**	0.0022	0.0008	云南	0.0006	0.0073	**0.9901**	0.0020
浙江	0.0006	**0.9976**	0.0014	0.0004	陕西	0.0009	0.0655	**0.9305**	0.0031
安徽	0.0000	0.0004	**0.9995**	0.0001	甘肃	0.0020	0.0264	**0.9507**	0.0208
福建	0.0020	**0.9220**	0.0738	0.0022	青海	0.0030	0.1187	**0.8352**	0.0431
江西	0.0007	0.0216	**0.9757**	0.0020	宁夏	0.0128	0.0238	0.0238	**0.9397**
山东	0.0053	**0.9067**	0.0476	0.0404	新疆	0.0057	0.0487	0.0837	**0.8619**

注：不含西藏和港澳台；黑体代表隶属度最大的值。

每类的特征如下。

（1）第一类为北京、天津、上海三个直辖市。这一类碳排放特征可概括为"人均 GDP

最高，排放强度最低"。

(2)第二类为江苏、浙江、福建、山东、广东等五省，其特征为"排放强度较低，人均GDP较高"。

(3)第三类为吉林、黑龙江、安徽、江西、河南、湖北、湖南、广西、海南、重庆、四川、贵州、云南、陕西、甘肃和青海，其特征为"人均GDP较低，人均排放较低"。

(4)第四类为河北、山西、内蒙古、辽宁、宁夏和新疆，其特征为"排放强度与人均排放双高"。

表 8-4　PSO-FCM 聚类结果

类别	PSO-FCM 聚类结果
第一类	北京、天津、上海
第二类	江苏、浙江、福建、山东、广东
第三类	吉林、黑龙江、安徽、江西、河南、湖北、湖南、广西、海南、重庆、四川、贵州、云南、陕西、甘肃、青海
第四类	河北、山西、内蒙古、辽宁、宁夏、新疆

注：类别数 PSO-FCM 由算法全局优化得到。

8.3.1　"人均 GDP 最高，排放强度最低"类

第一类为北京、天津、上海三个直辖市，这一类碳排放特征可概括为"人均 GDP 最高，排放强度最低"。这三市 2003～2014 年的年均人均 GDP 较高(大于 6.3 万元)，是全国平均水平(2.9 万元)的 2.2 倍，但年均二氧化碳排放强度却较低(小于 1.7 吨/万元)，不足全国平均水平(2.0 吨/万元)的 85%，如图 8-11 所示。

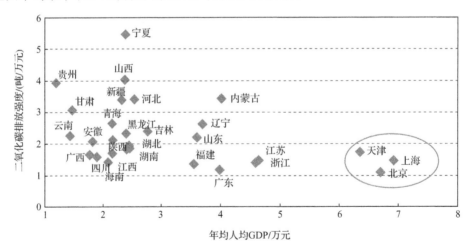

图 8-11　第一类各省份 2003～2014 年年均二氧化碳排放强度与人均 GDP 的关系图

其主要原因如下。

(1)这三个直辖市处于东部和北部沿海，经济较发达，2003～2014 年，北京、天津

和上海三市的 GDP 占全国 GDP 总量的 3.30%、2.04% 和 4.04%，但人口却只占全国总人口的 1.37%、0.93 和 1.63%，导致这三个直辖市成为人均 GDP 最高的地方(这三个直辖市存在大量的外来流动人口，而本书采用的人口数据是户籍人口，如果考虑流动人口的存在，其人均 CO_2 排放量会有所下降)。

(2)作为中国长三角龙头的上海近年来经济结构开始转型，并逐步发展成为全国性的海外贸易枢纽、金融枢纽和研发中心，CO_2 排放量大的第二产业比例呈下降趋势，由 2000 年的 43% 下降到 2014 年的 38%。作为北方经济中心的天津，近 10 年来，其 GDP 增长迅速，但第二产业比例基本维持在 50%。同样处于北部的北京，近年来，随着调整经济结构和加大环境治理力度，高能耗和高污染产业不断被转移外省。同时，由于化石能资源缺乏，北京、天津和上海三市消费大量的电力基本上靠其他省份外调，2003~2013 年，北京、天津和上海三市电力消费外调比例年均高达 65%、16% 和 28%，2013 年是 64%、21% 和 41%，如图 8-12 所示。鉴于我国目前电力以火力为主，北京、天津和上海三市转移了相当大部分的 CO_2 排放，使得排放强度低于全国平均水平。

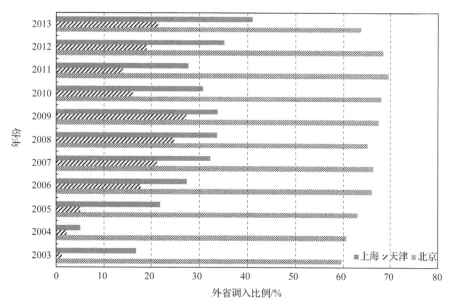

图 8-12 第一类地区 2003~2013 年电力消费外省调入占消费总量的比例

8.3.2 "排放强度较低，人均 GDP 较高"类

第二类为江苏、浙江、福建、山东、广东等五省，其特征为"排放强度较低，人均 GDP 较高"，如图 8-13 所示。这些省份的碳排放强度低于全国水平，人均 GDP 高于全国水平，且相对低于北京、上海、天津等第一类地区。其中，虽然山东省的碳排放强度略高于全国水平，但其属于第二类的归属度为 0.91，因此，本节将山东省归属于第二类地区。

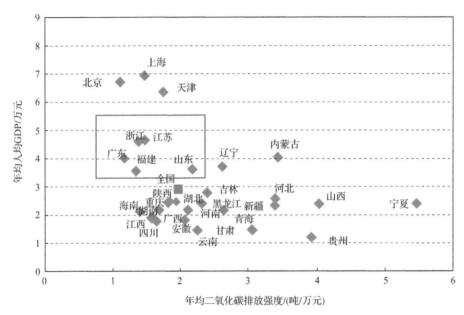

图 8-13　第二类各省份 2003~2014 年年均二氧化碳排放强度与人均 GDP 的关系图

主要原因可归纳如下。

(1)根据 Kaya 恒等式，能源使用的 CO_2 排放量取决于人口、经济发展规模、能源强度、能源结构 4 个因素。其中人口与经济发展规模是 CO_2 排放量增加的主要原因。这 5 个省份出现这一特征的主要原因是经济规模大且人口规模也比较大，导致了总量高而人均却不高。

(2)分析属于第二类的 5 个省份，2003~2014 年其平均经济总量大多位于 30 个省份中前 4 名的省份，其经济总量占全国的 39%，如图 8-14 所示。随着经济总量的扩张，这些省份的能源消耗和 CO_2 排放量也呈现加速上涨的趋势，意味着其经济发展以过度消耗能源为代价。

(3)第二类地区也是人口大省，2003~2014 年，5 个省份人口总数占全国总人口的 28%，其中，2014 年，山东、广东和江苏人口数位列前五位，分别为 10644 万人、9733 万人和 7960 万人，而浙江、福建两省的人口也占到全国的 4% 和 3%，如图 8-15 所示。经济规模与人口的双高导致排放强度较低，且人均 GDP 较高成为这一类地区的主要特征。

8.3.3 "人均 GDP 较低，人均排放较低"类

这一类为吉林、黑龙江、安徽、江西、河南、湖北、湖南、广西、海南、重庆、四川、贵州、云南、陕西、甘肃和青海等 16 个省份，这一类碳排放特征可概括为"人均 GDP 较低，人均排放较低"，如图 8-16 所示。各省份的年均人均碳排放在全国水平(5.5 吨)以下，年均人均 GDP 也在全国平均水平(2.9 万元)以下。其中，虽然吉林的人均碳排放高于全国水平，但由于其人均 GDP 低于全国水平，且其属于第三类的隶属度为 0.55，高于其他类别。因此，本书将吉林也归属于第三类。

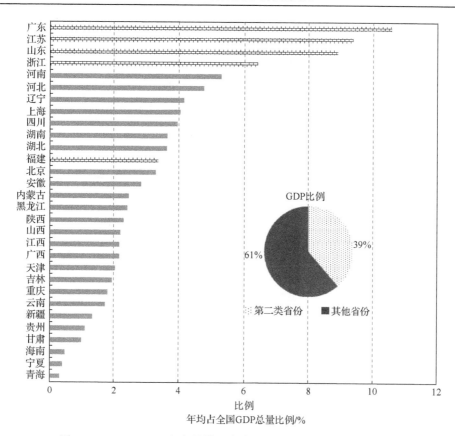

图 8-14　2003～2014 年年均第二类省份 GDP 总量排名及所占比例

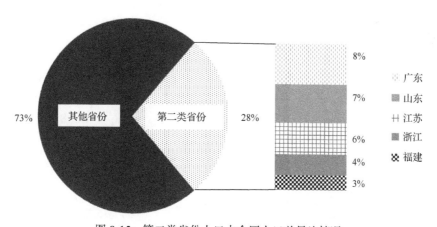

图 8-15　第二类省份人口占全国人口总量比情况

主要原因可归纳如下。

（1）属于第三类的 16 个省份，2003～2014 年其年均经济总量占全国 GDP 总量的 37%，且大多数省份 GDP 总量是处于 30 个省份中的末尾省份，如图 8-14 所示。这些省份的经济规模较低，导致其在能源消耗方面较少，因而碳排放总量较低，2003～2014 年第三类地区大多数省份 CO_2 排放占全国排放总量的比例低于 4%。

（2）第三类省份中贵州和甘肃两省地处西南与西北地区，近年来，随着"西部大开发"战略的实施，经济增长迅速，2003～2014 年 GDP 年均增长率较高，分别达到 12.2%和11.2%。但由于其经济基数较小，经济规模仍低于其他多数省份。因此，贵州和甘肃两省的碳排放并不高。

（3）第三类省份的人口总数也较低，2003～2014 年第三类地区大多数省份人口总数占全国总人口的比例低于 4%。值得一提的是，部分省份的经济规模与人口的双高也导致部分省份的人均 GDP 和人均碳排放远低于全国水平，如四川、湖南、河南和安徽。

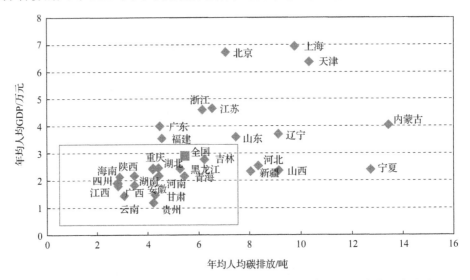

图 8-16　第三类各省份 2003～2014 年年均人均 GDP 与人均碳排放的关系图

8.3.4 "排放强度与人均排放双高"类

这一类包括河北、山西、内蒙古、辽宁、宁夏和新疆 6 个省份。分析数据可发现，这 6 个省份的排放强度远高于其他省份，以 2014 年为例，这 6 个省份的排放强度分别是2.6 吨/万元、3.0 吨/万元、2.7 吨/万元、2.2 吨/万元、4.5 吨/万元和 3.8 吨/万元，接近全国平均水平（1.4 吨/万元）的 1.86 倍；同时人均 CO_2 排放量也非常高（2014 年大于9.98 吨），是全国平均水平（2014 年为 6.75 吨）的 1.48 倍，如图 8-17 所示。

出现这种排放特征的原因主要为以下 3 个方面。

（1）资源禀赋的影响。我国煤炭资源富集省份主要分布在山西、内蒙古、新疆等省份，2014 年占全国煤炭消费的 33.96%，这些省份的 CO_2 排放强度也明显居于高位。因此，导致人均排放和碳排放强度双高的特点。

（2）产业结构的影响。第四类的省份是中国主要的能源生产加工转换区，以煤炭为主的资源型和能源密集型产业比例大、耗能装备技术水平较低，能源行业的密集型发展造成了这 6 个省份 CO_2 排放强度高。2003～2014 年，河北、山西、内蒙古、辽宁、宁夏和新疆 6 个省份第二产业的比例年均分别为 51.97%、56.31%、50.76%、51.02%、47.55%和 46.60%，高于全国平均水平 46.2%。其中山西为全国各省份中第二产业所占比例最大的省份。

（3）国家能源战略布局的影响。2011 年全国性国土空间开发规划《全国主体功能区规划》明确，将重点建设山西、鄂尔多斯盆地、内蒙古东部地区、西南地区和新疆 5 大国家综合能源基地。山西、内蒙古、宁夏 3 个省份全部纳入山西、鄂尔多斯盆地、内蒙古东 3 个国家综合能源基地，且这 3 个基地以煤炭开采加工和火力发电建设为主，但这些省份煤电以外送为主，如图 8-18 所示。

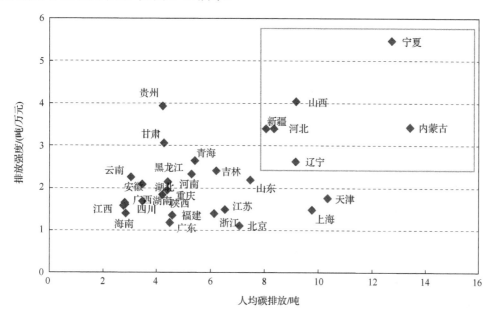

图 8-17　第四类各省份 2003～2014 年年均二氧化碳排放强度与人均碳排放的关系图

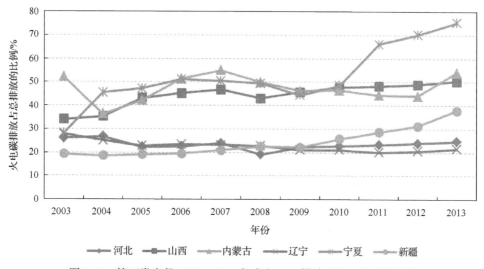

图 8-18　第四类省份 2003～2013 年火电 CO_2 排放总量占总量的比例

8.4　区域低碳发展建议

基于上述研究，对我国不同区域的低碳发展提出如下建议。

(1)针对"人均 GDP 最高，排放强度最低"的北京、天津、上海建议在率先实现二氧化碳排放达峰的基础上，实现二氧化碳排放总量的下降，分阶段采取源头治理、过程控制、末端减排的一体化政策，开展碳排放交易。在条件成熟的地区，开展零碳社区、零碳工业园等试点。

(2)针对"排放强度较低，人均 GDP 较高"的江苏、浙江、福建、山东、广东、建议实行碳排放总量控制，制定二氧化碳排放等量置换政策，严格控制二氧化碳排放总量，率先实现二氧化碳排放峰值。

(3)针对"人均 GDP 较低，人均排放较低"的吉林、黑龙江、安徽、江西、河南、湖北、湖南、广西、海南、重庆、四川、贵州、云南、陕西、甘肃和青海，鉴于其经济仍要进一步发展，建议继续实行碳排放强度目标，促进产业升级，抑制高能耗高排放行业的过快增长，较快淘汰落后的工业产能，提高第三产业在经济中的比例。

(4)针对二氧化碳排放特点为"排放强度与人均排放双高"的河北、山西、内蒙古、辽宁、宁夏和新疆，实行碳排放增量控制制度，允许碳排放总量有所增长。辅以征收碳税，一方面可以促使企业进一步节约能源，提升能源利用效率，降低碳排放；另一方面通过税收得到财政收入可以作为节能技术的研发投入，实现良性循环。

第9章 国际贸易中的碳排放

随着全球经济一体化与贸易自由化的发展，国际贸易不仅影响全球温室气体排放与环境污染问题，还对温室气体和污染的转移与变化产生深刻影响，由此引发了碳排放责任划定问题。因此，采用"基于生产者负责"还是"基于消费者负责"的碳排放核算原则成为国际社会分配各经济体减排责任的热点问题。改革开放以来，我国在国际贸易中扮演重要角色，随之也带来相关的隐含碳流动、排放代价等问题，揭示国际贸易中的碳排放将有助于推动全球贸易低碳化。

9.1 国际贸易中的隐含碳流

目前国际社会关于减少二氧化碳排放的承担方案主要基于两大原则，一是生产者负责原则，二是消费者负责原则。生产者负责原则是指生产者对其境内生产能源、产品和服务所产生的碳排放有全部责任(Munksgaard and Pedersen，2001)。这种原则忽略了生产国并没有消费本国产品这一事实，并会引起消费国向生产国的"碳泄漏"问题，所以此原则的真实性逐渐被学者质疑。消费者负责原则是指消费者对其所消费的包括能源在内的所有产品与服务生产、运输等过程产生的碳排放负责(Munksgaard and Pedersen，2001)。这一原则可以减少"碳泄漏"问题并利于环境友好型技术的扩散(闫云凤，2011)。

"隐含碳"与消费者负责原则关系密切。采用"基于消费者负责"的碳排放核算原则的前提是研究贸易中的隐含碳。根据《联合国气候变化框架公约》的解释，"商品由原料的取得、制造加工、运输，到成为消费者手中所购买的产品，这段过程所排放的二氧化碳定义为隐含碳"(沈源和毛传新，2011)。

隐含碳核算研究的宏观意义有四点。第一，通过测算隐含碳能够较为公平地界定生产者与消费者的减排责任，由于"隐含碳"的概念与"消费者负责"原则息息相关，所以测算隐含碳将更新国际贸易中国家的碳排放清单，对处于世界工厂状态的发展中国家而言，意义尤为重大。换言之，隐含碳的测算将有助于国际社会重新审视发达国家与发展中国家关于减排责任的分配。第二，通过贸易中隐含碳测算，将重新定位国家的角色(是隐含碳进口国还是隐含碳出口国)。有些国家将从隐含碳出口国变为隐含碳进口国，如英国(Giljum et al.，2008)，这可能会促使这些国家积极参与国际碳减排协议的会议，从而推动国际碳减排运动的发展。第三，测算贸易的隐含碳可以评估国家的可持续发展，从而为一国的经济与环境发展起到支撑决策的作用。目前，欧洲地区已经启动可持续方面的评估，如欧盟的可持续发展战略和欧盟可持续消费与生产的行动计划。第四，隐含碳研究还有助于认识贸易对自然资源独立以及自然资源供应链安全的影响。

隐含碳研究的微观意义有三点。第一，表现在"强碳泄漏"和"弱碳泄漏"的区分上。"强碳泄漏"是强调由于与气候政策直接相关的生产者地理位置的转变，而带来的

"碳泄漏"问题。相对而言，"弱碳泄漏"的应用范围更广，扩展至所有可能的贸易隐含碳，既可以是由政策引起贸易隐含碳的变化，也可以是由其他潜在经济因素(如国际劳动价格、工业化程度以及技术水平的不同)所引起贸易隐含碳的变化。此外，Peters 和Hertwich(2008)指出"弱碳泄漏"更适合研究气候变化和贸易之间的关系。第二，用于规范跨界隐含碳的政策评估。通过跨界隐含碳的研究来调整碳关税并进行碳定价。第三，基于行业角度来审视碳转移。Weber 和 Matthews(2008)认为中国以低效高煤耗为特征的电力生产是世界隐含碳的主要来源，并且与技术转移相关的气候政策将强于其他。最后，目前还有部分研究集中在居民的碳足迹等。

本节将研究 1995～2009 年 41 个主要经济体[①](包括 40 个经济体及其他国家和地区)和 35 个部门的贸易隐含碳时空分布特征。9.1～9.3 节所用主要数据来自世界投入产出数据库 WIOD(WIOD，2012；Dietzenbacher et al.，2013)，用于核算贸易隐含碳和进行计量分析。世界投入产出是一个 41 经济体×35 部门的跨国家或地区的投入产出表。

在 WIOD 数据库中，具体使用的数据如下。

(1)世界投入产出表：获得 41 个经济体×35 个部门的经济产出价值，并计算 41 个经济体×35 个部门的直接消耗系数、碳排放系数、贸易隐含碳强度、单位贸易额隐含碳。

(2)环境账户：获得全球 41 个经济体×35 个部门的碳排放量，并计算 41 个经济体×35 个部门的碳排放系数、贸易碳排放强度。

(3)时间跨度：本节数据的时间跨度选为 1995～2009 年，主要是由于 WIOD 的环境账户与国家或地区经济账户的时间跨度为 1995～2009 年。

9.1.1　中国大陆出口贸易中碳密集型产品比例偏高，进出口贸易格局及结构难以调整

通过建立基于 WIOD 的 MRIO 模型，计算 41 个经济体 35 个部门的贸易出口隐含碳、贸易进口隐含碳和贸易净隐含碳。如图 9-1 所示，全球贸易隐含碳总量稳中有升，并促进贸易隐含碳的隐性转移。全球贸易隐含碳从 1995 年的 404.2 亿吨 CO_2 持续缓慢增长到 2008 年的 724 亿吨 CO_2。受全球金融危机的影响，2009 年贸易隐含碳有所下降。此外，贸易隐含碳占全球碳排放的比例维持在 25%左右，说明贸易隐含碳总量的变化趋势大致与全球碳排放总量的变化趋势保持一致。

依照 WIOD 的关于贸易区域的分类，将其中 40 个经济体分为欧盟、其他欧洲地区、北美自由贸易区、东亚地区和 BRIIAT(即巴西、俄罗斯、印度、印度尼西亚、澳大利亚和土耳其)。随着国际贸易规模不断增大，这些地区贸易净隐含碳量(即出口隐含碳量减去进口隐含碳量)的差异也逐渐增大。欧盟地区、其他欧洲地区和北美自由贸易区都是贸易隐含碳的净进口地区，东亚地区和 BRIIAT 则是贸易隐含碳的净出口地区。国际分工格局还造成东亚地区承接了越来越多的转移排放。具体而言，东亚地区的贸易净隐含碳从 1995 年的 24 亿吨 CO_2 上升至 2009 年的 106 亿吨 CO_2，而 BRIIAT 的贸易净隐含碳1995 年的 45 亿吨 CO_2 下降到 2009 年的 38 亿吨 CO_2(图 9-2)。尽管东亚地区和 BRIIAT

---

①根据中国政府和国际组织（如联合国和世界贸易组织等）的经济统计惯例，台湾（中国省份）需要单列出来，本章的中国的数据不包括中国台湾省的数据。

都是贸易隐含碳净出口的地区，但是东亚地区成为 5 个贸易区域中唯一一个承担贸易净隐含碳正增长的区域，这很大程度上是因为中国出口大量高碳产品所引起的贸易隐含碳出口量持续增加。

从分行业来看，全球出口隐含碳主要集中在能源密集型行业，经济发展较好和较快的经济体会更为深刻地影响这些行业出口隐含碳总量。2009 年出口隐含碳排名前五的部门是电气、燃气和水供应（E），基本矿石和金属制品制造（27t28），化工和化工产品（24），采矿业（C）和炼焦、石油加工和核燃料加工业（23）（图 9-3）。其中，中国在这些行业出口隐含碳总量中所占比例最高，达 20%，明显高于排在第二位的俄罗斯（占 10%），尤其是

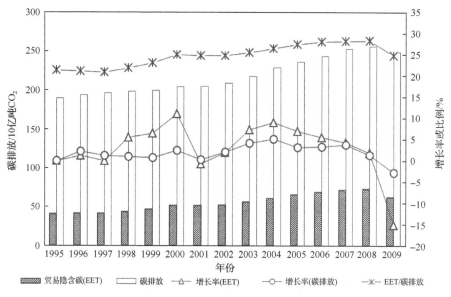

图 9-1　1995～2009 年贸易隐含碳与全球碳排放

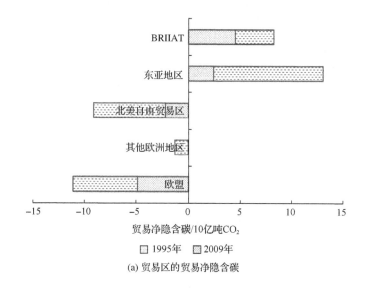

（a）贸易区的贸易净隐含碳

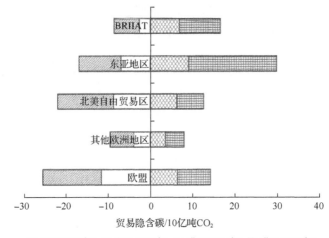

(b) 贸易区的贸易隐含碳

图 9-2　全球 5 个贸易区 1995 年和 2009 年的贸易隐含碳情况

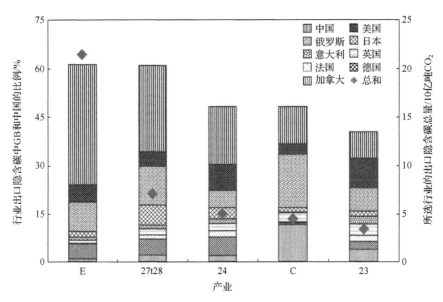

图 9-3　在全球行业出口隐含碳中 G8 和中国所占比例

在 E 和 27t28 中，中国所占比例明显高于 G8 集团国家，反映出中国碳密集型的产品出口结构。据估计，2008 年中国钢材出口量 5923 万吨，其隐含的二氧化碳排放量约 8000 万吨。

　　此外，就贸易区中的行业出口隐含碳而言，无论区域的发展程度如何，出口隐含碳主要集中在能源类行业（如 E、27t28、C、23、24、26）和交通类行业（如 60、61），且 E（电力、燃气和水供应）行业的出口隐含碳都明显高于其他行业，东亚地区这种特征更加明显。就发展趋势而言，如表 9-1 所示，欧盟地区、其他欧洲地区、北美自由贸易区的行业出口隐含碳增幅较小并且部分行业出现下降趋势，而东亚地区和 BRIIAT 的行业出口隐含碳不但高于其他贸易区并且持续增长,其中,东亚地区的行业出口隐含碳在 2009 年已经增长到 95 亿吨 CO_2,明显高于其他贸易区。这说明,东亚地区的出口贸易结构整体上以碳密集型的产品为主。中国便是东亚地区的代表性国家,虽然十几年来中国的出口结构有明显变化,但仍然处于国际产业链低端,初级产品、能源密集型产品、材料工业品出口比例仍然较高,加工链条短、产品附加值低。2015 年我国出口总额 22766 亿美元,其中,加工贸易占 35.04%。由于我国人口众多、就业压力大,在短期内难以根本改变"世界加工工厂"的地位。

表 9-1　1995 年和 2009 年出口隐含碳总量排名前五的行业(单位:10 亿吨 CO_2)

	项目	1995 年	2009 年		项目	1995 年	2009 年
欧盟	E 电力、燃气和水供应	1.4	2.0	其他欧洲地区	E 电力、燃气和水供应	1.1	1.1
	27t28 基本矿石和金属制品制造	1.1	0.9		27t28 基本矿石和金属制品制造	0.6	0.4
	24 化工和化工产品	0.8	0.8		24 化工和化工产品	0.3	0.3
	26 其他非金属矿石制品制造	0.6	0.6		61 水上交通	0.3	0.6
	23 炼焦、石油加工和核燃料加工业	0.4	0.6		26 其他非金属矿石制品制造	0.2	0.2
北美自由贸易区	E 电力、燃气和水供应	1.4	1.5	东亚地区	E 电力、燃气和水供应	2.7	9.5
	27t28 基本矿石和金属制品制造	0.7	0.5		27t28 基本矿石和金属制品制造	1.5	2.9
	C 采矿业	0.6	0.8		24 化工和化工产品	0.9	1.3
	24 化工和化工产品	0.5	0.5		26 其他非金属矿石制品制造	0.7	1.2
	23 炼焦、石油加工和核燃料加工业	0.4	0.5		61 水上交通	0.7	1.6
BRIIAT	E 电力、燃气和水供应	2.8	3.6				
	27t28 基本矿石和金属制品制造	1.2	1.6				
	C 采矿业	0.9	1.6				
	60 陆上交通	0.5	0.7				
	26 其他非金属矿石制品制造	0.3	0.4				

9.1.2　出口隐含碳以地理位置为导向,进口隐含碳则主要来源于中国与俄罗斯

依照贸易净隐含碳对 40 个经济体排名,发现在 1995~2009 年东亚地区和 BRIIAT 地区的经济体贸易净隐含碳排在前五,而北美自由贸易区和欧盟地区的经济体贸易净隐含碳排在后五。此外,排名中也有部分例外,例如,加拿大和波兰曾几度是贸易净隐含碳排名前五的国家,而日本则是贸易净隐含碳排名后五的国家。

经过 15 年的贸易发展,这些经济体已经形成了固定的贸易隐含碳流入流出模式(表 9-2 和表 9-3)。一方面,贸易出口隐含碳以流入邻近区域为主。具体而言,中国内地的贸易出口隐含碳更多地流入了东亚和美国,中国台湾地区的贸易隐含碳主要流入了东亚地区、英国、德国和美国,加拿大的贸易隐含碳主要流入了美国,波兰主要流入了欧洲。另一方面,中国和俄罗斯已经成为这些经济体贸易进口隐含碳的主要来源国,也从一定

程度上反映了这些地区的贸易隐含碳被"生产者负责"的碳核算原则扭曲。此外，这些国家的贸易进口隐含碳也同样具有来源于相邻地区的特点。具体说来，美国贸易进口隐含碳主要来源于中国和加拿大；日本来源于它的相邻地区、美国和印度；德国来源于它的相邻地区、中国、俄罗斯和美国；法国来源于它的相邻地区、中国、俄罗斯和美国；英国来源于它的相邻地区、中国、俄罗斯和美国。

中国贸易出口隐含碳集中的部门基本上与美国进口隐含碳集中的部门一致(图9-4)。其中，中国的能源类行业(E，27t28，26和24)产生最大量的贸易出口隐含碳，能源类行业(E和27t28)和交通类行业(61和62)是15年来贸易出口隐含碳增长最快的部门。美国的能源类行业(E，27t28，C，24，26和23)产生最大量的贸易进口隐含碳，而能源类行业(E和C)这些部门是15年来贸易进口隐含碳增长最快的部门。这表明，中国外贸增长方式的一个重要特点就是碳密集型产品比例较大。如表9-4所示，2002年以来，我国高碳排放产品出口量持续大幅增长(除2008年和2009年金融危机影响外)，2000～2014年，水泥、平板玻璃、钢材和铜材出口分别年均增长8.66%、14.62%、31.19%和13.39%。

表9-2　出口隐含碳的流出比例　　　　　　　　　　(单位：%)

流出		流入								
		东亚地区			欧盟			北美	BRIIAT	其他欧洲地区
		日本	韩国	中国	德国	意大利	法国	美国	俄罗斯	英国
中国大陆	1995年	17	3		7			27		4
	2009年	9	3		6			24		3
印度	1995年	14			9	4		21		6
	2009年	3			5	2		21		5
韩国	1995年	21		8	4			20		2
	2009年	7		19	4			13		2
俄罗斯	1995年	6			18	8	7	8		
	2009年	4			7	7	5	9		
中国台湾地区	1995年	21		9	4			27		3
	2009年	15		19	5			16		2
印度尼西亚	1995年	32	5	4	4			16		
	2009年	13	4	10	4			13		
加拿大	1995年	10		2	4			54		3
	2009年	3		6	4			53		4
波兰	1995年				31	5	5	6	6	
	2009年				18	6	6	4	5	

表 9-3　进口隐含碳的流入比例　　　　　　　　　　（单位：%）

流入		流出												
		东亚地区				欧盟			北美			BRIIAT	其他欧洲地区	
		中国大陆	日本	韩国	中国台湾地区	荷兰	德国	法国	美国	加拿大	墨西哥	俄罗斯	波兰	英国
美国	1995 年	22	4							12	5	5		
	2009 年	33	3							8	4	4		
德国	1995 年					4			6	10		20	7	
	2009 年					4			5	22		9	4	
法国	1995 年	8					8		8			16		6
	2009 年	18					7		6			10		3
英国	1995 年	13				4	7		11			6		
	2009 年	20				4	6		8			6		
日本	1995 年	25		5	4				13			6		
	2009 年	35		4	7				7			5		
意大利	1995 年	8					7	5	6			21		
	2009 年	15					7	3	4			16		

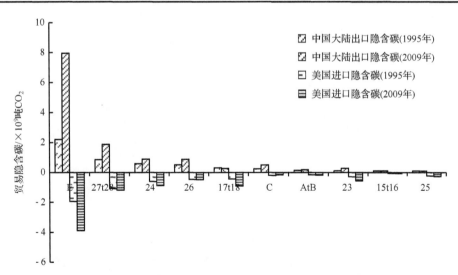

图 9-4　1995 年和 2009 年中国大陆产业出口隐含碳和美国产业进口隐含碳

E 表示电力、燃气和水供应，27t28 代表基本矿石和金属制品制造，24 代表化工和化工产品，26 代表其他非金属矿石制品制造，17t18 代表纺织业和纺织品，C 代表采矿业，AtB 代表农、牧、林、渔业，23 代表炼焦、石油加工和核燃料加工业，15t16 代表食物、饮料和烟草，25 代表橡胶和塑料制造业

表 9-4 我国主要碳密集型产品出口量

年份	纸和纸板/万吨	水泥/万吨	平板玻璃/万平方米	钢材/万吨	铜材/万吨
2000	65	606	5593	621	144484
2001	68	621	6133	474	123772
2002	74	518	11336	550	171575
2003	114	537	12420	699	232879
2004	101	709	14459	1424	389924
2005	167	2216	19900	2052	463569
2006	305	3613	26433	4301	559122
2007	422	3301	30917	6265	499678
2008	361	2604	27762	5923	517522
2009	362	1561	16643	2460	455136
2010	380	1616	17398	4256	508580
2011	450	1061	18726	4888	500347
2012	471	1200	17632	5573	492980
2013	565	1454	19506	6233	488978
2014	630	1391	21896	9378	507858
年均增长	25.5%	8.66%	14.62%	31.19%	13.39%

数据来源：海关总署(2016)。

为进一步了解主要经济体多边贸易的隐含碳流向,根据 2009 年贸易隐含碳转移矩阵绘制了世界主要经济体间的 CO_2 排放流图(图 9-5)[①]。

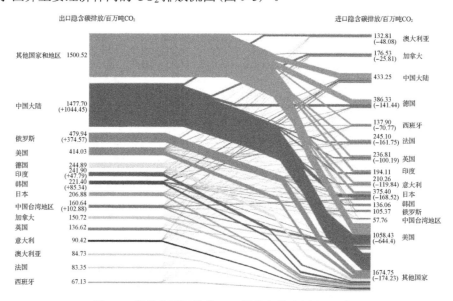

图 9-5 世界主要经济体 CO_2 排放贸易流图(2009 年)

这里"其他国家和地区"指除选取的 14 个主要经济体之外的世界其他所有国家和地区,用双引号特指,而"其他经济体"则指 14 个经济体中的经济体

①为便于比较,在 40 个经济体中选取 14 个主要经济体进行重点分析。

图 9-5 左侧由上到下显示了主要经济体出口隐含碳排放按从高到低依次排序。

(1) "其他国家和地区" 15.01 亿吨出口隐含碳排放中，流入美国的数量最多，达 24.81%；其次是中国大陆、德国，均占总出口量的 10% 以上，分别为 12.45% 和 11.41%；然后，从高到低依次是日本、印度、法国、英国，占比在 5% 以上，分别为 8.47%、6.95%、6.58% 和 6.38%；其他经济体占比较小。

(2) 中国大陆 14.78 亿吨的出口隐含碳排放中，流入 "其他国家和地区" 的占比最多，为 35.49%，其次是美国，达 23.82%，这两个地区远高于其他经济体；其次，流入日本、德国的碳排放也超过中国出口隐含碳排放总量的 5%，分别为 8.82% 和 5.66%；其他经济体则相对较少。因此，中国出口隐含碳排放具有集中化的流动特征，超过 1/5 是为了满足美国的最终需求，超过 1/3 是为了满足美、德、日的最终需求总和。

(3) 俄罗斯的出口隐含碳排放中，将近一半 (48.36%) 流入 "其他国家和地区"，9.01% 流入美国，8.3% 流入中国，7.12% 流入德国，5.05% 流入法国，其他均在 5% 以下。

(4) 美国出口隐含碳排放中，有将近一半 (48.57%) 流入 "其他国家和地区"；其次，12.53% 流入加拿大；8.30% 流入中国大陆，与中国大陆流入美国的情况一同反映了中美两国之间密切的贸易关系；6.08% 流入日本，流入其他经济体的较少。

(5) 德国的出口隐含碳排放除了一半以上流入 "其他国家和地区"，9.17% 流入美国，5.68% 流入中国大陆。

(6) 印度的出口隐含碳排放有 40.7% "流入其他国家"，21.30% 流入美国，亦反映出流入集中化特征；此外，6.78% 流入中国大陆和 5.45% 流入德国。

(7) 韩国的出口隐含碳排放则有 44.68% 流入 "其他国家和地区"，其次 18.55% 流入中国大陆，12.69% 流入美国，中美两国消耗了韩国 CO_2 出口中近 1/3 的比例，还有 6% 流入日本，其他都在 5% 以下。

(8) 与韩国类似，日本的出口隐含碳排放除了 47.47% 流入 "其他国家和地区"，15.6% 流入中国大陆、13.98% 流入美国，中美消耗了日本 CO_2 出口的近 30%。

(9) 中国台湾地区的出口隐含碳排放除了 31.28% 流入 "其他国家和地区"，其他主要流入中国大陆、美国和日本，分别占总出口量的 19.09%、16.48% 和 15.20%。

(10) 加拿大的出口隐含碳排放最具特点，仅 22.08% 流入 "其他国家和地区"，超过一半 (52.92%) 流入了美国，5.65% 流入中国大陆。

(11) 英国的出口隐含碳排放除近一半流入 "其他国家和地区"，14.53% 流入美国、8.11% 流入德国、5.85% 流入法国。

(12) 意大利除了近一半流入 "其他国家和地区"，流入德国、法国、美国的 CO_2 排放相当，分别为 9.41%、9.20% 和 9.20%，还有 5.44% 流入西班牙，其他经济体都是 5% 以下。

(13) 澳大利亚的出口隐含碳排放中，有 32.3% 流入 "其他国家和地区"，18.74% 和 12.42% 分别流入中国大陆和美国；与韩国、日本类似，近 1/3 的 CO_2 出口是由于中美最终消费引起的。

(14) 法国的出口隐含碳排放中，除了 45.99% 流入 "其他国家和地区"，流入美国、德国的数量相当，分别为 10.82% 和 9.85%，流入英国、意大利、西班牙的分别为 7.34%、6.45% 和 5.67%。

(15)西班牙除了近一半(48.24%)流入"其他国家和地区",流入法国的也较多,占12.44%;此外,流入德国、美国、英国和意大利的流量相当,占比在6.16%~8.76%。

9.2　中国与欧、美、日的贸易隐含碳流

9.2.1　中国对欧元区的隐含碳排放总量大,主要集中在德、法、意

中欧出口隐含碳总量呈现先平稳再上升后下降的趋势。具体看来,1995~2001年中国对欧元区的出口隐含碳一直保持在1亿吨左右,从2001年往后,中国对欧元区的出口隐含碳急剧上升,在2007年达到3亿吨。之后2008年保持稳定,而到2009年有较为明显的下降趋势[图9-6(a)]。

在欧元区成员中,中德、中法和中意的出口隐含碳排在前三。具体看来,中德的隐含碳从1995年的近0.40亿吨增长到2009年的0.84亿吨;中法隐含碳从1995年的不到0.2亿吨上升至2009年的0.44亿吨,中意隐含碳从1995年的不到0.15亿吨上升到2009年的近0.30亿吨[图9-6(b)]。

从行业来看,较1995年中国出口到欧元区的行业隐含碳而言,2009年中国出口到欧元区的行业隐含碳基本呈现增长态势,如图9-6(c)所示。

2009年行业集中在能源类领域的趋势不变,并且增加了在交通类领域的集中程度,如表9-5所示。具体看来,1995年中国出口到欧元区的隐含碳(前10位)的行业是E,27t28,24,26,17t18,C,O,AtB,25,23。2009年中国出口到欧元区的隐含碳(前10位)行业是E,27t28,24,26,C,61,17t18,62,23,60。

表 9-5　中国对欧元区的行业出口隐含碳(前10位)

1995年出口隐含碳/百万吨 CO_2		2009年出口隐含碳/百万吨 CO_2	
产业	数值	产业	数值
E 电力、燃气和水供应	42.2	E 电力、燃气和水供应	133.6
27t28 基本矿石和金属制品制造	14.8	27t28 基本矿石和金属制品制造	29.9
24 化工和化工产品	10.2	24 化工和化工产品	14.8
26 其他非金属矿石制品制造	8.9	26 其他非金属矿石制品制造	14.8
17t18 纺织业和纺织品	5.0	C 采矿业	8.0
C 采矿业	3.7	61 水上交通	5.4
O 其他社区,社会和个人活动	2.2	17t18 纺织业和纺织品	4.9
AtB 农、牧、林、渔业	2.1	62 航空运输业	4.6
25 橡胶和塑料制造业	1.9	23 炼焦、石油加工和核燃料加工业	4.3
23 炼焦、石油加工和核燃料加工业	1.9	60 陆上交通	3.8

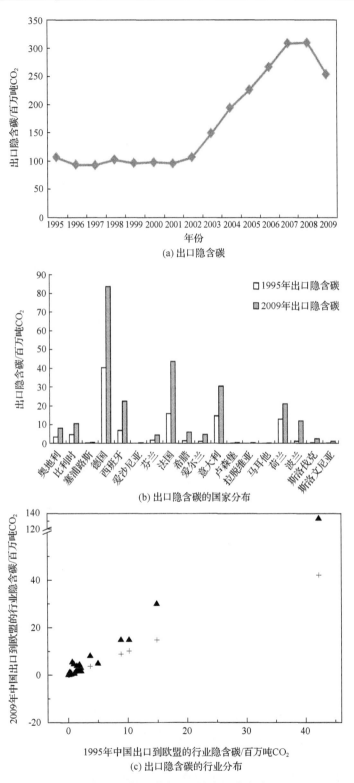

(a) 出口隐含碳

(b) 出口隐含碳的国家分布

(c) 出口隐含碳的行业分布

图 9-6 中国到欧元区的出口隐含碳

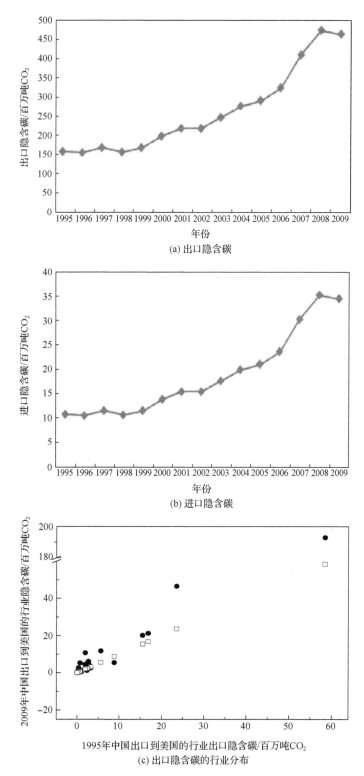

(a) 出口隐含碳

(b) 进口隐含碳

(c) 出口隐含碳的行业分布

图 9-7 中国到美国的出口隐含碳、进口隐含碳及行业出口隐含碳

9.2.2 中国对美国出口隐含碳的规模增长较快，2009 年略有下降

中美出口隐含碳呈现先平稳后增长再下降的趋势，而进口隐含碳则呈现稳定增长的趋势，只是在 2009 年有小幅下滑。具体看来，中美出口隐含碳 1995～2001 年保持在 1.5 亿吨左右，但存在波动的增长态势，从 2002 年开始，中国对美国的出口隐含碳迅速上升，在 2006 年达到最高低点，即近 4.5 亿吨，但之后，出口隐含碳开始下降，在 2009 年下降到 2004 年的水平，即 3.5 亿吨左右[图 9-7(a)]。另外，中国对美国的进口隐含碳从 1995 年的 0.11 亿吨一直上升到 2008 年的 0.34 亿吨左右，在 2009 年稍微下降[图 9-7(b)]。从行业角度，较 1995 年中国出口到美国的行业隐含碳而言，2009 年中国出口到美国的行业隐含碳基本呈现增长态势，如图 9-7(c)所示。

在中国各行业出口美国的隐含碳排名中，与 1995 年行业隐含碳(前 10 位)相比，2009 年能源类领域的趋势不变，新增加了在交通类领域的集中程度，如表 9-6 所示。具体看来，1995 年中国出口到美国的隐含碳(前 10 位)的行业是 E，27t28，24，26，17t18，C，25，AtB，21t22 和 23。2009 年中国出口到美国的隐含碳(前 10 位)的行业是 E，27t28，24，26，C，62，23，17t18，61 和 60。

表 9-6 中国对美国的行业出口隐含碳(前 10 位)

1995 年出口隐含碳/百万吨 CO_2		2009 年出口隐含碳/百万吨 CO_2	
产业	数值	产业	数值
E 电力、燃气和水供应	58.5	E 电力、燃气和水供应	192.9
27t28 基本矿石和金属制品制造	23.6	27t28 基本矿石和金属制品制造	46.5
24 化工和化工产品	16.8	24 化工和化工产品	21.3
26 其他非金属矿石制品制造	15.5	26 其他非金属矿石制品制造	20.1
17t18 纺织业和纺织品	8.8	C 采矿业	11.8
C 采矿业	5.6	62 航空运输业	10.7
25 橡胶和塑料制造业	3.2	23 炼焦、石油加工和核燃料加工业	6.0
AtB 农、牧、林、渔业	2.9	17t18 纺织业和纺织品	5.4
21t22 纸浆、纸、印刷和出版	2.7	61 水上交通	5.2
23 炼焦、石油加工和核燃料加工业	2.7	60 陆上交通	4.4

9.2.3 中国对日本隐含碳出口持续多年下降，进口则持续增长

中日出口隐含碳呈现先下降后增长再下降的趋势，而进口隐含碳呈现波动增长的态势。具体看来，中日出口隐含碳 1995～2002 年保持在 0.8 亿吨左右，但存在波动的下降态势，从 2002 年开始，迅速增加，在 2005 年达到最高低点，即近 1.5 亿吨；从 2006 年之后，出现下降趋势，在 2009 年下降到 2004 年的水平，即 1.2 亿吨左右[图 9-8(a)]。另外，中日进口隐含碳从 1995 年的 742 万吨波动上升到 2009 年的 3230 万吨，如图 9-8(b)所示。

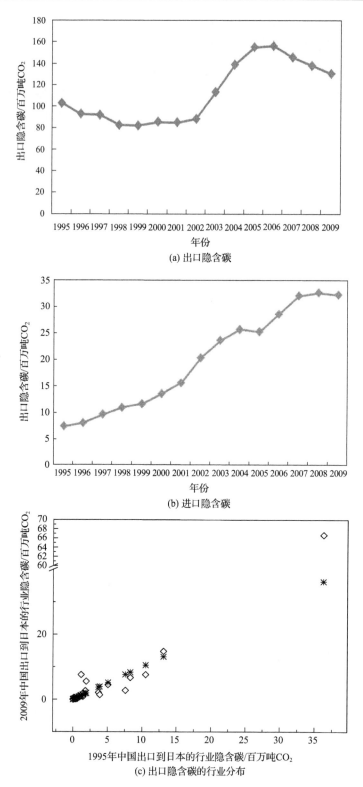

图 9-8　中国对日本的出口隐含碳和进口隐含碳及行业出口隐含碳

　　从行业来看，较 1995 年中日行业隐含碳而言，2009 年中国出口到日本隐含碳增长的行业数量与减少的行业数量大致持平，如图 9-8(c) 所示。

　　中日出口贸易的行业隐含碳排名中，与 1995 年行业隐含碳(前 10 位)相比，2009 年能源类领域的趋势不变，新增加了在交通类领域的集中程度，如表 9-7 所示。具体看来，1995 年出口隐含碳(前 10 位)的行业是 E，27t28，24，26，17t18，C，15t16，AtB，62 和 23。2009 年是 E，27t28，24，61，26，62，C，17t18，23 和 AtB。

表 9-7　中国对日本的行业出口隐含碳(前 10 个行业)

1995 年出口隐含碳/百万吨 CO_2		2009 年出口隐含碳/百万吨 CO_2	
产业	数值	产业	数值
E 电力、燃气和水供应	36.3	E 电力、燃气和水供应	66.7
27t28 基本矿石和金属制品制造	13.1	27t28 基本矿石和金属制品制造	14.8
24 化工和化工产品	10.5	24 化工和化工产品	7.6
26 其他非金属矿石制品制造	8.3	61 水上交通	7.6
17t18 纺织业和纺织品	7.6	26 其他非金属矿石制品制造	6.7
C 采矿业	5.1	62 航空运输业	5.5
15t16 食物、饮料和烟草	3.9	C 采矿业	4.5
AtB 农、牧、林、渔业	3.7	17t18 纺织业和纺织品	2.7
62 航空运输业	1.9	23 炼焦、石油加工和核燃料加工业	2.6
23 炼焦、石油加工和核燃料加工业	1.8	AtB 农、牧、林、渔业	2.1

　　从行业角度，中国能源类行业和交通类行业对日本的出口隐含碳强度较其他行业的出口隐含碳强度高，且这两类行业对日本的出口隐含碳强度波动较大。1995 年中国对日本的行业出口隐含碳强度集中在 E，M，C，23，26，24，27t28，60，71t74 和 61。而 2009 年中国对日本的行业出口隐含碳强度集中在 E，M，C，N，26，23，27t28，60，21t22 和 63。此外，能源类行业(如 E 和 C)的出口隐含碳强度呈现波动态势，其中，E 的出口隐含碳强度从 2045.30 千克/美元上升至 6828.19 千克/美元，而 C 的出口隐含碳强度从 121.99 千克/美元上升至 112.69 千克/美元。交通类行业(如 60，61 和 63)的出口隐含碳强度呈现波动态势，其中，60 的出口隐含碳强度从 28.68 千克/美元下降到 22.22 千克/美元，61 的出口隐含碳强度在 1995 年处于前 10 名，但在 2009 年不再在前 10 范围内，63 的出口隐含碳强度的情况则相反。

9.3　全球价值链下的碳贸易强度分析

　　随着全球经济的一体化，产品生产过程的不同环节正逐步分割到不同的国家或地区，大量的中间产品在不同国家或地区间流动。以美国苹果公司的 iPod 的价值分割为例，一个组装 iPod 的中国工厂门价(factory gate price)是 144 美元，而其中只有 4 美元的增加值形成于中国,剩余的 140 美元增加值来自于美国及其他国家(Dedrick et al., 2009)。

从形成机理来看,全球价值链和碳排放贸易都建立在供应链的溢出和反馈关系基础上,同样可以在全球多区域投入产出框架下进行研究。鉴于此,本节从全球价值链和碳排放贸易的综合视角出发,应用全球多区域投入产出模型,构建一个新的碳强度指标:全球价值链下的宏观碳贸易强度,并用来比较研究世界主要排放国家和地区的宏观碳贸易强度,即单位增加值贸易流所带动的二氧化碳贸易量,以此来考察全球价值链下不同经济体的碳贸易效率。需要指出的是,这里的宏观碳贸易强度指标是定义在全球价值链下的,它等于碳贸易量与全球价值流动量的比值,对于全球尺度仅存在一个碳贸易强度,而对于不同经济体分别有出口碳强度和进口碳强度两个指标[①]。

一个经济体的出口碳贸易强度衡量国外消费对本经济体的负外部性,进口碳贸易强度则表征本国消费对其他国家的负外部性;强度越高,这些负外部性越强。本地强度指标则意味着本国消费引起的本国的负外部性,可与出口碳排放和进口碳贸易形成对比。通过全球价值链下的碳贸易强度指标拟回答以下问题:①全球价值链分割框架下全球的综合二氧化碳贸易强度如何;②中国与其他经济体之间的二氧化碳出口强度、进口强度和本地强度的关系特征;③发达经济体和发展中经济体的贸易强度随时间变化有何区别;④具有较高出口碳强度和较高进口碳强度的经济体与其他经济体间的双边贸易强度如何。

9.3.1　全球价值链下碳贸易强度呈下降趋势,2005 年来尤为明显

如图 9-9 所示,除了 2009 年略有下降,1995~2009 年全球贸易增加值和全球生产总值均呈现了增长趋势。其中,1995~2009 年全球生产总值持续增加,从 331.09 千亿美元增加到 481.74 千亿美元(PPP,2005 年不变价美元),年均增长 1.57%。贸易增加值则从 1995 年的 47.69 千亿美元增加到 2009 年的 85.19 千亿美元,年均增长 2.45%。其中,贸易增加值增速相对更快,因此,贸易增加值占全球增加值总额的比例随时间增加,从 1995 年的 14.4%持续增加到 2008 年的 19.67%,受经济危机影响到 2009 年下降到 17.68%。可见,贸易增加值亦受到经济危机更为严重的负面影响。

如图 9-10 所示,1995~2009 年,全球价值链下全球 CO_2 贸易强度整体上呈现下降趋势。其中,1995~2005 年呈波动下降趋势,2005~2009 年降幅尤其明显,从 8.26 千吨 CO_2/万美元,下降到 7.22 千吨 CO_2/万美元,降幅为 12.6%。这表明,全球供应链的发展对世界 CO_2 排放强度的降低作出了积极贡献。

9.3.2　中、印、俄的出口碳贸易强度高于本地碳强度和进口碳贸易强度

图 9-11 显示了 14 个主要经济体的 CO_2 贸易强度,包括出口强度、进口强度和本地强度。从三类强度指标的比较来看,发达国家和发展中经济体(或转型经济体)总体上具有较明显的区别:中国大陆、印度、中国台湾地区和转型经济体俄罗斯的强度指标特点为出口强度高于本地强度,本地强度又高于进口强度,且区别较明显;发达国家中除了韩国出口

[①]本节所述碳强度均是在全球价值链基础上建立的指标。

强度略高于进口强度，均表现为进口强度高于出口强度，出口强度又高于本地强度。具体地，各经济体间的进口碳排放强度差别不大，分别在 5.9～10.5 吨 CO_2/万美元。其中，有 3 个经济体的进口强度在 9 吨 CO_2/万美元以上，从高到低次为印度、澳大利亚和日本，反映出这些国家国内消费对其他国家 CO_2 排放的负外部性较高；在 6.5 吨 CO_2/万美元以下的经济体有 4 个，从低到高分别是西班牙、英国、俄罗斯和中国大陆，意味着这些经济体的消费对其他经济体的负外部性相对较低；可见，发达经济体与发展中经济体的进口强度并没有明显的差异特征，而且印度和中国大陆同是发展中大国，差异却非常明显。

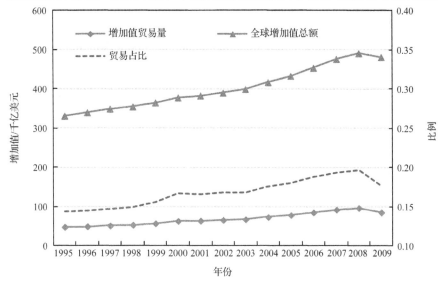

图 9-9　1995～2009 年全球增加值贸易量与全球增加值[①]（PPP，2005 年不变价美元）

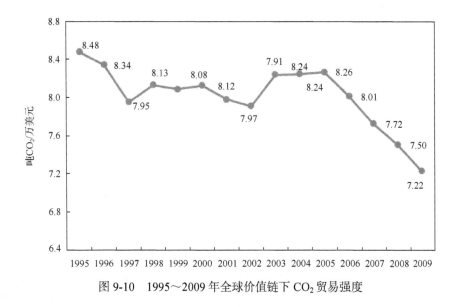

图 9-10　1995～2009 年全球价值链下 CO_2 贸易强度

---

①这里全球增加值用 WIOD 提供的世界投入产出表的增加值行与价格指数计算得到，因统计口径差异与全球 GDP 数值略有区别。

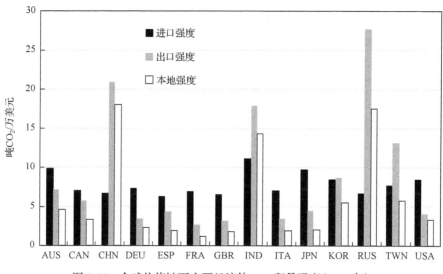

图 9-11　全球价值链下主要经济体 CO_2 贸易强度（2009 年）

　　然而，发展中经济体和发达经济体的出口碳强度却具有明显的差异，发展中经济体或转型国家的出口强度明显高于发达国家。具体地，俄罗斯的出口强度最大，达 26.3 吨 CO_2/万美元，然后依次是中国大陆、印度和中国台湾地区，分别为 19.9 吨 CO_2/万美元、17.0 吨 CO_2/万美元和 12.5 吨 CO_2/万美元；其他经济体均在 9 吨 CO_2/万美元以下，且全部是发达经济体，其中，出口强度最低的是法国，然后依次是英国、德国、意大利和美国，这 5 个发达国家的出口强度均在 4 吨 CO_2/万美元以下，最低的是法国，仅为 2.5 吨 CO_2/万美元。这表明，全球供应链的国外消费给发展中经济体带来了较严重的负外部性，与发达经济体相比，发展中经济体二氧化碳出口的经济效益较低。当然，发展中经济体另一共同特点是本地二氧化碳排放的强度尽管低于出口强度，但仍然明显高于发达经济体，从高到低依次是中国大陆、俄罗斯和印度，分别是 17.1 吨 CO_2/万美元、16.6 吨 CO_2/万美元和 13.6 吨 CO_2/万美元。因此，从发达国家的案例经验来看，降低本地碳强度的同时，降低出口碳强度是发展中经济体实现低碳发展的可行路径。

　　图 9-12 为 14 个主要经济体 3 类碳排放强度在 1995～2009 年的变化情况，共 42 个散点，图中 45° 对角直线表示 1995 年和 2009 年强度相等的点。由图可见，除了印度的进口强度、中国台湾地区的出口强度和澳大利亚的进口强度位于直线的左上方，其他所有点都在直线下方。这表明，与 1995 年相比，各经济体 2009 年的出口强度、进口强度、本地强度大多有所下降。但是根据距离对角线的远近程度，不同经济体的下降幅度不同。一方面，几乎所有发达经济体的 3 种碳排放强度都集中于直线左下方附近，意味着发达国家的碳贸易强度普遍较低且降低幅度不大。另一方面，中国大陆、印度和俄罗斯的出口强度（黑色）和本地强度（空心）均位于直线右方较远位置，意味着这些强度较高且降幅较大，其中中国内地的出口强度降幅最大，达 42.5%，意味着这些经济体的二氧化碳出口贸易强度和本地强度尽管依然很高，但已经大幅下降，尤其是出口贸易碳效率的提高为本国及全球碳减排作出了重要贡献；而这 3 个经济体的进口强度位于靠近直线的位置，

1995~2009 年变化幅度不大。此外，印度、澳大利亚的进口强度有所增加，意味着这两个经济体消费对其他经济体碳排放的负外部性影响增大，有关原因和综合影响还需进一步深入研究；而中国台湾地区是唯一一个出口强度增大的地区，意味着国外消费给中国台湾地区的负外部性随时间增大，这给中国台湾地区的节能减排带来更大困难。

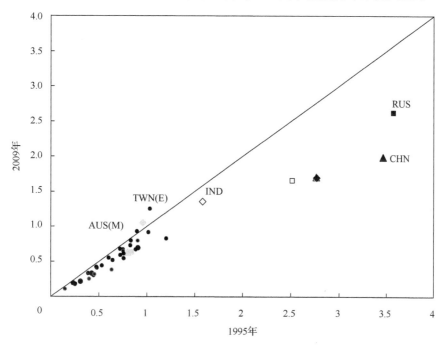

图 9-12　主要经济体价值链下 CO_2 贸易强度变化（1995 年和 2009 年）

散点共 42 个（14 个经济体×3 种强度），其中远离对角线和在对角线之上的散点分别在图中标记，中国（CHN）、印度（IND）、俄罗斯（RUS）分别用三角形、菱形和正方形表示，黑色填充表示出口强度、白色填充表示本地强度、红色填充表示进口强度。AUS（M）表示澳大利亚进口强度、TWN（E）表示中国台湾地区出口强度

从 1995~2009 年各经济体进出口碳强度的对比来看（图 9-13），14 个主要经济体中，印度、中国大陆、俄罗斯、中国台湾地区和韩国部分年份（1995~2003 年和 2009 年）位于等比直线的上方，意味着这些经济体出口碳强度高于进口碳强度。但这 5 个经济体的相对位置和曲线特征各不相同，印度曲线由于出口碳强度整体上低于俄罗斯和中国大陆但高于中国台湾地区和韩国，但进口碳强度明显高于其他 4 个经济体，位于中间偏右地方，同时由于进口碳强度波动式增加（2002~2006 年先增加后减少）而呈现大幅左右迂回式的从左向右延伸的曲线。整体上，印度出口碳强度降低而进口碳强度增加（从 1995 年的 9.6 吨 CO_2/万美元增加到 2009 年的 11 吨 CO_2/万美元），使印度的两类碳强度之间的差距减小，曲线随时间向直线靠近。俄罗斯和中国大陆位于左上方，整体上随时间均从右上向左下延伸，这表明，出口强度和进口强度均下降且两类强度之间的差距随时间减小。其中，俄罗斯曲线存在先上下后左右的小幅波动，分别表征了早期出口碳强度波动和后期进口碳强度波动；中国大陆曲线存在大幅的前后波动，意味着进口碳强度的增减起伏，特别是 2003 年以来出现明显降低特征。中国台湾地区和韩国是距离等比直线最近

的曲线，同样存在前后迂回的特点，这表明韩国和中国台湾地区的出口碳强度和进口碳强度较接近，进口碳强度同样存在波动式降低趋势。特别地，如前所述中国台湾地区出口强度有所增加，而且 1995～2009 年持续了这种增加趋势。与上述经济体不同，位于直线下方的全部是发达经济体，意味着 1995～2009 年这些经济体的出口碳排放强度持续低于进口碳强度。

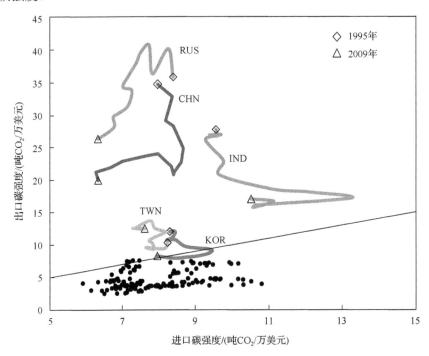

图 9-13　1995～2009 年主要经济体进出口碳强度

图中直线表示等比例线，由出口碳强度和进口碳强度相等的点构成。在等比例线下方的经济体用黑色散点表示，
比例线上方的经济体用连线表示。其中，散点部分包括 9 个经济体 15 个年份共 135 个散点

9.3.3　中国与其他经济体间的双边出口贸易碳强度总体差异不大

进一步分别考察出口贸易碳强度较高和进口贸易碳强度较高的经济体与贸易国之间的双边贸易碳强度(含本国碳强度)[①]。图 9-14 显示了中国大陆、印度、俄罗斯和中国台湾地区各自的双边出口碳强度。可见，中国大陆对各经济体之间的出口碳强度相对较小，在 17.0～22.1 吨 CO_2/万美元，相对来讲，双边贸易中出口碳强度最高的两个经济体是中国台湾地区和澳大利亚，均在 22 吨 CO_2/万美元以上，最低的是俄罗斯和本国碳强度，在 17 吨 CO_2/万美元左右。印度与各经济体之间的出口碳强度差异较大，在 13.6～25.9 吨 CO_2/万美元，其中，印度出口碳强度较大的贸易经济体按从高到低的顺序分别是加拿大、中国大陆、韩国和中国台湾地区，均在 20 吨 CO_2/万美元以上，出口碳强度在 15 吨 CO_2/万美元以下的经济体从低到高分别是印度(本国碳强度)、美国和德国。俄罗斯与其

---

①对于双边贸易碳强度来讲，国家 A 对国家 B 的出口贸易碳强度等于国家 B 对国家 A 的进口贸易碳强度。

他经济体之间的出口碳强度普遍较高[①]，在 24.1～31.9 吨 CO_2/万美元，出口强度最高的贸易经济体依次是印度、加拿大和中国，均在 30 吨 CO_2/万美元上下。特别地，中国台湾地区与贸易经济体之间的出口碳强度中，对日本的出口碳强度明显高于其他经济体，达 26.0 吨 CO_2 万美元，是中国台湾地区本地碳强度的 4.7 倍。

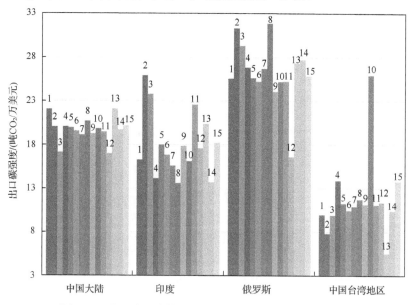

图 9-14　发展中经济体多边 CO_2 出口贸易强度(2009 年)[②]

序号 1～15 分别代表 1-澳大利亚(AUS)、2-加拿大(CAN)、3-中国大陆(CHN)、4-德国(DEU)、5-西班牙(ESP)、6-法国(FRA)、7-英国(GBR)、8-印度(IND)、9-意大利(ITA)、10-日本(JPN)、11-韩国(KOR)、12-俄罗斯(RUS)、13-中国台湾地区(TWN)、14-美国(USA)和 15-其他国家和地区(ROW)

　　就进口碳强度来讲，如图 9-15 所示，澳大利亚、印度、日本和美国与其他经济体间的进口贸易碳强度特征类似，碳强度较高的贸易经济体均主要集中于几个发展中经济体和转型经济体。首先，由澳大利亚的多边进口贸易碳强度看，澳大利亚对俄罗斯的进口贸易碳强度最高，达 25.5 吨 CO_2/万美元，其次是对中国大陆和印度，分别是 22.1 吨 CO_2/万美元和 16.3 吨 CO_2/万美元，对其他经济体的进口强度则均在 10 吨 CO_2/万美元以下，对法国的进口碳强度属最低，为 3.0 吨 CO_2/万美元。就印度而言，同样是对俄罗斯的进口碳强度最高，达 31.9 吨 CO_2/万美元，是最低贸易经济体(法国)的 13 倍，其次是中国大陆和印度，此外印度对中国台湾地区和其他经济体的进口碳强度也较高，在 11 吨 CO_2/万美元以上。就日本而言，同样特别之处在于日本对中国台湾地区的进口碳强度最高，为 26.0 吨 CO_2/万美元，其次是俄罗斯、中国大陆和印度，分别为 25.2 吨 CO_2/万美元、19.8 吨 CO_2/万美元和 16.1 吨 CO_2/万美元，对其他经济体的进口碳强度均在 10 吨 CO_2/万美元以下。美国的多边进口碳强度中，除了对俄罗斯、中国大陆、印度，对中国台湾地区的碳强度也较高，为 10.4 吨 CO_2/万美元。此外，4 个经济体的主要贸易经济体中，有不少在 5 吨 CO_2/万美元以下，且全部是发达经济体。

①这里俄罗斯本国的碳强度最低，为 16.6 吨 CO_2/万美元。
②因这几个经济体 CO_2 出口强度较大（前 5），且出口碳强度均大于进口碳强度，故重点分析。

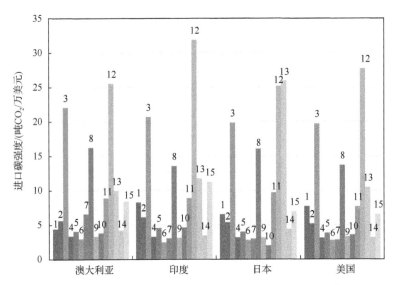

图 9-15　主要经济体多边 CO_2 进口贸易强度(2009 年)[①]

序号 1～15 分别代表 1-澳大利亚(AUS)、2-加拿大(CAN)、3-中国大陆(CHN)、4-德国(DEU)、5-西班牙(ESP)、6-法国(FRA)、7-英国(GBR)、8-印度(IND)、9-意大利(ITA)、10-日本(JPN)、11-韩国(KOR)、12-俄罗斯(RUS)、13-中国台湾地区(TWN)、14-美国(USA)和15-其他国家和地区(ROW)

9.4　出口贸易结构调整的碳减排效应分析

　　鉴于中国的碳排放很大一部分来自出口,并且中国的出口碳贸易强度明显高于其他国家,那么,选择并实施相应政策来减少出口贸易带来的碳排放将对中国的减排工作做出很大贡献。在我国,出口退税成为一种适时调整的相机抉择的政策手段,经常基于不同目的而相应地上调和下调。其中,包括为应对节能减排而采取的出口退税调整政策。例如,为确保实现"十一五"规划节能减排目标,2010 年 7 月 15 日,我国取消部分钢材、有色金属加工材、玉米淀粉、医药及化工等 406 个税号的出口退税;反过来,2009年 4 月,为应对来势汹涌的国际金融危机,国家将铝型材的出口退税率从"0"恢复至13%。出口退税的频繁调整也表明,在出口碳减排和经济发展相互制约的条件下,我国尚未形成稳定可靠的出口退税调整方案。因此,定量评估出口退税政策对碳排放的影响对全面推进低碳发展具有重要意义。

　　已经有不少学者对我国出口退税等贸易政策带来的经济影响进行了研究,但大多集中于理论分析(Chen et al.,2006;马捷和李飞,2008;田丰,2009)或者基于计量经济学的实证研究(刘穷志,2005;Chen et al.,2006;王孝松等,2010)。前者难以定量地结合实际问题给出量化的直观结论,后者依赖于历史数据难以完全剔除与出口退税政策同时存在的其他各种政策带来的影响,且难以全面评估各种社会经济影响。目前,专门针对单一政策扰动带来的经济社会影响,从而进行全面定量评估的研究还比较少。

　　本节首先利用投入产出方法核算各行业出口的完全 CO_2 排放量(直接 CO_2 排放量和间接 CO_2 排放量总和),利用完全碳排放指标明晰地描述出口商品的拉动效果;然后从

---

①因这几个经济体 CO_2 进口强度最大,故重点分析。

中筛选出靠出口退税政策调整能够实现较大程度碳减排的"关键部门"；最后利用北京理工大学能源与环境政策研究中心开发的中国能源与环境政策分析模型(China Energy & Environmental Policy Analysis system，CEEPA)模拟对"关键部门"实施出口退税减免政策情景的经济效果，并得出相应的政策建议。从全局经济的角度对以下问题进行探讨：①出口贸易中隐含着大量的 CO_2 排放，那么通过出口退税政策的调整是否能有效地实现出口碳排放的减少？②通过利用出口退税政策调整来减少出口碳排放量，是否对我国的 GDP 增长及居民的福利损失很大？③对于不同的产品部门，调整出口退税政策分别带来什么样的效果？④相比之下，我国现阶段应该采取什么样的出口退税倾向，才能以较小的代价来实现部门及全国的出口碳减排？

图 9-16 显示了不同部门出口产品驱动的完全 CO_2 排放量。有 6 个行业的出口完全碳排放水平在全国平均水平之上，将其归为高出口排放行业。其中制造业出口商品带来的完全 CO_2 排放量远高于其他行业，达 11.57 亿吨；其次分别是化工业、黑金属业和纺织业，其出口驱动的 CO_2 排放均在 1.5 亿吨以上，再次是金属制品业和煤炭采选业，CO_2 排放量在 1.3 亿吨以上。而在其他行业中，服装业、服务业、交通运输业和非金属业的排放水平非常接近全国平均线(0.94～1.32 亿吨)，且明显高于其余行业，故同样将其视为高排放行业。以上 10 个行业的出口商品所蕴含的完全 CO_2 排放量较高，其总和占到了总量的 87.5%，有较大的减排潜力，称为出口碳减排"关键部门"。

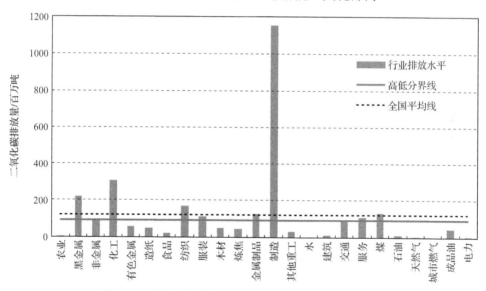

图 9-16　不同产业部门出口产品带来的完全 CO_2 排放量

在碳减排"关键部门"基础上，本节结合"成本-效益"分析及现实政策情况进一步确定政策情景实施的"目标部门"。考虑本节研究目的在于探究以较小的经济代价实现 CO_2 减排，综合各行业的出口额和出口隐含 CO_2 排放量，来选取设置政策模拟的目标行业，即政策情景"目标部门"。一方面出口额是支出法 GDP 构成的一部分，能够反映出口的"效益"；另一方面出口 CO_2 排放可看成一种环境成本，故两指标可作为"成本-效益"分析的主要依据。图 9-17 给出了"关键部门"的出口额和出口碳排放量比例，总体来讲，10 个部门大致可分为四类（分别依据部门出口额比例为 5%和出口碳排放比例为 5.5%为划分界限）：高出口低排放类、高出口高排放类、低出口高排放类和低出口低排放类。

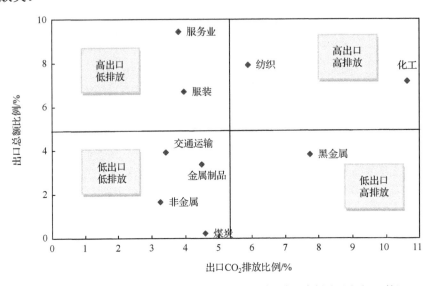

图 9-17　关键部门出口额比例及出口 CO_2 排放比例（除制造业部门以外）

图中共标示了除制造业以外的 9 个部门，制造业的出口 CO_2 排放比例和出口总额比例分别为 39.8%和 43.3%，远超过其他部门，属于高出口高排放类型，此处因作图显示不便，未在图中列出

首先，服务业和服装业属于"低排放高出口"类，它们的出口对 GDP 的贡献与其环境成本相比较，效益相对成本更高，其出口不应进一步受到限制，故这些部门不作为出口退税减免模拟考虑对象。其次，煤炭业、金属制品业、交通运输业和非金属工业属于"低出口低排放"类，通过成本效益比较难以判断其是否应该受限制，然而，通过考察这几个行业现有的基年出口退税标准后，发现我国政府已经将其出口退税率设置到了相当低的水平，因此，就通过出口退税减免政策来实现碳减排来说，这 4 个行业已经基本没有减排空间。而剩下的 4 个行业——制造业、化工业、黑金属业和纺织业，即使出口额有高有低，但均属于高排放类别部门，同时其基年的出口退税也还有较大的调低空间，因此这 4 个部门是模拟出口退税减排效果的"目标部门"。

本节以分别减免各"目标部门"出口退税作为不同的政策情景，以 4 个行业分别作为情景标识，有 F-S 黑金属业情景，M-S 制造业情景，C-S 化工业情景和 T-S 纺织业情景。CGE（Computable General Equilibrium）模型能够模拟局部政策干扰所带来的全局影响，因此为使各政策情景具有可比性，设置情景时以分别实现全国范围内到 2020 年相同的碳减排量为标准。

9.4.1　出口贸易结构调整对碳排放强度的影响

为综合评估出口退税政策实施的可行性，本节进一步比较各政策情景下，单位 GDP 二氧化碳排放量与基年相比下降的幅度，以讨论各政策情景是否有利于实现 2020 年单位

GDP 二氧化碳排放量比 2005 年下降 40%～45% 的减排目标。结果如图 9-18 所示，发现自 2007 年到 2020 年 F-S、M-S 和 C-S 情景下 CO_2 强度目标均相对于基准情景有所下降，到 2020 年分别低于基准情景 0.36 个百分点、0.17 个百分点和 0.20 个百分点，这表明将有利于实现 2020 年国家的强度减排目标，并且 F-S 情景的贡献最大；而 2015 年之后 T-S 情景下的 CO_2 强度相对基准情景由下降变为逐渐上升，到 2020 年减排略高于基准情景 0.05 个百分点，将不利于实现国家 2020 年的强度减排目标。

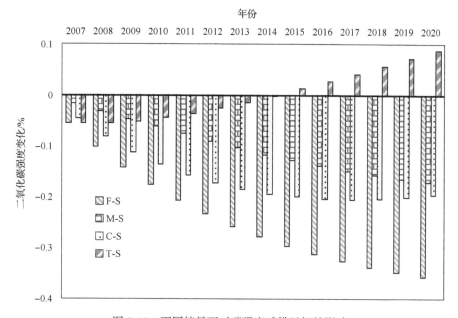

图 9-18　不同情景下对碳强度减排目标的影响

9.4.2　实现相同碳减排量时各行业情景的经济影响

表 9-8 显示了不同的政策情景下的主要宏观经济影响。可见，各行业情景均带来了各经济指标的损失，其损失程度因情景区别而相异，这表明如果想通过出口退税减免来达到碳减排目标，必然要付出各种形式的社会经济代价。

表 9-8　不同政策情景对我国宏观经济的影响　（单位：%）

指标	GDP		就业水平		CPI		总出口	
	2015 年	2020 年	2015 年	2020 年	2015 年	2020 年	2015 年	2020 年
F-S	−0.734	−1.732	−0.827	−1.865	−0.232	−0.292	−0.897	−2.215
M-S	−0.721	−1.914	−0.825	−2.088	−0.226	−0.334	−0.850	−1.914
C-S	−0.873	−1.890	−1.025	−2.070	−0.187	−0.221	−0.974	−2.041
T-S	−1.407	−2.168	−1.540	−2.256	−0.128	−0.107	−1.483	−2.259

从 GDP 的变化来看，对纺织业进行出口退税减免的 T-S 情景下的 GDP 损失最大（2.168%），其次是制造业和化工业情景（M-S 和 C-S），而 GDP 损失最小的是黑金属业

(F-S)（1.732%），2020 年的 GDP 损失分别比 T-S、M-S 和 C-S 的少 0.436、0.182 和 0.158 个百分点。因此，就碳减排成本来看，碳减排成本最高的是纺织业情景，最低的是黑金属业情景。

　　从就业指标来看，各情景下的就业损失百分比整体上要高于 GDP 的损失程度，但不同情景下损失次序与 GDP 损失次序相一致。其中，纺织业的就业损失最大，黑金属业的就业损失最小，到 2020 年黑金属业情景下的就业水平相对其基准情景下降 1.865%，纺织业、制造业和化工业三种情景相对基准情景的就业损失分别比 F-S 情景高出 0.391、0.223 和 0.205 个百分点。不同情景下就业损失之所以存在区别主要与各行业的资本劳动增加值组成结构相关。纺织业、制造业、化工业和黑金属业的生产活动中资本劳动投入构成比分别为 1.08、1.21、1.69 和 1.78，相比之下纺织业是劳动最密集型产业，因此，政策冲击会对纺织业的就业情况产生更大的影响。

　　CPI 总体上变动比较温和，到 2020 年，各行业情景下的 CPI 相对其基准情景下降幅度均在 0.34% 以内，即各情景均不会导致物价上涨，因此无需担心政策对物价的影响。就 2020 年来看，物价下降幅度最大的是制造业，其次是黑金属业、化工业，最小的是纺织业，物价下降主要是由需求减少引起的。但是，就趋势变动来看，纺织业情景与其他 3 种情景的趋势方向显著不同，纺织业情景下 CPI 下降幅度随时间增长越来越小，其他情景则恰恰相反。纺织业情景下 CPI 变化的特殊性主要是由于政策冲击对其基年总投资的影响很大，进一步影响下一年的资本供给，导致下一年资本总供给的变动程度大于需求的变动程度，使 CPI 下降程度有所回升。

　　降低出口退税的政策最直接影响到的应该是出口贸易，可见，各情景下总出口均出现了下降，其中，到 2020 年总出口影响最大的是纺织业情景，与基年相比出口水平下降了 2.259%，然后依次是黑金属业情景、化工业情景及制造业情景。同时，注意到不同情景下总出口的损失程度次序与 GDP 影响的情景行业优先次序不同，这表明，出口退税政策不仅对出口贸易产生影响，还在很大程度上影响总投资和总消费，进而影响 GDP 水平。因此，在实施出口退税政策并比较其政策调整效果时，只考虑其对出口的影响是不够的。

　　从图 9-19 可以看出，无论哪种政策情景，农村和城镇居民的福利水平都受到一定冲击，其中，T-S 情景下的居民福利损失均大于其他情景，到 2020 年农村和城镇居民福利水平相对基准情景分别下降 2.05% 和 1.81%；其次是 C-S 情景和 M-S 情景，城乡居民福利损失在 1.5%～1.8%；而福利损失最小的是 F-S 情景，到 2020 年农村和城镇居民福利水平相对基准情景分别下降 1.57% 和 1.36%。同时，无论哪种情景，农村居民福利的损失程度都大于城镇居民，农村居民在政策调整时表现了更大的脆弱性。这主要是因为，在城乡居民收入组成结构中，城镇居民收入构成中转移支付所占比例要高于农村居民收入构成中的转移支付比例，而转移支付部分在政策冲击影响下的变化程度要弱于要素收入的受影响程度，即要素收入在总收入中的比例越大，政策冲击的影响效果就越明显，所以农村居民的总体福利水平的损失要高于城镇居民。可见，通过出口退税减免政策来实现碳减排会进一步拉大城乡差距，因此，在实施政策时应该适当采取相应配套措施以补偿农村居民。

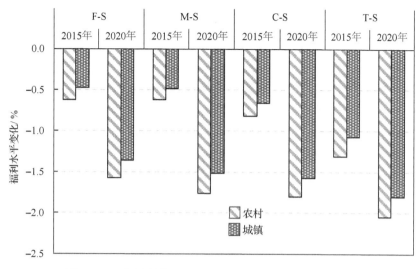

图 9-19 不同政策情景下我国城镇和农村居民福利的影响

9.5 主要结论与启示

本章从低碳国际贸易出发,较为全面地考察了不同经济体、区域、行业间的贸易隐含碳流动现状,探究了中国与主要贸易伙伴之间的双边贸易隐含碳流特点,分析了反映贸易效率的碳贸易强度指标的时空特征,并模拟了出口贸易调整对中国宏观经济及碳减排的影响。主要结论及启示如下。

(1)基于时空角度并借助 WIOD 分析了贸易隐含碳流。一方面,在全球和区域层面,国际贸易持续且稳定地影响贸易隐含碳,促进了碳排放的国际隐性转移,但贸易变化对碳排放变化的影响并不明显。随着国际贸易规模不断增大,全球五大贸易区(即欧盟地区、其他欧洲地区、北美自由贸易区、东亚地区和 BRIIAT)的贸易净隐含碳量(即出口隐含碳量减去进口隐含碳量)的差异也逐渐增大。欧盟地区、其他欧洲地区和北美自由贸易区是贸易隐含碳的净进口国,东亚地区和 BRIIAT 则是贸易隐含碳的净出口国。另一方面,在行业层面,无论区域的发展程度如何,出口隐含碳主要集中在能源类行业和交通类行业,且电力、天然气和水供应行业的出口隐含碳都明显高于其他行业,东亚地区这种特征更加明显且有加重趋势。

(2)基于时空角度并借助 WIOD 分析了价值链下全球碳贸易强度。全球价值链下 CO_2 贸易强度整体上呈现下降趋势,表明全球贸易对世界 CO_2 排放强度降低作出了积极贡献。发展中(和转型)国家(地区)和发达国家(地区)的碳贸易强度特征差异明显,中国大陆、印度、中国台湾地区和俄罗斯的出口强度大于本地强度,而且大于进口强度;各国(地区)的进口碳强度差异较小,且发展中(含转型)国家(地区)出口强度明显高于发达国家(地区)。从气候谈判的公平性原则来看,出口碳排放强度指标在减排责任分配时应给予考虑,以提高发展中国家(地区)的国际话语权。

(3)中欧、中美和中日进出口贸易的隐含碳排放总量较大,但趋势各不相同。中欧出口隐含碳总量呈现先平稳再上升后下降的趋势；进口隐含碳总量呈现持续上升的趋势。中美出口隐含碳呈现先平稳后增长再下降的趋势，进口隐含碳呈增长趋势，只是 2009年有小幅下滑。中日出口隐含碳呈先下降后增长再下降的趋势，而进口隐含碳呈现波动增长的态势。从行业角度，出口隐含碳排放均集中在能源类和交通类领域。

　　(4)以出口贸易结构调整为政策目标，对出口退税政策的模拟结果显示：对目标部门进行出口退税减免均能实现一定的碳减排，但均需要付出一定的经济代价。无论从 GDP指标、就业指标还是居民福利指标来看，黑金属业情景均表现出最小的经济损失，而纺织业情景的损失最大。因此，为实现出口的碳减排，调整黑金属业的出口退税应视为最优选择，而纺织业则需慎重考虑。虽然出口退税政策调整能够带来一定的碳减排，但考虑其经济代价，建议作为短期的碳减排政策工具，而不宜作为长期的碳减排手段。

第10章 低碳发展技术

低碳发展技术是指在社会经济系统活动中，有助于提高能源利用效率、减少能源消耗和减少二氧化碳排放的相关技术。中国作为世界上主要的能源消耗和二氧化碳排放大国，低碳发展技术对于其减少碳排放至关重要。麦肯锡（2009）研究表明，中国 2008 年 80%以上的节能是通过技术应用来实现的。"十三五"规划期间，发展低碳技术仍然是我国实现节能减排目标和碳强度减排目标的重要途径。从技术类型上来看，低碳技术主要分为三大类：第一类为减碳技术，即通常意义上所说的节能减排技术，主要是指在高耗能和高排放领域及行业推广的提高能源利用效率并减少二氧化碳排放量的一类技术；第二类是零碳技术，即针对新能源和可再生能源发展的一系列应用技术；第三类是末端脱碳技术，即对已产生的二氧化碳进行收集或者利用的技术，如典型的 CCUS 技术。低碳发展技术是解决我国能源供需矛盾、减少我国二氧化碳排放量的重要途径之一。本章基于文献和政策调研，定性分析我国目前的低碳发展技术的现状、面临的挑战，以及未来的趋势，并给出我国发展低碳技术的政策建议。

10.1 低碳技术发展的现状

10.1.1 主要行业能效指标与国际先进水平比较仍有差距

我国工业部门节能潜力较大。2002～2006 年，大约 83%的工业部门能源消费量来自煤炭、石油加工、化工、建材、钢铁、有色、电力等七大行业，是工业部门节能降耗的重点行业（魏一鸣等，2008）。虽然近年来主要行业的能耗指标大幅降低，但是距离国际先进水平仍有较大差距，如表 10-1 所示。可以看出，2000～2014 年，我国各个高耗能行业的单位产品能耗均有大幅度下降，例如，石油和天然气开采业的综合能耗下降了 40%，但是与国际平均水平相比，仍高出 20%，其他行业也具有相同的特点。

钢铁行业和水泥行业是我国工业部门中最主要的高耗能行业，2013 年能耗总量占到了工业终端能源消费总量的 36.2%。目前，我国是世界上钢铁生产第一大国，2014 年粗钢产量高达 8.23 亿吨，占世界粗钢总产量的 49.26%。《工业节能"十二五"规划》中提出：到 2015 年钢铁行业单位工业增加值能耗要比 2010 年下降 18%，吨钢综合能耗力争下降到 580 千克标煤/吨。2015 年，我国钢铁行业主要企业平均吨钢综合能耗为 572 千克标煤/吨，相比 2010 年下降 5.45%，能耗目标基本实现。但整体来看，我国钢铁行业能耗水平与国外先进水平依然存在较大的差距。如表 10-2 所示，2000 年以来，虽然我国的吨钢可比能耗不断下降，年均下降率达到 1.3%，但是与日本钢铁行业吨钢可比能耗相比仍有差距，2011 年绝对量高出 61 千克标煤/吨，相对量高出 9.93%。

表 10-1　我国主要高耗能产品能耗指标及国际比较

项目	中国						国际先进水平
	2000	2010	2011	2012	2013	2014	
煤炭开采和洗选业电耗/(kWh/t)	29	24	24	23.4	24.1	24.3	17
石油和天然气开采综合能耗/(kgce/toe)	208	141	132	126	121	125	105
石油和天然气开采电耗/(kWh/toe)	172	121	127	121	123	132	90
火力发电煤耗/(gce/kWh)	363	312	308	305	302	300	292
火电厂供电煤耗/(gce/kWh)	392	333	329	325	321	319	302
原油加工综合能耗/(kgce/t)	118	100	97	93	94	97	73
乙烯综合能耗/(kgce/t)	1125	950	895	893	879	860	629
合成氨综合能耗/(kgce/t)	1699	1587	1568	1552	1532	1540	990
烧碱综合能耗/(kgce/t)	1439	1006	1060	986	972	949	910

数据来源：王庆一(2015)。

表 10-2　中国与日本钢铁行业吨钢可比能耗对比（单位：千克标煤/吨）

国家	2000 年	2005 年	2010 年	2011 年	2012 年	2013 年	2014 年
中国	784	732	681	675	674	662	654
日本	646	640	612	614			

注：数据来源：国家统计局(2015b)。

表 10-3　国内外水泥主要指标能效水平

项目		国际先进水平	国内先进水平	国内平均水平
1000~2000 吨/天(含 1000 吨/天)	熟料综合能耗/(千克标煤/吨)	116	124	140
	水泥综合能耗/(千克标煤/吨)	94.5	101	113.5
2000~4000 吨/天(含 2000 吨/天)	熟料综合能耗/(千克标煤/吨)	111	115	127
	水泥综合能耗/(千克标煤/吨)	90.5	94.5	103.5
4000 吨/天以上(含 4000 吨/天)	熟料综合能耗/(千克标煤/吨)	107	111	119
	水泥综合能耗/(千克标煤/吨)	87.5	91	97.5
年产 60 万吨水泥粉磨企业	水泥综合电耗/(千瓦·时/吨)	34	36	40
年产 80 万吨水泥粉磨企业	水泥综合电耗/(千瓦·时/吨)	33	35	39
年产 120 万吨水泥粉磨企业	水泥综合电耗/(千瓦·时/吨)	32	34	38

数据来源：曾学敏等(2009)。

　　水泥生产需要消耗大量的能源，其能耗约占整个建材工业的 75%。随着我国经济的发展，国家对于水泥的需求也在以迅猛的势头增长。由于建筑行业需求巨大以及建筑平均寿命偏短，我国生产了占世界将近 1/2 的水泥。2015 年水泥产量达到了 23.48 亿吨，

比 2010 年增长 25%。如此巨大的水泥需求势必会消耗大量的能源。目前每吨水泥综合
能耗比国际先进水平高出 35%左右,说明我国水泥行业具有相当大的节能潜力,如表 10-3
所示。2013 年我国进一步加大水泥行业环保力度,相继出台了《水泥工业大气污染物排
放标准》《水泥窑协同处置固体废物污染控制标准》《水泥窑协同处置固体废物环境保护
技术规范》等标准,对水泥行业的排放标准进行了明确的规定。水泥行业的减碳技术发
展对我国的节能减排工作具有十分重大意义。

以上分析表明,高耗能行业的综合能耗指标与发达国家和国际先进水平仍然具有较
大的差距,也反映出了高耗能行业低碳发展技术的相对落后。

10.1.2　工业部门已经逐步淘汰落后技术设备

近年来,我国各个行业均颁布了技术标准,逐步淘汰了一些落后技术和产能,促进
了低碳技术的应用和普及。相比于 2005 年,2010 年电力行业 300 兆瓦以上火电机组占
火电装机容量的比例由 50%上升到 73%,燃煤电厂投产运行脱硫机组容量达 5.78 亿千瓦,
占全部火电机组容量的 82.6%;钢铁行业 1000 立方米以上大型高炉产能的比例由 48%上
升到 61%,干熄焦技术普及率由不足 30%提高到 80%以上;建材行业新型干法水泥熟料
产量的比例由 39%上升到 81%,低温余热回收发电技术普及率由开始起步提高到 55%;
烧碱行业离子膜法烧碱技术普及率由 29%提高到 84%。"十二五"规划期间,我国政府
出台了更加严格的减排指标和技术标准,部分行业节能指标和淘汰落后产能标准如表
10-4 所示。"十一五"规划期间和"十二五"规划前四年我国工业部门落后产能淘汰量
如表 10-5 所示。

表 10-4　"十二五"规划部分节能指标及设备淘汰目录

指标	单位	2010 年	2015 年	变化
火电供电煤耗	克标准煤/(千瓦·时)	333	325	-8
吨钢综合能耗	千克标准煤	605	580	-25
原油加工综合能	千克标准煤/吨	99	86	-13
合成氨综合能耗	千克标准煤/吨	1402	1350	-52
水泥熟料综合能耗	千克标准煤/吨	115	112	-3
行业	淘汰设备			
钢铁	400 立方米及以下炼铁高炉,30 吨及以下转炉、电炉等			
水泥	立窑,干法中空窑,直径 3 米以下水泥粉磨设备			
铜冶炼	鼓风炉、电炉、反射炉炼铜工艺及设备			
化纤	2 万吨/年及以下黏胶常规短纤维生产线、湿法氨纶工艺生产线等			
电石	单台炉容量小于 12500 千伏安电石炉及开放式电石			

数据来源:国家发展和改革委员会(2012)。

表 10-5　中国工业部门落后产能淘汰量

行业	"十一五"规划期间	2011 年	2012 年	2013 年	2014 年
煤炭/百万吨	450.0	24.6	97.8	200.0	108.0
焦炭/百万吨	10.4	19.4	24.9	14.1	12.0
火电/吉瓦	72.1	3.5	5.5	4.4	3.3
炼钢/百万吨	68.6	27.9	9.4	19.7	90.0
炼铁/百万吨	111.7	31.2	28.5	25.3	120.0
水泥/百万吨	403.0	153.0	220.0	114.0	81.0
造纸/百万吨	10.3	8.2	8.8	4.6	4.9

数据来源：王庆一（2015）。

对于已经开始的"十三五"时期，落后产能、技术及老旧设备的淘汰规定已经写进了各行各业的政策规划中，执行力度更加严格。例如，《焦化行业"十三五"发展规划纲要》提出，"十三五"时期，焦化行业将淘汰全部落后产能，满足准入标准的比例达到 70%以上。

10.1.3　新能源利用技术逐渐成熟且呈规模应用

新能源又称非常规能源，是区别于传统能源的正处于积极研发阶段、尚未得到大规模利用推广的能源，主要包括太阳能、风能、生物质能、地热能、水能、海洋能、氢能等。新能源与可再生能源资源储量丰富、开发利用前景广阔、污染少，是未来可供人类利用的主要能源品种。目前，新能源与可再生能源的开发利用是世界各国能源发展战略和可持续发展战略的主要组成部分，也是解决我国能源供需差距加大、能源贫困、能源安全等问题。

1）太阳能利用技术

太阳能是目前最具普遍意义上用之不竭的可再生能源之一，由于其储量巨大、分布广泛、环境友好等特点，越来越受到世界各国的关注。每年到达地球表面上的太阳辐射能约相当于 130 万亿吨煤，而据世界能源会议统计，世界已探明可采煤炭储量共计 15980 亿吨，每年的太阳辐射能约为世界煤炭储量的 81 倍，可以说太阳能其总量属现今世界上可以开发的最大能源。太阳能利用方式包括热利用、光电转换和光化学转换等。例如太阳能热水器是把太阳辐射转变为热能的一种实用技术，1 平方米太阳能热水器每天可生产 40～50℃的热水 70～100 升，年替代标准煤 150 千克，相当于 417 千瓦·时电量。太阳能的大规模开发利用，是未来低碳发展的必然选择之一。

太阳能光伏发电是利用太阳电池把太阳辐射转变成电能，太阳能光伏电池是太阳能光伏发电的核心部分，分为晶体硅光伏电池、薄膜光伏电池和聚光电池等种类，其使用寿命为 20～25 年，生产太阳电池的能耗 2～5 年就可收回。近年来，政府对太阳能开发利用给予了高度重视，我国光伏发电产业和应用取得了全面进步。太阳电池产量连续七年世界第一，硅基薄膜电池商业化最高效率达到 8%以上，生产设备也已经从过去的全部引进国外产品到现在 70%以上的国产化率；500 千瓦级太阳能并网逆变器等关键设备实现国产化，并网太阳能系统开始商业化推广，太阳能微网技术开发与国际基本同步。目前，太阳能大规模发电技术已实现突破，部分关键器件已产业化。

《"十二五"能源规划》中明确提出加快太阳能多元化利用，推进光伏产业兼并重组和优化升级，大力推广与建筑结合的光伏发电，提高分布式利用规模，立足就地消纳建设大型光伏电站，积极开展太阳能热发电示范。加快发展建筑一体化太阳能应用，鼓励太阳能发电、采暖和制冷、太阳能中高温工业应用。2014 年，太阳能利用总量达到了 55.6 百万吨标煤，其中光伏发电 250 亿千瓦·时，热水器利用量 48.1 百万吨标煤。由此可见，我国太阳能利用技术的大规模推广和应用在不久的将来将得以实现。

2) 风能利用技术

风能是另一种普遍存在的清洁的可再生能源，风能的利用方式主要是风力发电。风力发电是可再生能源技术中相对成熟、具备地域性规模化开发条件和商业化发展前景的一种最有效形式。风力发电自 20 世纪 70 年代以来，逐渐从孤立使用的小型风力发电机发展为联网使用的大型风力发电机组，世界各地建成了许多可大规模生产电力的风电场，风电已成为继火电、水电和核电之后的第四大主要发电能源。中国风电场建设始于 80 年代，在其后的 10 余年中，经历了初期示范阶段和产业化建设阶段，装机容量平稳、缓慢增长。自 2003 年起，风电场建设进入规模化及国产化阶段，装机容量增长迅速。特别是 2006 年开始，我国风电连续四年装机容量翻番，形成了爆发式的增长。据全球风能理事会统计，2011 年我国新增装机容量 18000 兆瓦，保持全球新增装机容量第一（吕靖峰，2013）。2014 年，我国风力发电装机容量达到了 114.61 吉瓦，为 2005 年的 94 倍，当年风电总发电量为 200.3 太瓦·时。

3) 生物质能利用技术

生物质能是以植物光合作用固定的生物质为载体的能源，它从太阳能转化而来。现代生物质能利用是指采用先进的转换技术生产出固体、液体、气体等高品位能源来替代化石燃料。生物质能应用领域是沼气、生物质发电、生物质液体燃料、生物质致密成型燃料等，主要形式包括直接燃烧发电、与煤混烧发电、气化发电以及沼气/填埋气发电等。对于农村而言，主要是垃圾发电、植物秸秆发电、植物生产燃料乙醇等。对于生物质发电，发达国家和部分发展中国家多数采用厌氧消化技术。许多发展中国家，如印度、巴西、其他拉丁美洲和非洲国家等，均通过燃烧糖醇生产中剩余的甘蔗渣发电。2014 年，我国生物质能利用量，包括沼气开发和垃圾发电，达到了 26.8 百万吨标煤。

4) 水能利用技术

水力发电是指利用水位落差配合水轮发电机从而产生电力的技术，按集中落差的方式分类，分为堤坝式水电厂、引水式水电厂、混合式水电厂、潮汐水电厂和抽水蓄能电厂。水力发电是我国非化石能源利用的主要方式之一，是目前应用规模最大、相对最成熟的可再生能源技术，已经建立了一批世界级的水力发电站，如三峡电站等。2015 年全国水电新增投产 1608 万千瓦，截至 2015 年底，全口径水电装机容量已达 3.19 亿千瓦。2015 年，年发电量 1.11 万亿千瓦时，同比增长 5.1%，设备利用小时 3621 小时，为近二十年来的年度第三高水平（2005 年和 2014 年分别为 3664 和 3669 小时）。目前，我国水电装机总量、水电发电量和消费量均居世界首位。但是，从开发水平上来看，我国水电的开发水平约为 22%，而发达国家的水电平均开发程度在 60%以上(魏一鸣等，2008)，水力发电仍然具有较大的开发潜力。

10.1.4 脱碳技术示范运行但距大规模应用尚远

脱碳发展技术是指把二氧化碳去除或者加以利用的技术，如典型的二氧化碳捕采、利用与封存(carbon capture utilization and storage, CCUS)技术。CCUS 技术作为一种末端减排技术得到世界各国的普遍关注。目前世界主要国家已经积极开展了 CCUS 技术的研发、示范及初步商业推广，这项技术的减排潜力巨大。

中国对 CCUS 技术给予了积极的关注和高度重视。《国家中长期科学和技术发展规划纲要(2006~2020 年)》《中国应对气候变化科技专项行动》《国家"十二五"科学和技术发展规划》等科技政策文件中均明确提出要将 CCUS 技术开发作为控制温室气体排放和减缓气候变化的重要任务。开展 CCUS 技术研发和储备，将为我国未来温室气体的大规模减排提供重要的战略性技术支撑。为此，中国科学技术部等相关部门围绕 CO_2 捕集、运输、资源化利用与封存相关科学理论、关键技术、示范及相关战略等进行了系统部署，旨在加强技术创新，促进能耗和成本降低，深化和拓展 CO_2 资源化利用途径，提高其可持续发展效益。

近年来，中国在 CCUS 相关技术政策、研发示范、能力建设、国际合作等方面开展了一系列工作推动该项技术的发展。尽管起步较晚，但取得了长足进步，在企业、科研单位和高等院校共同参与下，我国已经围绕 CCUS 相关理论、关键技术和配套政策的研究开展了多项工作，建立了一批专业研究队伍，取得了一些有自主知识产权的技术成果，成功开展了工业级技术示范。"十一五"规划期间，针对 CCUS 基础研究与技术开发部署相关国家科技计划和科技专项共约 20 项，总经费超过 10 亿元，其中公共财政支持约 2 亿元。"十二五"规划期间，针对全流程技术示范的投入力度明显加强，仅 2011 年，相关国家科技计划和科技专项已部署项目约 10 项，总经费超过 20 亿元，其中公共财政支持超过 4 亿元。

我国的中试/示范项目增加，已建成多个全流程示范工程。中国企业近年来积极开展 CCUS 研发与示范活动，特别是在 CO_2 利用技术领域(如 CO_2 驱油)，如中国石油天然气股份有限公司吉林油田分公司 CO_2 工业分离与驱油项目和中国石化股份有限公司胜利油田分公司燃烧后 CO_2 捕集与驱油项目。目前正在陕西延长石油开展二氧化碳捕集与综合利用示范项目，预计在未来几年实现投运。

CCUS 技术不仅仅需要技术上的支持，还需要政策上的支撑和引导，以及法律法规的保障，我国在这一方面的研究起步较晚。巨额的资金需求和捉襟见肘的资金来源，决定了 CCUS 商业化推广的投融资之路绝非坦途。只有具备合适的金融激励措施，CCUS 技术才能得以大规模使用和商业化推广。从全产业链的角度上分析，CCUS 商业化推广需要一系列完整的法律法规以及财政激励措施，如 CCUS 信托基金的建立、金融激励措施的引导、"碳"财税政策的实施等。目前，这些激励机制以及保障措施的缺失是 CCUS 商业化推广的主要障碍之一。我国是否决定建立和完善相应机制和措施，解决 CCUS 的资金问题，应结合 CCUS 技术成熟度以及国际形势的发展需要。现阶段我国相关财政体制机制尚难以支持 CCUS 商业化推广。CCUS 技术的发展需要国内外政策的引导和支持，更需要项目实施主体——企业的支持和参与。企业之间既有共同利益，又存在利益冲突。在 CCUS 产业链条上，设备、技术和服务供应商是绝对受益方，但煤炭、电力、石油化工等行业企业，作为项目开发主体，既可能受益，也承担技术失败、市场不稳定等带来的风险，还面临在现有政策和市场环境下产生的利益冲突等问题。促进企业间合作、协调企业利益分配、促成跨部门合作，对 CCUS 的商业化推广至关重要。虽然 CCUS 出现时间还不长，但由于其特殊的复杂性和可引发的风险，国际专家学者已经意识到，制定系列法律法规以规避风险是推广 CCUS 技术前必须加以谨慎解决的问题。到目前为止，欧盟、美国、澳大利亚等国家和地区已经在制定专门的 CCUS 法律法规方面进行了尝试，但我国在这方面尚未起步。无论国际还是国内，已有的法律法规同 CCUS 技术发展的需要都还存在一定的差距。

10.2　低碳技术发展面临的挑战

10.2.1　缺乏自主创新能力

据估计，我国的低碳技术研发基础与国际先进水平的差距在 7~10 年或者更长时间（国家技术前瞻课题组，2008）。2014 年科技研发支出占 GDP 的比例仅为 2.05%，而发达国家这一比例在 3%左右，具有较大的差距。低碳核心发展技术与国外相比差距更为明显，以风电为例，2014 年我国风力发电装机容量达到了 114.61 吉瓦，首次超过美国成为全球第一，但是风电机组控制系统、叶片设计等核心技术仍需要进口。同样，对于太阳能产业，涉及太阳能整体系统的核心技术仍较少。造成这种现状一个主要原因是我国的技术研发体系尚未完善，技术创新的温床尚未形成。

我国科技研发机构主要包括高校、研究机构和企业三个层面，但是由于不同研发主体之间的利益和关注点不同，研发主体相互独立，缺乏合作，难以促进核心技术的研发和推广。我国有 28000 多家大中型企业，其中只有 25%的企业拥有自己的研发机构，75%的企业没有专职的研发人员；从科技成果的产出来看，主要是科技论文、专著和发明专利，但是科技成果的转化率较低，缺乏相关的政策支撑和政府推动力；从研发资金的用途看，对我国大多数企业而言，只有 24%左右的资金用于新产品开发，不到 10%的资金用于基础研究，即使用于新产品开发，也是更加注重短期项目，缺乏长期性、有市场前瞻性的研究项目（李志国，2011）；在企业技术创新方面，目前我国的专利申请多为实用型技术，比较偏重于短期经济效益。此外，高科技领域中的发明专利，绝大多数来自国外，如无线电传输、移动通信、半导体、西药、计算机领域，来自外国企业和外资企业的，分别占 93%、91%、85%、69%、60%。由于缺乏核心技术，国产手机、计算机、数控机床售价的 20%~40%支付给了国外专利持有者。众多产业缺乏自主的核心技术，成为我国产业发展和经济建设的严重制约。

10.2.2　核心技术投资需求较大

低碳技术的推广和普及往往伴随着较高的成本，对于利益至上的企业来说，存在较大的阻碍。例如，对于 CCUS 技术来说，高昂的捕集成本是 CCUS 技术广泛应用面临的挑战之一。在中国当前的技术条件下，不论是 IGCC(Integrated Gasification combined cycle)电厂配合燃烧前捕集技术，还是普通热电厂的燃烧后捕集技术，引入 CO_2 捕集环节都将增加大量的额外资本投入和运行维护成本，从而使总体发电成本增加。据相关数据显示，目前公认的应用 CCUS 技术最成熟的领域是超临界火力发电厂。未捕集 CO_2 的超临界电厂的单位发电能耗约为 300 克标煤/(千瓦·时)，成本为 0.2~0.3 元/(千瓦·时)；如果采用燃烧后捕集技术，在 CO_2 捕集率为 90%的情况下，单位发电能耗将上升到 400 克标煤/(千瓦·时)，发电成本则相应上升到 0.4 元/(千瓦·时)，将直接导致发电成本的成倍增长。对于目前主要的低碳发展技术，如生物质发电技术、太阳能光伏技术、IGCC 技术、大规模高效储能技术、燃料替代技术等，均存在成本过高导致无法大规模经济推广的问题，只能作为示范项目来运行。

10.2.3 融资渠道有待拓展

由于成本高昂，核心低碳技术的融资问题便显得尤为重要。低碳技术的发展归根到底取决于筹措足够的资金用于研发和推广。目前，我国低碳技术融资方式包括政府投入、商业贷款、资本市场等。从目前核心低碳技术的研发、推广和普及的融资模式来看，主要是以政府投入为主、企业自筹为辅的方式，如风电、太阳能发电和新能源汽车技术，融资渠道较为单一。特别是对于一些短期收益小、发展不确定的低碳项目，融资渠道少且投资规模小，如 CCUS 技术。

目前，我国的 CCUS 投融资体系远未完善，CCUS 项目资金主要源于国家科技计划、央企自筹款，辅以国际合作项目资金等，如图 10-1 所示。

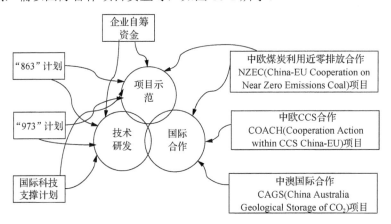

图 10-1 我国目前的 CCUS 投融资模式

国家科技计划主要用于资助国内科研机构 CCUS 相关的科学研究，如"973"/"863"计划等(表 10-6)；示范项目的资金来源主要是企业自筹及少部分国际援助，但国际援助的资金量较小。例如，2007 年 11 月英国政府启动了第一个 CCUS 对华合作项目(英方出资 350 万英镑，这是英国唯一对发展中国家开展的 CCUS 项目)，探讨实现燃煤电厂近零排放。目前中原油田、胜利油田、大庆油田等都已开展了强化采油项目。其中，2008

年 5 月中日两国签订每年从哈尔滨热电厂捕获 100～300 万吨二氧化碳,并通过管道运输 100 公里注入和储存到大庆油田中。2008 年 7 月,华能北京高碑店热电厂 CCUS 项目进行碳捕集改造,每年捕集 $CO_2$3000 吨,并将捕集的 CO_2 用于饮料制造业。(Commonwealth Scientific and Industrial Research Organization, CSIRO)。这一项目每年捕获二氧化碳 3000 吨,并将捕获的二氧化碳用于软饮料制造业。除了华能项目,澳大利亚和我国还建立了中澳清洁碳技术联合协商小组(Australia-China Joint Coordination Group on Clean Coal Technology),在更广泛的范围内进行合作。美国也资助了一些 CCUS 的项目,包括"安全有效的实施 CCUS 指南"项目和"促进煤矿甲烷利用"的项目。其中后者已经在美国环境保护署的资助下在河南、河北的煤矿中开展。总的来说,目前我国 CCUS 项目资金来源少、总量小,难以满足其快速发展的需求,融资渠道急需拓展。

表 10-6　我国主要大型 CCUS 科研项目列表

项目名称	资金来源	资金金额	配套要求	支持时间	依托单位
基于 IGCC 的 CO_2 捕集、利用与封存技术研究与示范	"863"计划	5000 万元	自筹经费不少于 5000 万元	2011～2013 年	N/A
二氧化碳的吸收法捕集技术	"863"计划	700 万元	自筹经费不少于 350 万元	2008～2010 年	N/A
二氧化碳的吸附法捕集技术	"863"计划	600 万元	自筹经费不少于 300 万元	2008～2010 年	N/A
二氧化碳的封存技术	"863"计划	700 万元	自筹经费不少于 350 万元	2008～2010 年	N/A
二氧化碳的减排、存储与资源化利用的基础研究	"973"计划	N/A	N/A	2011～2015 年	中国石油天然气股份有限公司、教育部、中国科学院
温室气体提高石油采收率的资源化利用及地下埋存	"973"计划	N/A	N/A	2006 年	中国石油天然气股份有限公司、教育部
35MWth 富氧燃烧碳捕获关键技术、装备研发及工程示范	国家科技支撑计划	N/A	N/A	2011 年	华中科技大学、东方电气、四川空分设备公司

资料来源:气候组织(2010)。

10.2.4　部分新能源技术产能过剩

新能源技术的开发和推广对于二氧化碳减排具有重要影响,但应该是在适时和适度推广的前提下。近年来,我国新能源开发利用项目大幅增长,特别是新能源发电项目。2014 年,可再生能源开发利用量达 479.4 百万吨标煤,比 2000 年增长 4.6 倍,其中,水电 1064.3 太瓦·时,光伏发电 25.0 太瓦·时,风力发电 200.3 太瓦·时,生物质和垃圾发电 40.2 太瓦·时。2014 年风电装机容量为 2005 年的 94 倍,光伏发电装机容量为 2005 年的 401 倍。2013 年可再生能源发电新增装机容量首次超过化石燃料发电新增装机容量,达 6387 万千瓦,占新增装机总容量的 62.3%。但是,目前部分新能源发电存在过度开发、产能过剩的现象,如近两年的"弃风限电"。2016 年 4 月 8 日,国家能源局已经紧急叫停了部分地区的新增新能源建设项目，以防范其过度开发导致的浪费。因此，政府应该制定相应的政策，防止类似风电等新技术的过度开发而导致浪费的现象发生。

10.2.5　政策支持有待完善

低碳发展技术除了面临技术研发、资金、融资等方面的障碍，国家的法律法规和政策支持也有待完善。例如，对于 CCUS 项目，中国乃至世界范围内在该技术和工程实践上的法律法规尚存在缺失。在示范工程阶段，政府的推动和支持在 CCUS 的发展中发挥着重要作用，这已经成为普遍共识。在不同国家或地区，不同阶段，政府的支持、鼓励和激励方式及程度各有不同。降低捕集成本和加速示范工程建设是 CCUS 技术开发面临的主要任务和挑战。为加速 CCUS 技术示范与应用，主要发达国家都相继选择了一定的政策工具，制定了激励 CCUS 技术发展的公共政策。这些政策工具包括税收激励、贷款担保、建立碳排放交易体系、强制碳排放标准及 CO_2 定价、政府补贴及奖励。在国际气候治理项目的带动和政府科研项目的资助下，中国广泛开展了碳捕集与封存技术示范工程建设，但是目前仍然缺少推动 CCUS 技术发展的专门政策激励。

10.3　低碳技术发展展望

10.3.1　国际引进转向自主创新

国际低碳技术引进、合作是一直以来我国低碳技术发展的主要方式，很多低碳发展技术主要以"引进-消化-吸收"国外技术或者与国外公司企业合作的方式来实现低碳技术的本土化。例如，1997 年上海汽轮机厂通过与日本西门子公司联合设计 600 兆瓦超临界电站设备，合作制造 1000 兆瓦超超临界电站设备，从而具备了 50 赫和 60 赫亚临界、超临界、超超临界汽轮机的设计和制造能力。哈尔滨锅炉厂与三菱重工合作设计、制造 60 兆瓦、1000 兆瓦超超临界锅炉。东方汽轮机厂与日立公司合作，为邹县电厂生产了亚临界 600 兆瓦机组，在此基础上继续与日立合作，设计制造 600 兆瓦、1000 兆瓦超临界汽轮机（朱宝田和赵毅，2008）。但是，近年来我国政府和企业逐渐认识到技术自主创新的重要性，低碳技术发展方式逐步转变为以研发、示范、推广的自主创新模式。例如，近年来我国针对 IGCC 技术、CCUS 技术，均实施了大规模示范工程。另外，从低碳技术的专利申请数量来看，近几年发展迅速，2004 年不足 1000 件，2006 年超过 3000 件，2008 年超过 6000 件，而 2009 年超过 11000 件（田力普，2010）；从高耗能行业的企业科研投入角度来看，2010～2014 年，短短四年间，我国能源和高耗能行业的企业研究开发经费从 4015.4 亿元增长到 9254.3 亿元，增长了 1.3 倍，且这一投入未来将继续增长。种种迹象表明，我国的低碳发展技术已经逐渐从国际引进转向了自主创新的发展模式。

10.3.2　技术选择更加具有弹性

随着低碳技术的研发、示范、推广，越来越多的低碳技术应用到能源供应、交通节能、工业节能、建筑节能等领域。每一类低碳发展技术均包括多种技术可供选择，例如，在交通领域，包括混合动力汽车、电动汽车、乙醇燃料汽车、氢燃料汽车、生物柴油、纤维制乙醇等先进技术，不同的技术之间具有一定的替代性。由于低碳技术的研发具有不确定性，如 CCUS 技术、新一代生物燃料技术、可再生能源技术、储能技术、电动汽车技术等先进技术的研发和应用存在延时和失败的风险(吴昌华，2010)，所以未来我国低碳技术的战略选择将会更加多样化、具有更多的选择弹性，以防止少数技术对我国低碳经济发展的限制性作用和保证碳减排目标的顺利实现。

10.3.3　制定低碳技术发展路线图

《中国应对气候变化国家方案》明确提出：要发挥科技进步在减缓和适应气候变化中的先导性和基础性作用，促进各种技术的发展以及加快科技创新和技术引进步伐。本节根据国内外学者的研究成果，以及政府的政策规划及措施，对我国当前可以利用的、政策重点支持的，以及具有较大发展潜力的低碳发展技术进行了介绍。目前低碳技术的发展仍然面临几个问题，主要包括技术障碍、成本障碍、政策性障碍等，需要经历不同的阶段和历程。针对本章前面的综合分析成果，给出我国中长期低碳技术发展路线图，如图 10-2 所示。

从发展水平来看，以上所列举出的主要低碳发展技术仍处于不同的发展阶段，主要包括研发阶段、示范工程阶段、小规模商业化利用阶段、大规模商业化利用阶段。不同阶段的低碳发展技术需要不同的国家政策支持。例如，对于太阳能热发电技术，目前我国该技术的发展相比于发达国家仍有较大差距，正处于示范工程阶段。国家对于该类具有较大发展潜力的低碳发展技术应给予更大的政策倾斜和支持，如加大补贴力度等；对于目前国内外研究较热的主要脱碳技术——CCUS 技术，我国已经加快了研究和推广步伐，但是这一技术的相关法律法规建设尚未健全，且示范项目的成本较高。因此，在紧跟国外研究脚步、加大国际交流合作的同时，我国政府也应开展相关法律法规的研究；对于已经成熟的低碳发展技术，如电石渣替代技术，政府应该加大推广力度，出台强制性措施推进技术的推广；对于落后的生产技术，及时出台强制性的淘汰规定则尤为重要。总的来说，对于不同发展阶段的低碳发展技术，政策支持一定要有所侧重。此外，与发达国家相比，我国的低碳发展技术仍然差距较大，缺乏核心技术，自主创新能力较弱。在加大国外先进技术引进、吸收的同时，核心技术的自主研发应该得到政府更多的重视。

在"十三五"规划期间，我国的低碳技术将得到进一步推广。低碳发展技术作为解决我国碳排放问题、可持续发展问题的主要方式之一，是实现政府已经承诺的到 2020 年单位 GDP 二氧化碳排放比 2005 年下降 40%～45% 及 2030 年左右达到碳排放峰值宏伟目标的重要保证。中国政府近 10 年以来一直坚持大力推广低碳发展技术，已有的政策对技术的发展起到了积极的推动作用。尽管面临着严峻的挑战，但是有理由相信，在"十三五"规划以及更远的 2020 年、2030 年、2050 年，中国将会走出自己的低碳发展之路。

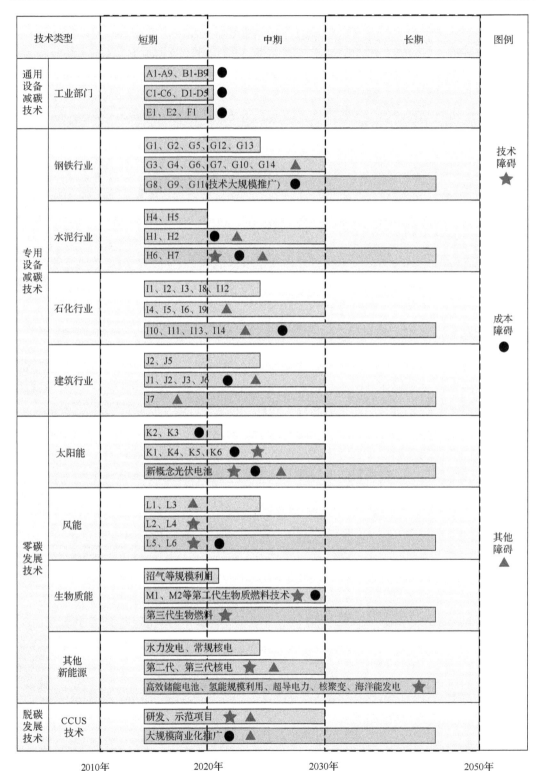

图 10-2 我国中长期低碳技术发展路线图

具体技术详见附表 A-1~附表 A-6

10.4　低碳技术发展建议

目前，虽然我国的低碳发展技术已经有了很大进步，但是仍然面临许多挑战，与发达国家相比也有一定的差距。随着我国经济不断发展，对能源的需求量将会越来越大，相应的二氧化碳排放量也将继续增长，因此，积极发展低碳技术十分必要。通过以上分析，对于我国未来的低碳技术发展方向，给出了如下政策建议。

10.4.1　继续淘汰落后技术设备

各行各业的落后产能及技术的强制性淘汰对我国整体低碳技术升级具有重要影响。未来，我国应该继续制定严格的落后技术、设备、产能淘汰政策制度，加快技术升级，在兼顾经济效益的前提下逐渐形成一套低碳技术研发-应用-淘汰的良性发展路线。

10.4.2　提高已成熟技术普及率

对于目前已有的成熟低碳发展技术，我国应该加快普及应用速度。例如，我国钢铁企业回收利用余热、余能的技术措施较成熟且效果较好，如焦炉干熄焦回收蒸汽发电设施，高炉余压发电设施，烧结尾气回收蒸汽设施，转炉煤气、蒸汽回收设施等，应大力推广。另外，蓄热式加热炉燃烧低热值的高炉煤气技术、连铸坯热装-热送技术和采用煤气-空气双预热的蓄热式加热炉技术等都是为实现节能减排而值得推广和普及的成熟工艺技术。

10.4.3　加快核心技术自主创新

我国低碳发展技术相比于西方发达国家，具有成本优势和制造业基础优势，劣势在于缺乏自主创新能力，特别是核心技术的自主创新能力，这是我国低碳技术发展的根本。应加快核心低碳技术的自主创新，重视低碳技术的基础理论研究，加强技术转化，逐渐摆脱对国外技术的依赖。

10.4.4　推进国际技术吸收转化

中国发展低碳技术不仅要通过自主创新，同时也要积极寻求国际技术合作。应建立有效的低碳技术国际合作机制，逐步消除国际先进技术引进过程中的政策、程序壁垒，为技术引进和应用提供激励措施，从而推动低碳技术进步，促进减排目标的实现。

10.4.5　加快完善技术政策支持

加快低碳发展技术相关的法制建设，完善国家以及政府层面的关于低碳技术知识产权的法律法规，解决低碳技术研发主体的后顾之忧。此外，对于核心低碳发展技术，政府应出台相应的财政支持政策，包括税收优惠、财政补贴等，以扫除低碳技术研发和推广阶段的成本障碍。

10.4.6　加强低碳技术政府引导

各级政府应建立促进低碳技术发展和应用的工作机构，加强低碳技术的普及、推广和监督工作，加快建立低碳技术标准体系，实现低碳技术研发推广工作的量化、系统化和标准化，为低碳技术的发展创造合适的平台。

第11章 低碳发展政策评估与模拟

人为导致的二氧化碳过度排放是典型的经济外部性行为。因此，需要相关政策进行宏观调控，引导生产和生活行为进行适当的调整，从而促进二氧化碳减排。本章对主要节能减碳政策的内涵、发展等进行介绍，并针对目前在中国最受关注的管制政策(能源消费总量控制)和财税政策(碳税)分别进行研究和模拟。

11.1 低碳发展的命令控制型政策

11.1.1 行政管制是初期节能减碳的主要措施

行政管制作为传统的控制手段，主要通过排放限额、用能/排放标准、供电配额等方式对二氧化碳排放或能源利用水平实行直接控制。在初期的节能减碳行动中，由于市场化机制尚不健全，而命令控制型政策以其强制性、法规性、直接性、见效快等特点成为各国实现节能减碳的主要手段。例如，在20世纪70年代美国相继出台了多部能源法案，1975年颁布实施了《能源政策和节约法》，1978年出台了《国家节能政策法案》等，其主要目标是实现能源安全、节能及提高能效。此外，欧盟的温室气体限排制度是对能源、钢铁、水泥、造纸、制砖等产业实行二氧化碳排放限额，对超额企业进行罚款；日本则是对耗能过多的单位采取限期整改，整改后仍不达标者进行曝光、罚款等处理。在电力市场方面，美国、欧盟等实行了可再生能源发电配额制（renewable portfolio standard, RPS），旨在要求供电商采用可再生能源进行发电，提高可再生能源发电比例。

针对中国而言，命令控制型手段是我国实行较早、现今较为成熟的节能减碳政策措施。早在1979年，《中华人民共和国环境保护法（试行）》提出"三同时"制度，该法第六条规定："在进行新建、改建和扩建工程时，必须提出对环境影响的报告书，经环境保护部门和其他有关部门审查批准后才能进行设计；其中防止污染和其他公害的设施，必须与主体工程同时设计、同时施工、同时投产；各项有害物质的排放必须遵守国家规定的标准"。1989年第三次全国环保会议提出排污许可制度并将其作为环境管理的一项新制度；1998年颁布实施《中华人民共和国节约能源法》等。近年来，中国经济快速发展的同时也付出了巨大的资源和环境代价，经济发展与资源环境的矛盾日趋尖锐，大面积的雾霾污染问题以及全球正在经历的气候变化问题对人民生活造成了严重的影响。对此，《中华人民共和国国民经济和社会发展第十一个五年规划纲要》首次提出了"十一五"规划期间单位国内生产总值能耗降低20%左右，主要污染物排放总量减少10%的约束性指标。在此基础上，"十二五"规划进一步明确了"十二五"规划期间降低能耗、减少排放的总体目标。

11.1.2　能源消费总量控制是实现碳减排的有效途径

中国的能源与环境碳排放归根结底还是由能源资源禀赋所决定的,中国特有的"富煤、贫油、少气"能源结构使得经济发展过重依赖于煤炭,因此要从根本上解决环境以及气候问题,关键在于转变发展方式和调整能源结构。中国政府提出到 2020 年,一次能源消费总量控制在 48 亿吨标准煤左右、煤炭消费总量要控制在 42 亿吨左右的能源消费总量控制目标(国务院办公厅,2014)。

能源消费总量控制指标,作为各种节能减碳技术推广应用的主要推动力,直接指导各区域、各行业的能源消费行为,同时也可以间接促进碳排放交易的实施。能源消费总量控制政策深刻地影响着中国整体以及各个地区的碳排放情况。

1)能源消费总量控制政策直接控制碳源

目前碳排放控制政策主要包括碳税、碳排放交易和碳排放/能源消费的总量控制政策。从作用机理来看,能源消费的总量控制政策直接作用于碳源,包括化石能源在内的能源消费,效果可控性最强,属于行政管制型措施。而碳税政策对排碳行为进行征税,虽然增加了碳排放行为的成本,但对二氧化碳的减排量仍不可准确控制。碳交易政策属于市场化手段,本身需要总量控制政策相配合,但社会成本相对较低。中国交易市场建设并不十分完善,但中央政府的执政能力较强,因此推进能源消费的总量控制政策相对难度较低,目标可控,但社会成本可能较高。

能源消费总量控制政策对减少碳排放的影响是积极的,但其本身也受到诸多挑战,这些挑战反过来体现出相关政策对碳减排工作的公平性。我国各个地区经济发展较不均衡,这种不均衡性主要体现在人均 GDP、工业化率、城镇化率和产业结构等方面(阮加和雅倩,2011)。从总体来看,东部地区在人均 GDP、工业化率和城镇化率方面明显优于西部地区,产业结构上东部地区第二产业比例低于中西部地区。能源消费总量控制政策作为全国性统一指标,需要对其进行区域分解。中央政府在分解能源消费总量控制指标时,需要综合考虑当地经济发展程度、承受能力和节能潜力的综合关系。当前我国许多地区经济发展尚未与能源消费脱钩,相关地区的经济高速发展冲动,容易建立在高耗能高排放的行业上。中央政府综合考虑地方的承受能力和节能潜力,在尽量减少经济冲击的基础上,促进节能减碳,因此能源消费总量控制政策对碳排放控制起到积极作用,并能够体现区域间碳减排的公平性。

2)能源消费总量控制政策是当前阶段的较优选择

化石能源消费与碳排放问题直接相关,限制化石能源消费的增长,就是直接限制碳排放量的增长。中国正处于工业化中期,其气候政策带有明显的发展中国家色彩,具体表现为在考虑其发展前景和承受能力的前提下,提出有限的碳减排目标,或者是较多考虑碳减排政策的协同效应,即限制能源消费总量和污染物排放总量的同时实现二氧化碳的减排目标。在这样的背景下,比较能源消费总量控制政策对碳排放削减的效果,可以部分地从碳排放总量控制政策入手。

在两个动态微分博弈模型模拟下,从均衡碳排放量来看,交易许可政策最优,总量控制政策次之,碳税政策再次之,在仅考虑碳减排效果的条件下,交易许可政策效果最好（杨仕辉和魏守道，2015）。考虑中国中央政府在实施总量控制政策方面的优势，以及企业和国民对碳税政策的接受程度，中国政府在当前阶段应当以能源消费的总量控制政策为主，未来逐渐转向碳排放/能效指标/节能指标等多指标交易政策。

3）开源节流、绿色低碳和科技创新是总量控制政策的施政方向

能源消费总量控制政策的实施战略主要包括以下三点：开源节流、绿色低碳和科技创新。开源节流战略是能源消费总量控制政策的重点。

开源节流并举、节约优先是全社会能源生产消费相关政策的主要制定思路。节约方面，首先是促进能源的集约化高效开发。在工业领域，积极淘汰以小、散、粗为特征的分散式低端产能，促进高耗能的钢铁、水泥、有色、纺织等行业的集约化发展，减少能源消费；在居民部门，推进城乡一体化发展，促进供暖、供水、供电的集中管理，促进公共交通基础设施的建设，倡导节能生活；推行"一挂双控"，将能源消费与经济增长挂钩，对原有产能严格管理，淘汰过剩产能，提高新增产能的节能标准；大力促进能效提升，在工业、交通、建筑领域推广绿色技术和标准。开源方面，一方面促进传统化石能源的高效清洁利用，另一方面努力优化能源结构，推广页岩气、核能、风能、光伏发电等非传统能源的使用。推进能源清洁高效开发利用方面，快速发展煤炭清洁利用，推进煤炭集约化生产运输，积极推进国际能源合作。在优化能源结构方面，对煤炭消费进行总量控制，其中，京津冀鲁、长三角、珠三角等地区实现煤炭负增长，京津冀鲁地区到2020 年削减煤炭消费 1 亿吨。此外，还要综合促进天然气、核电和可再生能源的发展。

绿色低碳是当前形势下对能源消费总量控制政策的必然要求。能源消费总量控制政策有消费上限：主要针对煤炭、石油等传统化石能源；也有增长下限：主要针对绿色低碳的新型能源。因为与传统能源相比，天然气、核电、可再生能源和页岩气等新型资源，其环境友好度强，单位碳排放量较低。相关的总量上下限控制政策，将明显促进碳排放削减工作的推进。

科技创新是能源消费总量控制政策的主要驱动力。从开源一侧的新型能源开发利用技术，到节流一侧的煤炭清洁利用、工业能效提升等政策的实施，离不开科技创新的支持。煤炭清洁化利用方面，发展远距离大容量输电技术，积极推进煤炭分级分质梯级利用，加大煤炭洗选比例，鼓励煤矸石等低热值煤和劣质煤就地清洁转化利用。非常规/常规天然气方面，加强西部低品位、东部深层、海域深水三大领域常规天然气的科技攻关，加强页岩气地质调查研究，加快"工厂化""成套化"技术研发和应用。交通领域，加快发展纯电动汽车、混合动力汽车和船舶、天然气汽车和船舶，扩大交通燃油替代规模。核电领域，重点推进 AP1000、CAP1400、高温气冷堆、快堆及后处理技术攻关。能效领域，实施电机、内燃机、锅炉等重点用能设备能效提升计划，推进工业企业余热余压利用。

11.2　低碳发展的财政税收与价格机制

中国共产党十八届中央委员会第三次全体会议指出，建设生态文明，必须建立系统完整的生态文明制度体系，用制度保护生态环境。发达国家早在 20 世纪七八十年代出台

了一系列财税政策支持节能减碳。根据我国实际国情，参考和借鉴发达国家先进经验，完善我国节能减碳财税政策，对于推动我国节能减碳和经济可持续发展非常必要。随着节能减碳工作的推进，持续、深入地研究财税政策以促进节能减碳预期目标的实现是十分必要的。

11.2.1　主要发达国家节能减碳财税制度

20 世纪 80 年代以来，一些欧美发达国家通过调整财税政策在内的经济政策，在节能减碳、新能源研发等方面取得了显著成绩。

1. 主要发达国家节能减碳有关财政政策

1) 财政补贴与资助

欧美主要发达国家通过财政补贴、预算拨款等方式支持节能技术或项目的研究、清洁能源的研发、节能产品的使用和推广、节能宣传教育、节能政策法规及标准的研究制定等。美国对消费者和生产者给予财政补贴，支持节能产品的推广使用，如对"能源之星"标识的节能产品给予一定金额的补助，主要包括节能电冰箱、空调器、洗衣机、紧凑型荧光灯等产品。日本政府在预算中安排节能技术研究开发费用，近年来年均拨款高达数亿美元；对电动汽车、清洁柴油车、太阳能设备等提供节能补贴，如对购买或租赁电动汽车的单位或个人补贴额达到了价格的 1/2。英国对节能住宅的购买和改造给予减免税及直接补贴的优惠，对太阳能等可再生能源提供补贴，如对规模小于 5 兆瓦的太阳能发电系统家庭用户，补贴金额为每年返还 900 英镑，补贴年限为 10～25 年不等。法国政府通过财政补贴方式，鼓励消费政府公布目录上的产品，对购买和使用的相关设备给予价款 15%～20%的补助。

2) 政府采购

发达国家积极推动政府绿色采购，政府机构优先采购环保产品。美国《政府采购法》规定，"采购那些对人民健康和环境影响最小的产品和服务是政府的采购政策"，总统第 13101 号行政命令规定"通过废弃物减量、资源回收及联邦采购推进绿化政府行动"，并从 20 世纪 90 年代开始实施采购循环产品计划、能源之星计划、环境友好产品采购计划等一系列绿色采购计划。德国自 1979 年起推行"环保标志"制度，政府机构优先采购环保标志产品，并规定绿色采购的原则包括禁止浪费，产品必须具有耐久性、可回收、可维修、容易弃置处理等条件。日本政府在 1994 年制定实施了"政府绿化行动计划"，拟定了绿色采购的基本原则，鼓励所有中央政府管理机构采购绿色产品，2000 年，日本颁布了《绿色采购法》，规定所有中央政府所属的机构都必须制定和实施年度绿色采购。

3) 节能基金

多个发达国家建立了节能基金，资助企业或家庭从事节能环保活动。美国政府建立节能公益基金，主要通过提取一定比例的电价来筹集资金，基金由各州的公用事业委员会负责管理，主要用于开展节能活动。英国设立碳基金，资金来源是向工业、商业及公共部门征收的气候变化税，按企业模式运作，主要用于减少碳排放、提高能源效率和加强碳管理、投资低碳技术。德国设立中小企业能源效率特别基金，为企业提供信息和资金支持。韩国政府设立节能基金，主要为企业装配节能设施和设备提供低息融资。

4）优惠贷款

发达国家对节能项目提供低息贷款、贴息贷款或贷款担保。日本政策性银行为工业企业节能投资提供优惠贷款，企业购买政府规定的设备，并按照条件和程序进行审批，政府给予贴息支持；此外日本政策性银行设立节能环保专项资金，为减少大气与水质污染、控制废弃物排放、石油替代能源和低耗能建筑等领域的设备投资和研究开发提供贷款。法国环境能源管理署与银行机构合作建立节能担保基金，对中小企业在节能方面的投资提供贷款担保。

2. 主要发达国家节能减碳有关税收制度

1）环境税

环境税是把环境污染和生态破坏的社会成本，内化到生产成本和市场价格中去，再通过市场机制来分配环境资源的税种，是发达国家节能减碳税收制度的重要组成部分，主要有大气污染税、水污染税、噪声税、固体废物税和垃圾税等 5 种。与温室气体排放有关的主要是碳税，本书将在 11.2.4 节针对碳税政策进行详细分析。

2）资源税

资源税是以各种应税自然资源为课税对象、为了调节资源级差收入并体现资源有偿使用而征收的一种税。世界上许多国家通过资源税制度，保护生态与环境，实现资源合理开发利用，征税范围包括矿藏、土地、水、森林等资源。美国 50 个州中已有 39 个州开征了资源税，主要针对石油、天然气、林业产品的开采实行特许权税，采用从量税或从价税，征收一般安排在销售环节，各州能够根据各自的实际情况合理开发资源，保护自然资源和生态环境。

3）消费税

消费税是以消费品的流转额作为课税对象的税种。因其征税对象的选择性和税率设计的差别性特征，消费税不仅具有财政收入职能，更成为调控生产者和消费者行为、实现节约资源能源、减少环境污染的重要手段。多个发达国家对矿物油、矿产品及其他能源、交通运输、环境污染行为、其他消费品和消费行为征收消费税，调控能源消费，实现环境保护。英国在 20 世纪 90 年代以来，先后开征了垃圾填埋税、气候变化税、采石税、伦敦市中心拥堵费，并不断提高这些新税种和原有的汽车消费税、汽车燃油税等的税率（李林木和黄茜，2010）。日本作为资源贫乏的国家，充分利用税收手段调控能源的消费，向能源生产企业开征汽油税和石油液化气税，课税对象为汽油和石油液化气，采用从量计征方式。

4）所得税

在所得税方面，美国、德国、英国、日本等国家对节能减碳的项目或企业，给予免征所得税、加速提折旧、应税利润扣除相关成本、退税等多种优惠。美国对研究、利用污染控制的新技术和生产污染替代品的企业予以减免所得税。德国对于排废水达到低标准的企业减免税款，允许企业将研发费用计入扣除成本范围。日本对企业购买节能减碳类设备,可按30%的比例加速计提折旧。英国对企业在节能技术方面的投资,只要符合能源技术目录所规定的条件,其成本支出可从投资当年企业的应税利润中全部扣除。

3. 基于市场机制,激励与约束并存的财税政策是发达国家节能减碳的主要手段

发达国家以市场机制为基础,综合运用财税政策、行政措施等手段,采用激励与约束相结合的财税政策促进节能减碳。从税收制度的安排看,发达国家以环境税和资源税为主,消费税、所得税相辅,征税范围涵盖了环境污染和资源利用的各个方面,主要目的是鼓励市场主体节能减碳、促进低碳经济的发展、减少污染,而不是扩大税源,增加财政收入。同时,多数国家实行税收中性原则,即在开征相关新税种、扩大征收范围、提高税率时,相应地降低其他税收收入的比例,从而保证纳税主体的总体税负大体平衡。从财政支出的安排看,节能减碳对政府的支出产生了较大的压力,因此,发达国家发挥财税政策的杠杆效应,采用财政补贴、优惠贷款、节能基金等手段,引导社会资本参与节能技术研发、新能源项目研究推广等。

11.2.2　我国节能减碳财税政策现状

我国财政为贯彻落实科学发展观、加快转变经济发展方式,通过财税政策推进生态文明建设和节能减碳投入,破解资源环境约束,积极应对气候变化。

1) 我国节能减碳的财政政策

近年来,我国财政优化支出结构,加大了对生态环境保护工作的资金投入,中央财政节能环保支出从2008年的1040亿元增加到2013年的2100亿元:一是支持重点节能工程建设,淘汰落后产能。开展节能减排综合示范城市建设,支持节能技改项目建设,推行合同能源管理;对经济欠发达地区采取"以奖代补"的方式,加快淘汰炼铁、炼钢、焦炭、铁合金、电解铝、水泥、玻璃等的落后生产能力。二是实施"节能产品惠民工程",扩大绿色消费、加快结构调整、推动节能减排。三是支持重点流域生态环境保护,支持区域水环境综合整治、饮用水水源地保护、工业污水防治、畜禽养殖污染防治等。四是开展天然林保护、退耕护岸林和退牧还草工程,保护森林、耕地、草原资源,提高全国综合植被覆盖率。五是支持新能源和可再生能源发展,安排专项资金用于太阳能、风能、生物燃料、煤层气、页岩气等新能源项目实施和技术推广,实施能源清洁化战略。

2004年,我国出台了《节能产品政府采购实施意见》,明确提出应当优先采购节能产品;2005年,发布了首批《环境标志产品政府采购清单》,在中央预算单位和省级预算单位实行。经过几年的探索和实践,我国已形成了以节能环保产品清单为基础的政府绿色采购体系,"十一五"规划时期全国节能环保产品政府采购金额约2700亿元,超过同类产品采购金额60%。

2) 我国节能减碳的税收政策

自2004年以来,我国逐渐提高煤炭、原油和天然气的资源税计税标准。2010年,中央决定从新疆到西部12省区推进资源税改革,将原油和天然气的资源税由原来的从量定额征收改为按5%的比例税率征收,较大幅度提高了资源税税负,有利于资源的高效

开采和节约利用。

我国不断调整消费税的征收范围，促进节能减碳。2008 年 12 月，国务院发布了《关于实施成品油价格和税费改革的通知》，通过改革和完善燃油税费制度来促进燃油的节约使用。

国家多次调整进出口税收政策，控制"两高一资"产品的出口，取消或降低"两高一资"产品的出口退税，并对部分"两高一资"产品征收出口关税，增加"两高一资"产品生产企业的成本压力，促进企业转型升级和节能减排。

2008 年，我国实施新《中华人民共和国企业所得税法》，对企业从事符合条件的环境保护、节能节水项目，给予所得税三免三减半。对企业综合利用资源的项目，生产符合国家产业政策规定的产品所取得的收入，可以在计算应纳税所得额时减计收入，给予利用"三废"作为原料的企业免税政策。

增值税是我国的第一大税种，尽管作为中性税种，国家仍出台了一系列支持环保方面的优惠政策：一是鼓励资源综合利用，对再生水、污水处理劳务、销售收购的废旧物品免征增值税；对销售再生资源缴纳的增值税实行先征后退政策。二是鼓励清洁能源和环保产品的优惠措施，对利用风力生产的电力实行增值税减半征收，对销售自产的综合利用生物柴油实行增值税先征后退政策。三是关于污染物处理的优惠措施，对自来水厂随水费收取的污水处理费，免征增值税；对燃煤电厂烟气脱硫生产的二水硫酸钙等副产品实行增值税减半征收。

3) 财政手段单一、缺乏针对性税收制度是我国节能减碳政策的主要特征

与发达国家相比，我国尚未建立完整支持节能减碳的财税政策体系，财政支持力度不够，且手段单一，缺乏专门的针对节能减碳的税种，相关税制设计有待完善。我国用于节能环保的支出远低于发达国家的平均水平，手段单一，财政支出手段主要采用资助节能减碳项目的研发和技改、节能产品推广，而财政贴息、节能基金、投融资等激励性财政政策手段较为缺乏，尚未发挥多种政策工具相互补充的组合效果。另外，我国目前还没有专门针对节能减碳的环境税，对污染排放主要采取收费方式进行约束，执行和管理较为松懈。目前我国资源税的征税范围过窄、税率偏低，使得资源税负与资源性产品价格脱节，资源性产品价格不能真实地反映出生产成本和稀缺程度，易造成资源的过度开采。消费税的绿色功能尚未充分发挥，征收范围仅覆盖少数"两高一资"产品。在所得税方面，对节能减碳项目或企业的所得税优惠范围较窄、要求过高，对企业开展节能减碳的激励不足。

11.2.3　碳税是节能减碳的重要税收制度选择

碳税是以减缓全球气候变化为目的，对二氧化碳进行征收的一种税，是一种通过价格信号传递实现减排的市场手段。作为一种基于市场的具有较高成本效率的措施，也一直是国际上最受关注的减排政策之一，被诸多经济学家和国际组织所倡导。

1) 对碳税的总体态度：欧盟积极推行碳税但遭各国强烈抵制，美国碳关税前景堪忧

如图 11-1 和表 11-1 所示，碳税的争论最早起源于 20 世纪 90 年代，当时世界上最大的经济贸易伙伴欧共体(今欧盟)对于 CO_2 减排作出政治承诺，经过一系列减排措施

的评估，欧盟最终选取碳税措施，因其可以产生一个长期的市场信号，进而改善能源效率，减少化石能源的使用。进入 21 世纪后，欧盟积极推行碳税，先后提出航空碳税、航海碳税，但由于各国强烈抵制，至今碳税推行仍处于停滞期。另外，作为欧盟的成员国，法国碳税的推行可谓一波三折，至今没有下文。欧盟碳税开征的本意是减缓全球气候变化，降低 CO_2 的排放，这是值得称赞的，但是对于其碳税开征的形式是值得质疑的，本国对于减排的努力不能以牺牲别国的利益为前提，欧盟无论是航空碳税，还是即将推行的航海碳税，都在一定程度上通过将税收转嫁给别国而实现自己的减排计划，如果欧盟不能转换碳税开征的思路和形式，那么欧盟碳税仍将继续处于风口浪尖和无休止的争论之中。

相比于欧盟和法国，美国的碳关税政策一经提出就饱受争议，各国均明确表态坚决反对美国碳关税，致使美国碳关税政策前景堪忧。

中国尚未制定碳税政策。2009 年，中国有关部委的直属科研机构开始着手碳税的课题研究，探讨中国碳税开征的必要性、可行性以及开征的时机和条件。同时，对于碳税的推行也在积极努力。2010 年，财政部和国家发展和改革委员会联合设计了中国碳税开征路线图，并预计 2012～2013 年开征碳税。2013 年 5 月，环境保护部提交的《中华人民共和国环境保护税法(送审稿)》，将碳税写入了环境税的税目。然而由于一系列因素，中国碳税迟迟未能推出。

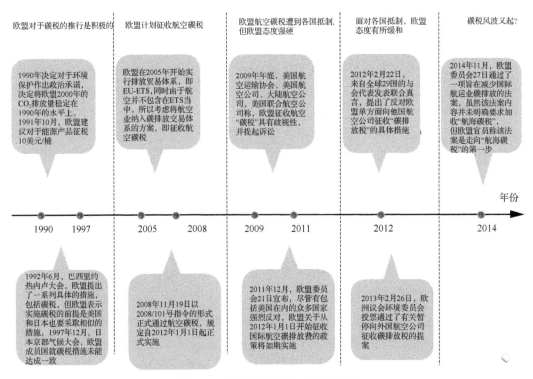

图 11-1　欧盟碳税总体态度的演变

表 11-1　各国关于碳税态度的演变

	欧盟碳税
初期对于碳税的实施态度是积极的	1990 年决定对于环境保护作出政治承诺，决定将欧盟 2000 年的 CO_2 排放量稳定在 1990 年的水平上。1991 年 10 月，欧盟建议对于能源产品征税 10 美元/桶 1992 年 6 月，巴西里约热内卢大会，欧盟提出了一系列具体的措施，包括碳税，但欧盟表示实施碳税的前提是美国和日本也要采取相似的措施。1997 年 12 月，日本京都气候大会，欧盟成员国就碳税措施未能达成一致
从 2005 年开始实行排放交易体系(EU-ETS)	2003 年 10 月 13 日通过欧盟 2003 年第 87 号指令(Directive 2003/87/EC)，并于 2005 年 1 月 1 日开始实施温室气体排放配额交易制度
积极推行航空碳税	欧盟于 2005 年 9 月提出减少航空业对气候影响的战略框架，经过讨论与完善后于 2006 年 7 月形成将航空业纳入碳排放交易体系的方案，并于 2008 年 11 月 19 日以 2008/101 号指令的形式正式通过，规定自 2012 年 1 月 1 日起正式实施
航空碳税遭到多国抵制	2009 年年底，美国航空运输协会、美国航空公司、大陆航空公司、美国联合航空公司称，欧盟征收航空"碳税"具有歧视性，并提起诉讼 2011 年 12 月 21 日，欧盟法院作出裁定：欧盟做法既不违反相关国际关税法，也不违反有关领空开放的协议。美国对欧盟碳税诉讼失败 2012 年 2 月 21 日，中国、美国、俄罗斯及印度等 26 个国家在莫斯科召开会议，共同商议应对欧盟航空碳排放交易体系的对策 2012 年 2 月 22 日，来自全球 29 国的与会代表发表联合宣言，提出了反对欧盟单方面向他国航空公司征收"碳排放税"的具体措施
尽管遭受抵制，但欧盟对于航空碳税态度依然强硬	2011 年 12 月，欧盟委员会 21 日宣布，尽管有包括美国在内的众多国家强烈反对，欧盟关于从 2012 年 1 月 1 日开始征收国际航空碳排放费的政策将如期实施 2012 年 1 月 1 日，将国际航空业纳入欧盟碳排放交易体系实施，27 家欧盟成员国航线被纳入，中国 33 家航企被列入纳税榜单 2012 年 3 月 10 日，欧盟轮值主席国丹麦的能源大臣马丁·利德高在布鲁塞尔称，尽管遭到多方反对以及有可能遭遇贸易报复措施，欧盟并不打算改变其向在欧盟境内飞行的航班征收"碳排放税"的政策
对于航空碳税态度有所缓和	2012 年 11 月 12 日，欧盟官员表示，因为在有关全球减少碳排放问题上已经有所进展，所以将暂停实施一年。欧盟委员会同时宣布，仍将继续对欧盟境内航班征收航空碳税 2013 年 2 月 26 日，欧洲议会环境委员投票通过了有关暂停向外国航空公司征收碳排放税的提案
欲征收"航海碳税"	2014 年 11 月，欧盟委员会 27 日通过了一项旨在减少国际航运业碳排放的法案，这是首个针对航运业碳排放的监管法案。该法案要求船舶监测其碳排放指标，监控影响气候变化的污染物指标。虽然该法案内容并未明确要求加收"航海碳税"，但欧盟官员称法案是走向"航海碳税"的第一步
	法国碳税
积极推行碳税	2007 年 10 月萨科齐宣布目标，2008 年 4 月法国议会通过新环保法草案，法国计划分阶段减少二氧化碳排放量，并新设立气候-能源税，即二氧化碳排放税 2009 年 7 月 28 日，法国前总理米歇尔·霍卡尔代表政府税务咨询专家小组向环境部长让·路易·波尔罗和经济部长拉加德女士正式递交碳税草案
碳税法案遭到反对，政府态度强硬	2009 年 8 月 20 日，面对高涨的反对呼声，法国政府表态相当强硬，法总理菲永在南部城市视察时强调，政府不会放弃碳税法案的实施 2009 年 9 月，萨科齐正式宣布，法国将从 2010 年 1 月起在国内征收二氧化碳排放税，征税标准初步定为每吨二氧化碳 17 欧元，并表示以后还可能根据实际情况上调

续表

法国碳税	
碳税法案几乎 获得通过	2009 年 11 月 24 日，法国参议院投票通过了 2010 年起征收碳税议案。法国国民议会也于 2009 年 10 月 23 日投票通过了征收碳税议案。该法案的主要内容是：每排放 1 吨二氧化碳，政府将从中征收 17 欧元的税收。如果法案获得通过，法国就会成为第一个征收碳税的大国。此前，碳税仅在富裕但较小的国家(如瑞士、芬兰)征收
碳税法案又遭拒绝	2009 年 12 月 29 日晚间出现了戏剧性的一幕，法国宪法委员会发表公报，以二氧化碳排放税法案涉及太多例外为由，宣布该法案无效
法国政府计划实施新碳税	2010 年 1 月 5 日，法国政府宣布对法案进行修订，并拟定于 7 月开始实施新的碳排放税法案 2010 年 1 月 20 日，法国政府发言人吕克·沙泰尔宣布，法国环境部长让·路易·博洛当天向内阁会议提交了新的二氧化碳排放方案 2011 年 9 月，法国政府将向加入碳排放交易机制的企业征收新的二氧化碳排放税。征税将只在 2012 年一年内实行
澳大利亚碳税	
宣布实施碳税	2011 年 7 月 10 日中午，澳大利亚政府在一片反对声中公布了碳排放税方案，决定自 2012 年 7 月 1 日起开征碳排放税，2015 年开始逐步建立完善的碳排放交易机制，与国际碳交易市场挂钩
澳大利亚废除碳税	2014 年 7 月 17 日，废除碳税立法以 39 比 32 的投票率在参议院获得通过，澳大利亚成为世界上第一个取消碳税的国家。提前一年采取碳排放交易计划(Emissions Trading System, ETS)
美国碳关税	
美国通过碳关税法案	2009 年 6 月 26 日，美国众议院通过了《美国清洁能源安全法案》，这个法案授权美国政府，对于出口到美国的产品，美国可以自由收取碳关税，一吨二氧化碳征收 10~70 美元。法案还规定，美国有权对不实施碳减排限额国家的进口产品征收碳关税，该条款自 2020 年起实施
中国对此持反对态度	2009 年 7 月 3 日商务部表态称，在当前形势下提出实施"碳关税"只会扰乱国际贸易秩序，中方对此坚决反对

2) 碳税的开征历史及现状：碳税开征讨论由来已久，实际推行国家数量有限

20 世纪 90 年代是碳税的辉煌时期，开征国家较多。如表 11-2 所示，1990 年芬兰成为世界上第一个成功开征碳税的国家；荷兰于 1990 年引入碳税；此后瑞典、挪威均于 1991 年征收碳税；丹麦于 1992 年开征碳税，成为第一个对家庭和企业同时征收碳税的国家，这些国家碳税起步较早，至今仍运行良好。此后，各国陆续以碳税或类碳税的形式开征。例如，德国于 2000 年开始对重质燃料油征税；英国于 2001 年开始征收气候变化税。另外，一些国家在部分地区开征碳税，例如，2006 年美国科罗拉多州大学城圆石城开征碳税；2008 年加拿大不列颠哥伦比亚省(BC)省开始征收碳税，成为北美第一个征收碳税的地区。

由于北欧五国碳税开征较早，相比于现有国家和地区开征碳税或各类碳税措施所遇到的阻碍，碳税体系建立较为顺利，现今已较为成熟，并且实施效果良好，所以对于北欧五国碳税的深入研究将有利于提高对碳税的认知。主要税制要素比较分析如下。

(1) 税率水平：初期税率较低，后期逐步提高。

表 11-2　已开征/计划开征碳税的国家/地区

国别	内容	课税标准	课税对象	税率	减免方式	环境效果
芬兰	1990 年引入碳税（世界上第一个开征碳税的国家）1994 年重新调整能源税	1990 年：含碳量 1994 年：对燃料分类征税	1990 年：所有化石燃料 1994 年：一是对柴油和汽油实行差别税收，收入记入"国库收入"；二是混含的能源/碳税，对煤、泥炭和天然气不征收基本税，只征收能源/碳税	1990 年：1.62 美元/吨 CO₂ 1995 年：碳税为 8.63 美元/吨 CO₂ 2003 年：18 欧元/吨 CO₂ 2008 年：20 欧元/吨 CO₂ 2012 年：汽油 78 美元/吨 CO₂；煤炭、天然气等其他燃料 39 美元/吨 CO₂	部分工业部门减税；电力、航空、国际运输用油等部门税收豁免；生物质燃料油全额豁免 税收收入进入一般预算	1990-1998 年相比没有碳税的情况下，年均减少 7% 的二氧化碳排放
丹麦	1992 年开征二氧化碳税（第一个对家庭和企业同时征收碳税的国家）1996 年引入新碳税（包含二氧化碳税、二氧化硫税、能源税）	CO₂ 排放量	1992 年：除汽油、天然气、生物燃料外的所有 CO₂ 排放 1996 年：税基扩大到供暖用能源。其中 CO₂ 税对供暖用能源按 100% 征收，对照明用能源按 90% 征收，对生产用能源按 25% 征税	1992 年：17.38 美元/吨 CO₂ 1996 年：13.4 欧元/吨 CO₂ 1999 年：12.1 欧元/吨 CO₂	部分税收为企业节能减排项目提供补贴；规定参加自愿减排协议的企业可以享受税率减免；制造业在加工用电力方面享受税收条款；重工业和轻工业使用的燃料获行碳税收减免；来自工业的碳税收入全部循环回到工业	2005 年企业排放 CO₂ 减少 230 万吨，一半归功碳税，2005 年 CO₂ 的排放相比于 1990 年减少 15%
荷兰	1988 年征收环境税 1990 年把碳税、作为能源税的一个税目 1992 年变为能源/碳税（50%/50%）2007 年对包装材料燃料征收碳税	含碳量和热值	1992 年：涵盖所有能源 2007 年：增加包装材料燃料	1995 年荷兰的二氧化碳税率为 5.16 荷兰盾/吨二氧化碳（相当于 25 美元/吨二氧化碳）；能源消耗产生二氧化碳的税收入达 1.4 亿荷兰盾，占税收总收入的 1.3%	单位电力享有固定的减免额度，对天然气和电力消费实施差别征收 税收收入进入一般预算	2000 年二氧化碳排放降低 170~270 万吨

续表

国别	内容	课税标准	课税对象	税率	减免方式	环境效果
瑞典	1991年引入碳税，同时将能源税税率降低，征收 CO_2 税的目的是把2000年的二氧化碳排放量保持在1990年的水平	含碳量	家庭、服务业、所有燃料油，纳税人包括进口者、生产者和储存者	1991年：37.70美元/吨 CO_2 1993年：工业部门和普通碳税分别为12.06美元/吨 CO_2、48.25美元/吨 CO_2 1995年：工业部门和普通税率分别为9.5美元、38.8美元/吨 CO_2 2009年：158.32美元/吨 CO_2	工业部门减税50%（2002年，减税比例调制70%）；电力、航空、造纸等部门1税收豁免；企业的碳减排达到一定标准后缴纳税款全额退还	1995年 CO_2 排放量与BAU（维持1990年前政策）相比减少了15%，其中有90%归功于碳税实施 2006年相比1990年二氧化碳排放降低8%
挪威	1991年征收碳税，覆盖范围占所有 CO_2 排放的65%，征税目的是将2000年的二氧化碳排放量稳定在1988年的排放水平上 2003年征收环境税（温室气体）	1992年：含碳量 2003年：温室气体排放量	1991年：汽油、矿物油、天然气 1992年：扩展到煤和焦炭 2003年：氢氟碳化合物、全氟碳化合物	1991年：平均税率为21美元/吨 CO_2，汽油为40.1美元/吨 CO_2 1996年：石油焦为17美元/吨 CO_2，汽油及北海所用气为55.6美元/吨 CO_2，HFCs和PFCs，3.32-279.45欧元/kg 2005年：碳税为汽油41欧元/吨 CO_2，轻、重燃料油分别为24欧元/吨 CO_2 与21欧元/吨 CO_2 2013年：4.76-71.46美元/吨 CO_2	对航空、海上运输部门和电力部门（因采用水力发电）给予税收豁免 部分碳税收收入用于奖励那些提高能源利用效率的企业，部分收入用于奖励那些对于解决就业有贡献的企业和弥补个税	1991-1993年碳排放量下降了3~4%
德国	1999年首先对摩托车燃料、轻质燃料油、天然气和电力征税 2000年开始对重质燃料油征税	车辆燃料消耗	对摩托车燃料、轻质燃料油、天然气和电力征税		碳税征收的同时降低了劳动所得适用税率，通过将碳税收入投入养老基金减少了个人和企业的缴费水平	截至2002年底，二氧化碳减排量超过700万吨，同时创造6万个新的就业岗位；研究表明的就业岗位包括能源耗费的降低以及二氧化碳的排放到2005年下降2%~3%
意大利	1999年开征碳税	能源使用量	煤、石油等	1999年：1000里拉/吨产品（0.52欧元/吨 CO_2）		税收用于低碳技术研发基金、自助发展机制、清洁发展机制，支持地方减排

续表

国别	内容	课税标准	课税对象	税率	减免方式	环境效果
英国	2001 年开始征收气候变化税,旨在鼓励高效利用能源及推广可再生能源,借此带助英国实现温室气体减排国内国际目标	热值	企业及公共部门的电力,煤炭、天然气和液化天然气、焦炭、煤焦油	2001 年 4 月 1 日:电力 0.43 便士/(千瓦·时),气态燃料(天然气)0.15 便士/(千瓦·时),液化石油 0.96 便士,其他燃料(如焦炭和半焦炭的煤或褐煤,石焦油等)1.17 便士/千克;2007 年 4 月 1 日:电力 0.45 便士/(千瓦·时),气态燃料(天然气)0.154 便士/(千瓦·时),液化石油 0.985 便士/千克,其他燃料 1.201 便士/千克;2009 年 4 月 1 日:电力 0.47 便士/(千瓦·时),气态燃料(天然气)0.164 便士/(千瓦·时),液化石油 1.05 便士/千克,其他燃料 1.281 便士/千克	对热电联产(combined heat and power, CHP)项目以及可再生能源发电项目(风能、太阳能等能源发电和一些废弃物发电项目)可以享受税收豁免;为农乙部门和能源密集型工业两个部门制定了特殊的税收减免政策;2010 年 4 月 1 日英国财政部出台了气候变化税的减征制度:企业根据自愿减排原则,与财政部签核定减排的减排任务,凡是如期完成任务的,可减免 80%的气候变化税	2005 年相比 2001 年二氧化碳排放降低 5800 万吨
美国	2006 年科罗拉多州大学城圆石城开征碳税	电力	燃煤发电	居民: 0.0049 美元/(千瓦·时)商业: 0.0009 美元/(千瓦·时)工业: 0.0003 美元/(千瓦·时)		
加拿大	2008 年不列颠哥伦比亚(BC)省开始征收碳税	含碳量	所有燃料,居民、商业和工业等部门,占排放总量的 75%	2008 年: 10 加元/吨 CO_2,每年增加 5 加元/吨 CO_2;2012 年: 30 加元/吨 CO_2	同时降低个人和企业所得税,针对性减免弱势家庭和社区的税收	2008-2011 年 BC 省人均温室气体排放量下降 10%,加拿大其他地区只下降 1%
南非	计划 2015 年正式引入碳税		所有的经济部门	2015 年: 11.97 美元/吨 CO_2;2015~2020 年: 每年递增 10%		预计碳税收入 7.98 亿~29.92 亿美元
日本	2012 年开始征收气候变化减缓税	排放量	所有化石燃料消费者	2.87 美元/吨 CO_2	部分农业、交通、工业部门享受税收豁免或者税收返还	

首先，同一国家不同时期税率水平不同，一般税率水平都是前低后高，因为在初期实行碳税时，较低的税率水平易于接受，后期随着时间的推移，可根据实际情况逐步提高，如瑞典，1991 年碳税税率为 37.70 美元/吨 CO_2，到 2009 年提升为 158.32 美元/吨 CO_2。其次，不同国家/地区的税率水平相差较大，如芬兰的起征税率为 1.62 美元//吨 CO_2，而瑞典则为 37.70 美元/吨 CO_2。

(2)课税对象：不同国家税收基底各异，基本计税依据则为含碳量。

不同国家根据实际情况，实施碳税时所征收的对象也有所不同，例如，芬兰后期实行的是混合的能源/碳税，对煤、泥炭和天然气不征收基本税，只征收能源/碳税；而荷兰则涵盖所有能源，并于 2007 年将包装材料燃料也纳入碳税征收范围。

(3)减免方式：实行税收豁免或税收返还措施，减排同时兼顾公平原则。

各个已经推行碳税的国家基本都采取相应的减免措施，一方面是为了保护国内能源密集型产业的竞争力，另一方面是为了减少碳税的累退性影响。有的是实行税收豁免的方式，如挪威对航空、海上运输部门和电力部门(因采用水力发电)给予税收豁免；有的是采取税收返还的方式，如瑞典则是对企业的 CO_2 减排量达到一定标准后实行缴纳税款全额退还的方式。这些措施都是为了在减排的同时兼顾公平原则。

(4)税收使用：税收收入专款专用或纳入政府一般预算。

碳税税收收入的使用一般有两大途径：一种是专款专用，如挪威，其部分税收收入用于奖励那些提高能源利用效率的企业，部分收入用于奖励那些对于解决就业有贡献的企业和弥补个税；二是将碳税税收收入纳入政府一般预算，与其他税收收入一起统筹使用，如芬兰、荷兰。

北欧五国碳税的顺利实施主要基于以下 4 个方面：第一，碳税开征初期税率相对较低，有利于提高碳税实施的可行度，然后随时间的推移，税率逐渐上升；第二，碳税的课税对象主要针对化石燃料，其作为碳税的主要排放源，前期征税较易推行；第三，基于公平角度的考虑，碳税实施过程中伴随部分补贴或税收减免等方式；第四，碳税税收的使用一般有两种用途，如何使用碳税税收将依各国实际所定。

11.2.4 碳税的社会经济成本：国际竞争力效应和收入分配效应

与碳排放贸易相比，碳税具有能提供持续的减排激励从而潜在减排量无上限、能带来持续的财政收入、交易成本低、寻租和投机可能性小、价格信号清晰稳定、能提供更大的减排技术创新激励、更容易将家庭等小型排放者纳入激励体系等优势(Kahn and Franceschi, 2006; Wittneben, 2009)，因此可能成为我国未来尤其是近期内二氧化碳减排的重要选择之一。本节将对碳税在中国实施的潜在社会经济效应进行模拟和评估。

碳税的社会经济效应成为一大研究热点，主要涉及两大方面：竞争力效应和收入分配效应。

竞争力效应指的是一国单边的减排活动导致的额外成本会使得该国的商品相对于国际同类商品的价格发生改变，从而有可能会对其在国内和国外市场的产品份额造成冲击。总体来说，生产活动对于一国总体经济的发展至关重要，减排政策的可行性也与生产企业的接受度密切相关；且企业对竞争力效应的担忧可能会影响其对减排活动的态度，还可能会抵消现有减排努力的成果，引发"碳泄漏"现象。对于我国而言，目前经济发展仍处于重化工业阶段，能源利用效率总体偏低，单产二氧化碳排放强度总体偏大，冶金、化工、建材等高能耗高排放部门在经济增长中发挥着重要的支柱性作用；并且对外开放程度，无论从贸易总量还是贸易强度来看，都在不断提高。在这样的背景下，在中国采取单边减排措施时的国际竞争力效应尤其需要得到关注。

收入分配效应指的是由于不同的居民群体在收入水平、消费倾向和消费模式等方面具有明显差异，碳税引致的额外成本不可避免地会在不同的居民群体间呈现不均匀的分布，从而会对现有的最终分配格局产生不利影响。对于碳税负担有可能更多地落在低收入群体上的担忧，是影响碳税政策的政治接受度的一大障碍，也是目前各国在进行政策设计和推行时需要解决的最关键问题之一。在中国当前的社会经济背景下，碳税对贫富差距的潜在影响尤需得到关注：中国现已成为贫富两极分化严重的国家之一。近年来的"两会十大热点调查"显示，"收入分配"的关注度一直位于前列，并且呈逐年上升的趋势。推进收入分配体制改革已经被国务院及其相关部委纳入了"十二五"规划改革的重点。可见，在中国社会当前收入分配明显不均且仍在不断扩大的情况下，任何有可能加剧收入分配不公的减排措施的引入都需要得到足够的重视。

综上可见，加强对碳税对我国社会经济效应的研究是必要且紧迫的。本节应用北京理工大学能源与环境政策研究中心自主开发的中国能源与环境政策模拟平台(China Energy & Environmental Policy Analysissystem, CEEPA)，对碳税在中国的开征可能导致的竞争力效应和收入分配效应进行模拟和研究。

本节设置多种碳税政策情景，包括一个参照情景以及各种考虑不同配套保护措施的情景。在各情景中都假设课税对象为煤炭、原油、天然气三种化石能源；计税依据为各种化石能源的含碳量；起征时间为 2015 年，模拟终端年份为 2020 年(覆盖整个"十三五"规划时期)；税率遵循国家发展和改革委员会和财政部碳税专题报告中的设想，假设为10 元/吨二氧化碳。各碳税情景的区别在于对配套保护措施的设置上。在参照情景下没有任何配套保护措施，即在征税环节没有任何税收优惠减免，且全部碳税收入都归入政府财政预算。针对缓解不利的竞争力效应和收入分配效应，这里分别设置两组配套措施情景，如表 11-3 和表 11-4 所示。

在缓解碳税的不利竞争力效应方面，这里考虑国内缓解和边境调整两种途径。国内缓解措施包括事前(税收减免)和事后(使用碳税收入降低其他扭曲税)两类手段。在之前的一项研究中(Liang et al.，2007)对各种国内缓解措施进行了模拟和对比分析，发现对所有部门征税且将各部门所交纳的碳税都用于降低部门生产间接税的措施，在保护总体经济发展和部门竞争力上的效果上相对最优。因此，本书在国内缓解措施方面将聚焦利用碳税收入来进行国内税收抵免(返还生产间接税)的措施，并且考虑按相同差值和相同比值调整各部门生产间接税率这两种方式，分别对应于表 11-3 中的 D_u 情景和 D_s 情景。边境税收调整指的是对源自没有实行减排措施的国家的进口产品征收边境调节税和/或对本国的出口品实行补贴。这里参考相关研究(Dissou and Eyland, 2011；Fischer and Fox, 2012)考察 5 种情景。其中，Bm_NoRecycle、Bm_OBA 和 Bm_ES 都是假设对能源密集型贸易部门的进口征碳税。其中，在 Bm_NoRecycle 机制下相应的收益归入政府财政预算，而在 Bm_OBA 和 Bm_ES 机制下相应的收益分别用于基于总产出和基于出口量对这些部门进行补贴；Be 机制为出口端边境税收调整，在此机制下假设对能源密集型贸易部门的出口退碳税；Bme_NoRecycle 为完全边境税收调整机制，在此机制下，在对能源密集型贸易部门的进口品征收边境调整税的同时对能源密集型贸易部门的出口退碳税，并将进口边境税收调整收益都归入政府财政预算。每种边境税收调整情景下，都假设国内征收的碳税收入归入政府预算。

表 11-3　针对缓解不利的竞争力效应的碳税方案描述

	情景	碳税收益利用方式	是否对能源密集型贸易部门的进口征碳税	是否对能源密集型贸易部门的出口退碳税	所征边境税收益利用方式
参照情景	REF	归入政府预算	否	否	
国内保护措施	D_u	按相同差值降低各部门的生产间接税率	否	否	
	D_s	按相同比值降低各部门的生产间接税率	否	否	
边境税收调整	Bm_Norecycle	归入政府预算	是	否	归入政府预算
	Bm_OBA	归入政府预算	是	否	基于总产出对能源密集型贸易部门进行补贴
	Bm_ES	归入政府预算	是	否	基于出口量对能源密集型贸易部门进行补贴
	Be	归入政府预算	否	是	
	Bme_Norecycle	归入政府预算	是	是	归入政府预算

表 11-4　针对缓解不利的收入分配效应的碳税方案描述

机制	描述
NN	无税收优惠和税收循环
EH	免征居民碳税
LS	碳税收入全部用于对居民进行总额再分配，在城乡间按人口进行分配
GH	碳税收入全部用于增加政府对居民的转移支付，按现有转移比例在城乡间进行分配
RI	碳税收入全部用于按统一的比率降低居民所得税
IT	碳税收入全部用于按统一的比率降低企业生产间接税

缓解碳税不利收入分配效应的方法主要也可分为两类(Speck，1999)：一类是事前方式，主要包括对影响较大的群体减税或免税等；另一类是事后方式，对受到不利影响的群体进行补偿。国家发展和改革委员会和财政部在其碳税专题报告中考虑的是前一种方式，即出于民生的考虑，只对企业征税，暂不对居民征税。在表 11-4 中用情景 EH 刻画了这一保护方式。缓解碳税的不利收入分配效应的事后方法主要有对碳税收入进行总额再分配、用碳税收入降低劳动税或居民所得税、改进社会保障体系(Speck，1999; Baranzini et al., 2000)。表 11-4 中的情景 LS 和 RI 分别对使用碳税收入进行总额再分配和降低居民所得税的情景进行了模拟。中国不存在劳动税这一税种，因此，在本书中用降低生产间接税来对降低劳动税的可能影响进行近似模拟，对应于表 11-4 中的 IT 情景。另外，由于数据可获性限制，目前模型中没有对各类社会保障进行具体的刻画，所以在这里使用政府对居民的转移支付进行近似处理，对应于表 11-4 中的 GH 情景。

1. 二氧化碳减排效果

1）竞争力补偿机制的减排效果

结果显示，不管是从降低碳排放量还是从碳排放强度来看，在给定相同税率的情况下，除了 Bm_Norecycle 机制，所有补偿机制的减排效果都弱于参照情景，如表 11-5 所示。

表 11-5　不同碳税机制下的碳减排效果　　　　（单位：%）

项目	REF	D_u	D_s	Bm_Norecycle	Bm_OBA	Bm_ES	Be	Bme_Norecycle
2015～2020 年的累计二氧化碳减排量	−2.936	−2.529	−2.522	−2.964	−2.772	−2.640	−2.826	−2.854
二氧化碳排放强度 2020 年 vs.2005 年	−37.119	−37.035	−37.025	−37.128	−36.996	−36.900	−37.051	−37.060

在降低碳强度方面，不同碳税机制的效果比较接近。各补偿机制下碳强度的下降率相对于参照情景的差异只有−0.009（Bm_Norecycle）～0.219（Bm_ES）个百分点。

在减排量方面，两种国内减税机制下的减排效果与参照情景相比减弱得最明显。其中，D_s 和 D_u 机制下的减排量比参照情景下的分别少了 14.10% 和 13.86%。Bm_ES 机制的减排效果也明显减弱，该机制下的减排量比参照情景下的少 10.08%。其他边境调整机制下减排量的弱化程度要小得多，相对于参照情景只少减了 2.78%（Bme_Norecycle 机制）、5.58%（Bm_OBA 机制），或多减了 0.95%（Bm_Norecycle 机制）。

2）收入分配补偿机制的减排效果

在减排效果方面，三种补偿机制与参照情景相比在降低碳排放强度方面效果接近，如表 11-6 所示。然而，补偿机制在 2012～2020 年的累计二氧化碳减排量要比参照情景下的要少 5.0%（IT-ruP 机制）～7.7%（IT-rOS 机制）。

表 11-6　不同碳税机制对碳排放的影响　　　　（单位：%）

项目	Ref	IT-rOS	IT-rP	IT-ruP
2012～2020 年的累计二氧化碳减排量	−2.99	−2.76	−2.83	−2.84
二氧化碳排放强度 2020 年 vs. 2005 年	−38.02	−37.93	−37.94	−37.94

2. 碳税对中国国际竞争力的影响

本书使用国内市场份额度量本国产品在国内市场上与外国商品进行竞争的能力。模拟结果显示，如果没有配套任何保护措施，碳税会导致几乎所有国内部门的国内市场份额减小（图 11-2）、出口下降（图 11-3）及利润损失（图 11-4）。其中，碳税对各部门出口的冲击要明显大于其对各部门国内市场份额的冲击。在国内和国际市场上竞争力都受到比较明显负面冲击的部门包括石油加工、钢铁、化工和有色金属，而利润损失相对较大的部门为其他重工业、炼焦，以及除电力和燃气外的其他各能源生产部门。

在应对不利的竞争力效应方面，所考察的两种国内税收抵免措施都能够缓解几乎所有部门在国内市场份额和出口方面受到的负面冲击（图 11-5）。此外，在这两种国内税收抵免措施下宏观经济（表 11-7）及部门利润（图 11-5）受到的不利影响都要明显小于不保护情景和所有的边境调整措施情景。

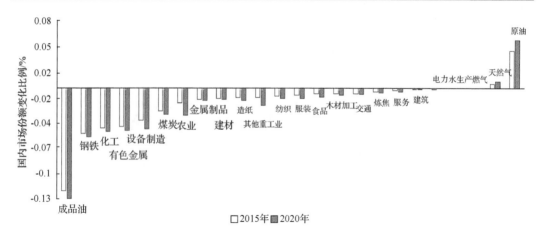

图 11-2　国内市场份额变化

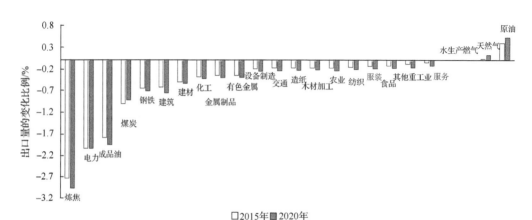

图 11-3　出口变化

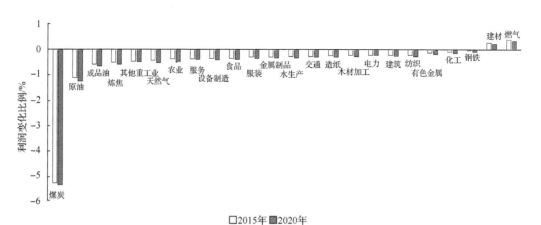

图 11-4　利润变化

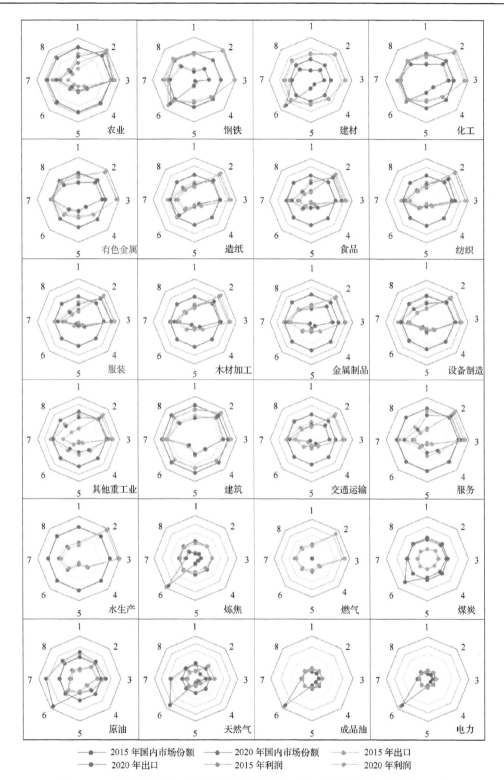

图 11-5 不同碳税方案下部门国内市场份额、出口及利润变化率(单位：%)

1～8 分别表示 8 种不同的碳税方案 REF, D_u, D_s, Bm_Norecycle, Bm_OBA, Bm_ES, Be 以及 Bme_Norecycle

表 11-7　不同碳税方案下的宏观经济影响

年份	指标	REF	D_u	D_s	Bm_Norecycle	Bm_OBA	Bm_ES	Be	Bme_Norecycle
	GDP[①]	−121.566	−14.174	−15.987	−139.474	−141.478	−133.913	−105.711	−123.590
	总投资[①]	−39.782	−1.444	−3.418	−21.134	−24.180	−40.816	−60.384	−41.588
2015	总消费[①]	−53.990	−4.755	−5.226	−62.870	−63.163	−59.861	−47.606	−56.492
	净出口[①]	−27.793	−7.976	−7.343	−55.471	−54.134	−33.237	2.279	−25.510
	就业[②]	−0.314	0.018	−0.001	−0.370	−0.385	−0.361	−0.280	−0.336
	GDP[①]	−231.658	−3.416	−11.465	−235.650	−246.651	−249.485	−229.431	−233.168
	总投资[①]	−79.776	9.329	2.992	−41.597	−51.016	−82.548	−123.071	−84.587
2020	总消费[①]	−101.732	−2.486	−4.844	−108.732	−111.108	−110.691	−97.959	−104.904
	净出口[①]	−50.150	−10.260	−9.613	−85.321	−84.527	−56.246	−8.401	−43.677
	就业[②]	−0.383	0.051	0.023	−0.408	−0.438	−0.429	−0.378	−0.402
2015～2020 农村居民累计福利[③]		−97.606	0.040	−4.766	−107.069	−110.933	−105.377	−90.124	−99.559
2015～2020 城镇居民累计福利[③]		−266.172	−1.688	−6.490	−295.083	−304.777	−291.798	−246.965	−275.795

注：①单位：十亿元人民币（2007 年不变价）；

②单位：%；

③使用希克斯替代效应(Equivalent Variation,EV)计算福利，单位：十亿元人民币(2007 年不变价)。

在各项边境调整措施中，虽然单纯的出口端措施（Be 情景）在缓解国内市场份额损失时效果最差（图 11-5），但其对部门出口的保护效果是最好的。此外，该措施对宏观经济和部门利润的影响总的来说要小于不保护情景和其他的边境调整措施情景。反之，两种不含出口端补贴的边境调整措施（Bm_Norecycle 和 Bm_OBA 情景）虽然在保护国内市场份额方面表现最佳，但会对部分传统优势贸易部门的国内市场份额（农业、食品、纺织和服装）和出口（农业、服装和设备制造）带来比不保护情景下更大的不利影响，并且会加剧大多数部门的利润损失。

3. 碳税对中国的收入分配格局的影响

本书采用基尼系数对收入差距进行衡量。此外，还引入基于居民消费计算的支出端基尼系数，以考察征税对城乡居民内部以及全国范围内实际购买力差距的总体影响。

模拟结果如表 11-8 所示。无论从收入还是从支出的角度来看，在不采取任何补偿措施的 NN 情景下，开征碳税不仅会拉大我国城乡之间的差距，还会拉大城镇内部的差距，而农村内部则会出现微弱的累进效应。碳税导致城乡之间差距变大的程度要明显大于城乡各自内部的变化程度，而城镇内部差距变大的程度又明显大于农村内部差距缩小的程度。此外，碳税对城乡之间以及城乡内部差距的影响程度均会随着时间而增大。

在配套措施方面，如图 11-6 所示，直接对居民免税的措施（EH 情景）无论是在减小对居民收入的负面影响方面，还是在阻止城乡收入差距扩大方面，效果都非常微弱；将碳税收入全部用于按人口比例对居民进行转移支付的机制（LS 情景）虽然能有效地缩小城乡差距，但对城乡居民生活水平的负面影响最终会逐渐接近不保护情景；如果碳税收入的转移遵循目前政府对居民的转移模式进行（GH 情景），则城乡收入差距较之不保护

表 11-8　不采取任何补偿措施(NN)情景下各基尼系数的变化率

参照情景	年份	单位	农村	城镇	全国
收入端基尼系数	2015	%Δ	-0.002	0.008	0.045
	2020	%Δ	-0.002	0.013	0.062
支出端基尼系数	2015	%Δ	-0.001	0.012	0.050
	2020	%Δ	-0.003	0.017	0.067

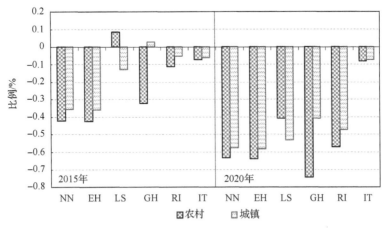

图 11-6　不同碳税情景对居民可支配收入的影响

情景反而会进一步拉大，并且与 LS 情景类似，该情景下城乡居民生活水平所受的负面影响都会接近甚至大于不保护情景；如果碳税收入用于按相同比率降低城乡居民所得税(RI 情景)，则较之不保护情景城乡差距也会进一步拉大，只是差距被拉大的程度较 GH 情景要小；如果碳税收入用于降低生产间接税(IT 情景)，则城乡居民生活受到的负面影响都是最小的，这些负面影响随时间扩大的速度也是最慢的。虽然在起征阶段，该机制对农村居民收入的保护程度不及按人口比例进行收入转移的机制(LS 情景)，对城镇居民收入的保护不及用碳税收入增加社会保障或降低居民所得税的机制，从长期来看，该机制对城乡居民各自生活水平的保护作用都要明显好于其他机制。此外，该机制对宏观经济的影响在碳税实施的整个阶段都要明显小于其他机制。

　　然而，在 IT 情景下城乡差距仍会扩大。考虑在不保护情景下征税使得城乡差距扩大的主要原因在于农村居民的转移收入在其总收入中的比例过小，以 IT 情景为核心、以政府新增对居民的转移支付为辅设计一系列改进措施，探讨包括新增公共转移支付应该按照现有的农村内部各阶层居民转移收入占比进行分配还是按照农村人口进行平均分配、应该只聚焦农村还是兼顾城镇弱势群体、应该大幅起增还是从低入手逐步提高等一系列问题。模拟结果显示，如表 11-9 所示，如果新增公共转移支付全部用于农村内部且遵循现有各阶层居民在政府转移收入所获份额(IT-rOS 情景)，则城乡之间以及农村内部的差距较征税前会缩小，而城镇内部的差距会进一步拉大；如果全部用于农村内部且按照人口平均分配(IT-rP 情景)，则城乡之间以及农村内部差距较征税前的缩小程度较 IT-rOS

情景更加明显,而城镇内部的差距拉大程度较 IT-rOS 情景相似;在新增公共转移支付仅用于补贴农村居民的情况下,城镇内部的差距较征税前仍会拉大;如果新增公共转移支付在覆盖农村各阶层居民的同时兼顾城镇弱势群体,且按照人口平均分配(IT-ruP 情景),则城乡各自内部的差距较征税前均会缩小;如果公共转移支付一开始就采取较大的增幅,则由于对政府储蓄进而对总投资造成的明显冲击,各项配套政策情景下各主要社会经济指标所受的负面影响从长期来看会接近甚至超过不采取任何补偿措施(NN)情景(表 11-10)。

表 11-9　以 IT 机制为核心的一系列改进措施情景下各基尼系数的变化率

情景	基尼系数	年份	单位	农村	城镇	全国
IT-rOS 情景	收入端基尼系数	2015	%Δ	−0.077	0.003	−0.848
		2020	%Δ	−0.058	0.009	−0.667
	支出端基尼系数	2015	%Δ	−0.337	0.001	−0.860
		2020	%Δ	−0.259	0.008	−0.673
IT- rP 情景	收入端基尼系数	2015	%Δ	−1.476	0.003	−1.050
		2020	%Δ	−1.113	0.010	−0.825
	支出端基尼系数	2015	%Δ	−3.074	0.001	−1.234
		2020	%Δ	−2.320	0.009	−0.971
IT- ruP 情景	收入端基尼系数	2015	%Δ	−1.150	−0.447	−0.882
		2020	%Δ	−0.831	−0.348	−0.671
	支出端基尼系数	2015	%Δ	−2.398	−0.555	−1.038
		2020	%Δ	−1.734	−0.434	−0.792

表 11-10　以 IT 机制为核心的一系列改进措施情景下各社会经济指标所受的影响　(单位:%)

指标		2015 年				2020 年			
		NN	IT-rOS	IT-rP	IT-ruP	NN	IT-rOS	IT-rP	IT-ruP
GDP		−0.305	−0.128	−0.133	−0.134	−0.654	−0.474	−0.525	−0.532
总投资		−0.406	−0.476	−0.538	−0.547	−0.877	−0.854	−0.961	−0.977
总消费		−0.233	0.258	0.313	0.322	−0.473	−0.088	−0.084	−0.081
就业		−0.427	−0.031	−0.010	−0.017	−0.753	−0.411	−0.446	−0.458
农村居民可支配收入	Rural1	−0.427	2.334	5.274	4.112	−0.739	1.269	3.284	2.313
	Rural2	−0.439	1.489	2.521	1.953	−0.755	0.657	1.326	0.853
	Rural3	−0.443	1.259	1.748	1.347	−0.759	0.493	0.784	0.449
	Rural4	−0.443	1.272	1.204	0.920	−0.759	0.503	0.409	0.170
	Rural5	−0.439	1.629	0.606	0.451	−0.753	0.760	0.002	−0.131
城镇居民可支配收入	Urban1	−0.378	−0.091	−0.086	1.284	−0.675	−0.398	−0.436	0.558
	Urban2	−0.376	−0.091	−0.086	−0.089	−0.671	−0.396	−0.434	−0.441
	Urban3	−0.373	−0.090	−0.086	−0.088	−0.667	−0.394	−0.431	−0.438
	Urban4	−0.366	−0.089	−0.085	−0.087	−0.656	−0.387	−0.424	−0.431
	Urban5	−0.369	−0.089	−0.085	−0.087	−0.657	−0.385	−0.422	−0.429

指标		2015 年				2020 年			
		NN	IT-rOS	IT-rP	IT-ruP	NN	IT-rOS	IT-rP	IT-ruP
农村居民福利	Rural1	−0.359	2.369	5.312	4.148	−0.671	1.315	3.333	2.362
	Rural2	−0.371	1.524	2.557	1.988	−0.687	0.702	1.374	0.901
	Rural3	−0.373	1.292	1.783	1.381	−0.690	0.537	0.831	0.496
	Rural4	−0.371	1.305	1.238	0.953	−0.688	0.546	0.455	0.216
	Rural5	−0.365	1.659	0.637	0.482	−0.680	0.801	0.046	−0.087
城镇居民福利	Urban1	−0.299	−0.048	−0.042	1.329	−0.597	−0.346	−0.380	0.614
	Urban2	−0.295	−0.046	−0.040	−0.043	−0.592	−0.342	−0.376	−0.384
	Urban3	−0.292	−0.045	−0.039	−0.042	−0.588	−0.339	−0.373	−0.381
	Urban4	−0.284	−0.045	−0.039	−0.042	−0.576	−0.333	−0.366	−0.374
	Urban5	−0.285	−0.049	−0.043	−0.046	−0.576	−0.335	−0.368	−0.376

注：Rural1、Rural2、Rural3、Rural4、Rural5 分别代表农村的低收入组、中等偏下收入组、中等收入组、中等偏上收入组和高收入组；Urban1、Urban2、Urban3、Urban4、Urban5 分别代表城镇的低收入组、中等偏下收入组、中等收入组、中等偏上收入组和高收入组。

11.3　低碳发展的技术政策

应对气候变化归根结底要依靠科学进步与技术创新，各国在应对气候变化上十分重视依靠技术创新促进减排，降低减排成本。为了促进低碳技术创新，技术政策成为重要推动力，主要包括技术研发补贴政策、新技术应用补贴政策、示范行为奖励政策、直接加大技术投资等。为了平衡经济发展和应对气候变化政策之间的关系，各国政府加大对新兴技术研发和应用补贴，包括汽车能效、发电及智能电网、清洁煤、低碳农业、页岩气、地热、核能、太阳能等新兴技术，同时加大对碳捕集及封存等低碳技术投资，推动项目示范和应用推广；设置多种奖项，以物质、荣誉或碳配额等方式奖励对相关技术研发和应用推广项目作出突出贡献的个人或团体。这些技术政策促进了低碳产业的发展，带动了经济增长。

11.3.1　国际经验：低碳技术政策的实施及成效

为应对气候变化，世界各国在提高低碳减排技术进步和创新的同时，还通过制定相关的低碳政策推动碳减排和新能源的利用，本节主要分析美国、英国、意大利、日本的低碳政策。

1）美国：能源安全与独立法及绿色能源政策

美国于 2005 年提出了"2005 能源法"（Energy Policy Act of 2005），该法案对混合动力汽车（已于 2010 年 12 月 31 日结束）、核电、清洁煤、清洁汽车燃料、生物质能及其他可再生能源进行研发支持或补贴。在此基础上，2008 年进一步提出了"2007 能源安全与独立法"（Energy Independence and Security Act of 2007）。一是设置"The Cost-Shared

Renewable Energy Innovation Manufacturing Partnership Program"项目以分摊新能源技术及工艺方面的成本，对新建小型可再生能源项目提供多至50%的项目资金支持，此外，该法案还囊括了(但不限于)"绿色就业法"(Green Jobs Act of 2007)、"海洋可再生能源研发法案"(Marine Renewable Energy Research and Development Act of 2007)、"太阳能研发促进法"(Solar Energy Research and Advancement Act of 2007)、"生物质能源促进法"(Biofuels Research and Development Enhancement Act)、"地热能源促进法"(the Advanced Geothermal Energy Research and Development Act of 2007)；二是提高照明效率，支持照明技术改进。到2014年全面淘汰白炽灯，同时要求2020年照明效率提高70%，到2013年年底所有联邦政府建筑必须使用能源之星(Energy Star)或"Energy Departments Federal Energy Management Program"项目监督下生产的产品。

能源部(Department of Energy，DOE)2008年开展了工业分布式能源活动，以分散热电联产技术、分布式能源技术的开发成本。DOE还于2007年设立了生物能源研发中心(Bioenergy Research Centers，BRCs)，该中心由橡树岭国家实验室领导的"BioEnergy Science Center"、劳伦斯伯克利国家实验室领导的"DOE Joint BioEnergy Institute"，以及威斯康星•麦迪逊大学领导的"Great Lakes Bioenergy Research Center"等机构组成，重点研究纤维素乙醇和其他生物燃料技术。截至2010年，该中心每年所获投资不少于7500万美元。DOE还设立了"风电与水电项目"(Wind & Water Power Program)，该项目通过支持DOE下辖的各国家实验室的研发互动，降低相关技术研发成本。

2009年1月，能源与环境计划宣称今后10年将对绿色能源领域投资1500亿美元，到2015年生产并销售100万辆插电式混合动力车，使可再生能源在电力供应中所占比例在2012年提高到10%，2025年提高到25%。在同年的财政预算中，加大在智能电网和电网现代化方面的财政支出，对州政府能源效率化、节能项目和面向中低收入阶层的住宅的断热化改造以及购买节能家电商品进行补助，对电动汽车用高性能电池研发和大学、科研机构、企业的可再生能源研发，以及在美国国内生产制造氢气燃料电池进行补助，对可再生能源(风力、太阳能)发电和送电项目提供融资担保，同时在联邦政府设施的节能改造、研究开发化石燃料的低碳化技术(二氧化碳回收储藏技术)和可再生能源以及节能领域专业人才的教育培训等方面扩大支出；还对可再生能源的投资实行3年的免税措施，扩大对家庭节能投资的减税额度(每户上限1500美元)，对插电式混合动力车的购入者提供减税优惠。

2)英国：可再生能源战略

2007年设立了"技术战略委员会"(Technology Strategy Board)并提供资金支持(2007~2012年投资8300万英镑至能源领域)，以支持各个能源创新领域企业的R&D活动。在低碳技术领域，技术战略委员会与能源技术研究所(Energy Technologies Institute，ETI)、碳信托(Carbon Trust)及环境改善基金(Environmental Transformation Fund，ETF)等政府机构合作紧密。该项目获得了公私多方资助，计划10年内投资5.5亿英镑用于新能源技术研发。可再生能源局(Renewable Fuel Agency，RFA)于2009年由提出"可再生能源战略"，计划到2020年，实现三个战略目标：一是届时英国30%的电力供应应当来自可再生能源，其中大部分来自风力发电、生物质能、水能、波浪和潮汐发电；二是12%

的供热应当来自可再生能源；三是交通功能中 10%来自可再生能源。具体措施如下：以资金补贴的方式支持家庭、行业、企业和社区使用可再生能源发电，在能源与气候变化部（Department of Energy & Climate Change）下设立可再生能源管理处（Office for Renewable Energy Deployment，ORED），加强对电网研发的投资（尤其是海上风力发电与智能电网），该项目还承诺为关键新兴能源技术（如可再生能源技术、潮汐发电、海上风电、先进生物燃料等）提供使用 4.05 亿英镑资金的权限。该计划预计到 2030 年减少二氧化碳排放 775 万吨。

3）意大利：工业创新项目

意大利经济发展部（Ministry of Economic Development）和工业促进研究所（Institute for Industrial Promotion）于 2008 年提出"Industria2015"工业创新项目。该项目计划自 2008～2015 年，通过政府联合融资，为各种私营企业、研究机构提供支持，以促进可再生能源的研发。

4）日本："福田前景"的技术创新政策

2008 年 6 月，福田康夫提出"福田前景"，以"低碳社会与日本"为题发表了日本的低碳宣言，福田前景的最核心政策是技术创新。为此，政府有关机构专门设计了"技术创新路线图"：到 2020 年"可再生能源（太阳能、风能、生物质能等）所生产的电源"比例提高到 50%以上；每销售 2 台汽车，其中 1 台必须是新一代节能汽车；在太阳能发电普及率方面，要求 70%的新建住宅必须采用太阳能发电。为了促进太阳能发电在民用设施的普及，政府将导入新的电费制度并对每一个导入太阳能发电的家庭提供财政补贴。2008～2012 年，对超过领跑者计划标准的家电由政府财政实行更新购置补贴。同时奖励低碳汽车技术开发，加强对二氧化碳回收与储藏技术、煤炭气化复合发电等清洁煤技术的研究开发和政策性支援。同年日本经济产业省提出了"地球降温技术创新计划"（Cool Earth Energy Innovative Technology Plan）。该技术项目委员会计划到 2050 年，通过遴选 21 个创新型项目并对其进行支持，以保持日本在可再生能源技术方面的先进水平。

11.3.2　中国实践：主要的低碳发展政策的制定及尝试

我国政府为支持低碳发展技术出台了很多政策法规，如《中国应对气候变化科技专项行动》《千家企业节能行动实施方案》《中华人民共和国可再生能源法》《中国节能技术政策大纲》等。本节主要从低碳发展技术的组成部分：减碳技术、零碳技术和脱碳技术 3 个方面来阐述我国的低碳发展技术政策措施。

1. 主要行业减碳技术政策

政府为了推进节能减碳工作的进行，出台了大量行业规划和政策标准。特别是在"十一五"规划期间，出台了多项节能减碳政策措施，例如，颁布了多项"产品单耗限额国家标准"，给企业下达"节能量指标"，开展"能源审计"和"千家企业节能行动"，针对燃煤锅炉改造、电机系统节能、能量系统优化、余热余压利用等开展的"十大重点节能工程"，这些政策法规对我国减碳技术的推广产生了积极的推动作用。"十二五"规划期间，我国政府出台了更加严格的减排指标和技术标准，《节能减排"十二五"规划》明确提出"到 2015 年，规模以上工业单位工业增加值能耗比 2010 年下降 21%左右，建筑、交通运输、公共机构等重点领域能耗增幅得到有效控制，主要产品单位能耗指标达到先进节能标准的比例大幅提高，部分行业和大中型企业节能指标达到世界先进水平，风机、水泵、空压机、变压器等新增主要耗能设备能效指标达到国内或国际先进水平"。

作为工业部门中主要的高耗能行业：钢铁行业、水泥行业、石化行业、建筑行业，2012 年这四大主要耗能行业的能耗总量占到我国终端能源消费总量的 44%。《节能减排"十二五"规划》中针对这四大行业的减碳技术选择均有要求，例如，针对钢铁行业提出优化高炉炼铁炉料结构，降低铁钢比，推广连铸坯热送热装和直接轧制技术，推动干熄焦、高炉煤气、转炉煤气和焦炉煤气等二次能源高效回收利用，鼓励烧结机余热发电，到 2015 年重点大中型企业余热余压利用率达到 50%以上。支持大中型钢铁企业建设能源管理中心；针对石化行业提出原油开采行业要全面实施抽油机驱动电机节能改造，推广不加热集油技术和油田采出水余热回收利用技术，提高油田伴生气回收水平。鼓励符合条件的新建炼油项目发展炼化一体化。原油加工行业重点推广高效换热器并优化换热流程、优化中段回流取热比例、降低汽化率、塔顶循环回流换热等节能技术。因此，主要工业行业的减碳技术选择对于我国的二氧化碳减排来说具有重要的影响，也是我国节能减碳政策支持的重点。现主要针对钢铁行业、水泥行业、石化行业、建筑行业这四大高耗能行业部门的政策进行分析。

1）钢铁行业

针对钢铁行业，《工业节能"十二五"规划》提出，到 2015 年，我国规模以上工业增加值能耗比 2010 年下降 21%左右。但整体来看，我国钢铁行业能耗水平与国外先进水平依然存在较大的差距。因此，采取有效措施进一步实现钢铁行业节能迫在眉睫。国家政策积极鼓励钢铁企业减碳技术的推广，制定了相关标准。工业和信息化部 2010 年颁布的《钢铁行业生产经营规范条件》明确规定了主要生产工序能源消耗指标须符合《粗钢生产主要工序单位产品能源消耗限额》（GB 21256–2007，现已被 GB 21256–2013 替代）和《焦炭单位产品能源消耗限额》（GB 21342–2008，现已被 GB 21342–2013 替代）的要求，其中焦化工序能耗≤155 千克标煤/吨、烧结工序能耗≤56 千克标煤/吨、高炉工序能耗≤446 千克标煤/吨、转炉工序能耗≤0 千克标煤/吨。高炉渣综合利用率不低于 97%，转炉渣不低于 60%，电炉渣不低于 50%。《钢铁产业发展政策》《钢铁产业调整和振兴规划》《产业结构调整指导目录》等规划和政策措施中对钢铁企业的落后生产设备进行了强制性淘汰。《国家中长期科学和技术发展规划纲要（2006～2020 年）》和《国家重点节能技术推广目录（1～6 批）》中对钢铁企业的重点减碳技术和未来发展方向作了描述。此外，《钢铁产业调整和振兴规划》《钢铁企业烧结余热发电技术推广实施方案》《钢铁工业节能减排指导意见》等政策措施也对钢铁行业减碳技术的发展给予了指导和支持。这些政策的制定和实施对于我国钢铁行业减碳技术的发展起到了积极的推动作用。

2）水泥行业

目前我国每吨水泥综合能耗比国际先进水平高出 35%左右，这说明水泥节能还是有相当大的潜力。2013 年我国进一步加大水泥行业环保力度，相继出台了《水泥工业大气污染物排放标准》《水泥窑协同处置固体废物污染控制标准》《水泥窑协同处置固体废物环境保护技术规范》等标准，对水泥行业的排放标准进行了明确的规定。水泥行业的减碳技术发展对我国的节能减碳工作具有十分重大意义。

3）石化行业

近年来我国加快了石化产业减碳技术的推广，相继出台了一系列政策措施，如《国务院关于进一步加强淘汰落后产能工作的通知》（国发〔2010〕7号）、产业结构调整指导目录、部分工业行业淘汰落后生产工艺装备和产品指导目录等。《石油和化学工业"十二五"发展规划》中提出了六方面创新性技术发展方向，主要包括百万吨乙烯成套装备、直接氧化法环氧丙烷技术、环氧乙烷大型反应器、高档润滑油成套技术开发；大型煤液化、甲醇制烯烃（Methanol to Olefins, MTO）、流化床甲醇制丙烯（Fluidization Methanol to Propylene, FMTP）工艺完善和技术升级；大型成套氮肥技术和装备、大型煤气化炉成套技术、湿法磷酸精制技术、磷石膏综合利用技术；新型臭氧层消耗物质替代品、高性能含氟聚合物、特种有机硅材料、工程塑料、丁基橡胶、稀土顺丁橡胶、高性能热塑性弹性体、碳纤维、芳纶等生产技术和复合材料生产技术。这些政策规划为我国石化行业未来的技术发展指明了方向。

4）建筑行业

我国建筑行业能耗连年攀升，节能环保问题已经迫在眉睫。《2013～2017年中国智能建筑行业市场前景与投资战略规划分析报告》研究数据显示，我国建筑能耗占全社会总能耗的比例已经从20世纪70年代末的10%，上升到27.45%，逐渐接近三成。美国劳伦斯伯克利国家实验室2007年发布了《中国能源使用未来趋势研究报告》，指出主要的建筑节能技术包括结构保温材料、双层玻璃幕墙、被动式太阳能加热、热泵技术、太阳能热水器、冷热电联供、风机水泵变频技术等。我国在《"十二五"建筑节能专项规划》中明确提出要大力发展绿色建筑，在城市规划的新区、经济技术开发区、高新技术产业开发区、生态工业示范园区、旧城更新区等实施100个以规模化推进绿色建筑为主的绿色生态城（区）。随着国家政策在建筑节能领域的倾斜，以及建筑技术的研发，我国建筑节能技术的应用将得到越来越快的发展。

2. 能源开发及应用政策

《国家中长期科技规划纲要》特别针对能源相关的低碳发展技术进行了陈述，规划指出我国的能源科技发展思路是：①坚持节能优先，降低能耗。攻克主要耗能领域的节能关键技术，积极发展建筑节能技术，大力提高一次能源利用效率和终端用能效率。②推进能源结构多元化，增加能源供应。在提高油气开发利用及水电技术水平的同时，大力发展核能技术，形成核电系统技术自主开发能力。风能、太阳能、生物质能等可再生能源技术取得突破并实现规模化应用。③促进煤炭的清洁高效利用，降低环境污染。大力发展煤炭清洁、高效、安全开发和利用技术，并力争达到国际先进水平。④加强对能源装备引进技术的消化、吸收和再创新。攻克先进煤电、核电等重大装备制造核心技术。⑤提高能源区域优化配置的技术能力。重点开发安全可靠的先进电力输配技术，实现大容量、远距离、高效率的电力输配。这些政策的制定，从宏观层面上为低碳发展技术的推广提供了支撑和保障。

此外，我国的可再生能源开发也已经从法律和政策体系上得到了国家的支持和鼓励。2005 年，我国出台《中华人民共和国可再生能源法》，将可再生能源的开发利用纳入法律体系，是国家层面上推进可再生能源发展的基本法律，对发展可再生能源的目的、基本原则、产业指导与技术支持、推广与应用、经济激励与监督措施、法律责任等进行了明确规定。此后，国务院相关部门相继出台了 20 多项法律实施细则，且地方政府针对各地的实际特点也出台相关规定，构成了《中华人民共和国可再生能源法》的配套组成部分。

在经济政策支持方面，我国从 20 世纪 80 年代开始就为可再生能源的发展提供了各种财政补贴、税收优惠等。1987 年，国务院决定建立农村能源专项贴息贷款，按商业银行利率的 50%对可再生能源项目提供补贴；1994 年原电力工业部出台了鼓励大型风力发电系统联网的规定——《风力发电场并网运行管理规定》；2006 年财政部和原建设部联合发布的《可再生能源建筑应用专项资金管理暂行办法》，对"可再生能源建筑"以及"可再生能源应用专项资金"进行了明确规定；就可再生能源而言，目前还没有对进口关税优惠给予明文规定；但实际上对风力发电设备和 PV(Photo Voltaic)设备都给予了优惠，实际征收的关税税率如下：风力发电零部件为 3%，风力发电机组为 0%，PV 进口税率为 12%。

在技术研发支持方面，政府为支持新能源与可再生能源发展制定并实施了一批较为大型的发展计划。一是为各级新能源与可再生能源科学研究机构提供行政事业费和全部或部分科研工作费。二是为重点科技攻关项目和培训提供支持。据不完全统计，"九五"规划期间国家级科技攻关的总费用超过 1.0 亿元，"十五"规划国家通过科技攻关计划、"863"计划、"973"计划和产业化计划，共安排 10 多亿元资金，支持光伏发电、并网发电、太阳能热水器、氢能和燃料电池等领域先进技术的研发和产业化。三是项目补贴，如内蒙古新能源通电计划，国家专项补贴了 2.25 亿元(黄梦华，2011)。

3. CCUS 脱碳技术政策

中国对 CCUS 技术给予了积极的关注和高度重视。《国家中长期科学和技术发展规划纲要(2006~2020 年)》《中国应对气候变化科技专项行动》《国家"十二五"科学和技术发展规划》等科技政策文件中均明确提出要将 CCUS 技术开发作为控制温室气体排放和减缓气候变化的重要任务。但在法律法规、技术发展的财政政策方面仍存在缺失，滞后于技术发展。

11.4　启示与政策建议

本章对主要的节能减碳政策进行了概述性介绍，并对在中国备受关注的能源消费总量控制和碳税政策进行了针对性的研究和分析。

(1)目前的节能减碳政策种类繁多，既包含传统的对二氧化碳排放或能源利用水平实行直接控制的行政管制手段，也包含重要的财税政策，以及各国日渐重视的依靠科学进步与技术创新来促进减排、降低减排成本的技术手段。本章对上述政策(命令控制、财税政策、技术政策)的概况进行了介绍，指出中国的煤炭消费总量控制政策已基本走向成熟；世界各国对碳税持消极态度，实际推行国家数量有限；节能减碳技术政策获得各国支持，前景明朗。

(2)控制能源消费的总体规模,是减少二氧化碳排放、应对气候变化的最有力的政策之一。在中国政府从战略高度层面提出明确的能源消费总量控制目标的大背景下,本章旨在分析能源消费总量控制政策对于碳排放削减的实施效果。分析指出:能源消费总量控制政策实施难度相对较低,目标可控,在对碳排放控制起到积极作用的同时能够体现区域间减排的公平性,是当前阶段实现二氧化碳减排目标的较优选择。

(3)碳税是中国近期实现二氧化碳减排目标的重要可选手段之一。考虑任何减排政策都会伴随着相应的成本,碳税的引入也不可避免地会对经济系统造成冲击。如果不配套任何保护措施,碳税政策的引入会导致几乎所有国内生产部门的国内市场份额减小、出口下降以及利润损失,其中对出口的冲击明显更大;对居民收入产生负面影响,而且会拉大城乡收入差距,负面影响随时间的推移而增大。在补偿不利竞争力效应方面,补偿方案的设计应侧重对国内厂商在国际市场上竞争力的保护,并且宜向那些在国内和国际市场上竞争力都受到较大负面影响的能源密集型贸易部门倾斜。在应对不利收入分配效应方面,重点宜放在解决碳税对城乡之间分配格局的不良影响上;无论是从避免城乡之间分配格局恶化还是从城乡内部分配格局恶化的角度来看,对民生的保护均宜放在税收循环利用环节。

第12章　碳排放权交易

碳排放权交易是现阶段低成本控制和减少温室气体排放的重要政策工具，其有效性已在全球得到广泛认可。通过设定总量排放上限，明确排放权归属，碳交易能够以较低的成本实现政府碳排放总量的控制目标，为企业提供长效的利益驱动机制和优胜劣汰的竞争机制。目前，全球共有35个国家和22个城市、州和地区实行了碳交易，累计交易额超过3200万美元，累计成交量约占全球碳排放总量的12%。世界银行预测，到2020年，全球碳交易市场交易额预计将达到3.5万亿美元，有可能超过石油市场成为世界上最大的交易市场(陈玫竹，2012)。显然，碳交易作为破解资源环境约束、推动绿色低碳发展的一种重要市场机制，成为近10年来全球关注的焦点，对21世纪全球经济和产业格局产生深远影响。

作为全球最大的能源消费和二氧化碳排放国，我国从2013年开始，建立了北京、天津、上海、湖北、重庆、广东、深圳7个碳交易试点，并计划于2017年建立全国碳交易市场。从配额规模角度，中国试点碳市场已经成为仅次于欧盟的全球第二大碳市场(World Bank，2014)。可见，碳排放权交易将在我国未来的减排实践中扮演重要角色。在此背景之下，本章对全球碳排放交易市场的发展历史、机制设计、运行方式、对社会经济的影响进行梳理，在此基础上展望我国统一碳交易市场建设，提出相关政策性建议，为决策制定者提供参考。

12.1　碳排放权交易机制特点

碳排放权交易作为一种基于市场的政策工具，能够降低实现温室气体减排目标的社会总成本，在全球得到了越来越多的关注和应用(段茂盛和庞韬，2013)。国际碳市场发展至今，形成了两类机制、四个交易层次、两类法律框架和两类交易动机，如图12-1所示。国际碳交易市场按交易类型可以分为两类：基于配额(或称为排放许可证)的市场[如IET(International Emissions Trading)]和基于项目的市场[如CDM(Clean Development Mechanism)、JI(Joint implementation)]。2016年11月，《巴黎协定》正式生效。作为继《京都议定书》后最重要的应对气候变化国际协定，《巴黎协定》的生效，必将极大地推动节能减排市场化机制的建设。碳排放权交易市场的建设，则是从市场层面推动落实《巴黎协定》的重要举措。

目前全球共有35个国家和22个城市、州和地区实行了碳交易。其中，国外碳交易市场主要有5个，包括欧盟碳排放贸易体系(EU-ETS)、新西兰碳交易体系(NZ-ETS)、美国区域温室气体减排行动、美国加利福尼亚州总量控制与交易计划(California -CaT)、加拿大魁北克总量控制与交易计划(Quebec-CaT)。另外还有瑞士、哈萨克斯坦、东京、新西兰等小型碳交易市场。其中，欧盟碳排放交易体系是目前世界上最大的碳交易体系，在国际碳金融市场上占绝大多数份额。各国家各区域市场对交易的管理规则不尽相同，市场发展情况也各不相同，欧盟成员国在碳市场建设方面仍是领跑者(表 12-1)。

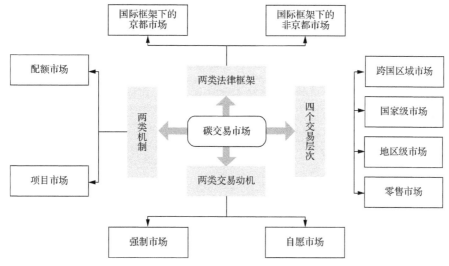

图 12-1 国际碳交易市场框架图

中国政府始终采取积极态度应对气候变化。在运用市场机制推动节能减碳行动中，自 2005 年起出台一系列碳市场相关政策，以期实现低成本、高效率的节能减碳，如图 12-2 所示。

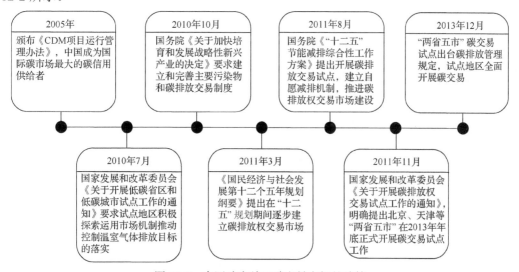

图 12-2 中国政府关于碳交易市场的政策

2011 年国家发展和改革委员会同意北京市、天津市、上海市、重庆市、湖北省、广东省及深圳市开展碳排放权交易试点，如图 12-3 所示。这些试点已相继开始交易(各试点城市的交易机制对比见表 12-2)。在这些试点基础上，2017 年计划建立全国统一的碳排放权交易市场。与国际碳交易市场相比，我国碳交易市场仍处于初级发展阶段，但发展态势迅猛，拥有巨大的市场潜力和广阔的发展前景。

表 12-1　全球各碳交易市场基本情况

名称	阶段/履约期划分	目标	覆盖地域	覆盖行业/部门	管制气体	配额分配
欧盟碳排放交易体系 (EU-ETS)	第一阶段：2005~2007 年	二氧化碳总排放量 63 亿吨	EU-15	5 个能源生产行业和能源密集型行业：能源供应部门（包括电力和热力生产、供暖、蒸汽生产）、石油精炼部门、钢铁部门、建筑材料部门（玻璃、陶瓷、水泥、石灰等）、造纸及印刷（纸浆）	CO_2	免费发放-祖父式为主，各成员国最多拍卖 5%的排放许可
	第二阶段：2008~2012 年	在 2005 年的排放水平上平均减排 6.5%	EU-27, 欧洲经济区的冰岛、挪威和列支敦士登	航空业于 2012 年正式实施减排		电力行业不能免费得到所有配额；各成员国允许拍卖排放许可的上限为 10%；航空业免费获得 85% 的配额
	第三阶段：2013~2020 年	2020 年在 1990 年的基础上减排 20%，相当于在 2005 年的基础上减排 14%。覆盖部门在 2020 年相比 2005 年排放水平减少 21%，非覆盖部门在 2020 前相比 2005 年减排 10%。	EU-28, 欧洲经济区的冰岛、挪威和列支敦士登	新增化工业、制氢行业和铝行业	CO_2, CH_4, N_2O, PFCs, HFCs, SF_6	免费配额政策向工业的拍卖倾斜以及赋予新成员国更多的拍卖配额权；取消对电力生产部门的免费配额发放；对于其他部门，配额的拍卖比例将从 2012 年的 20%逐渐提升到 2027 年的 100%，对一些全球竞争的行业（如铝），仍然有免费的配额，需要由欧盟委员会和各成员国一致同意
区域温室气体减排行动 (Regional Greenhouse Gas Initiative, RGGI)	第一个履约期：2009~2011 年	维持现有排放总量不变	10 个州：康涅狄格州、特拉华州、缅因州、马里兰州、马萨诸塞州、新罕布什尔州、纽约州、佛蒙特州、新泽西州	以化石燃料为动力且发电量在 25 兆瓦以上的电力生产企业	CO_2	拍卖
	第二个履约期：2012~2014 年	维持现有排放总量不变	9 个州：康涅狄格州、特拉华州、缅因州、马里兰州、马萨诸塞州、新罕布什尔州、纽约州、佛蒙特州、新泽西州			
	第三个履约期：2015~2018 年	限额将逐年递减 2.5%				

续表

名称	阶段/履约期划分	目标	覆盖地域	覆盖行业/部门	管制气体	配额分配
中西部温室气体减排协议 (Midwestern Greenhouse Gas Reduction Accord, MGGRA)		2020 年在 2005 年基础上减排 20%；2050 年在 2005 年基础上减排 80%	6 个州：伊利诺伊州、艾奥瓦州、堪萨斯州、密歇根州、明尼苏达州和威斯康星州，加拿大 1 个省：马尼托巴省	电力生产和输入部门，工业燃烧部门，工业处理部门，不在上述范围内的民用、商用和工业建筑燃料部门，交通燃料部门 1 年度碳排放超过 25000 吨的排放源，小于 25 兆瓦的燃烧机组除外；发电机组外，200% 燃烧生物质燃料的燃烧机组除外	CO_2, CH_4, N_2O, PFCs, HFCs, SF_6	拍卖
西部气候行动倡议 (Western Climate Initiative, WCI)	第一个履约期：2013~2014 年 生效日期是 2012.1.1	2020 年区域温室气体排放比 2005 年降低 15%	加利福尼亚州 (California)、不列颠哥伦比亚省 (British Columbia)、魁北克省 (Quebec)	包括电力、工业、商业、交通及居民燃料行业，以 2009 年 1 月 1 日之后最高的年排放量为准，排除燃烧合格的生物质燃料产生的碳排放量以后，任何年度排放量超过 25000 吨二氧化碳当量的排放源；第一个电力输送商（包括发电商或批发商）且其 2009 年 1 月 1 日之后的年碳排放量超过 25000 吨	CO_2, CH_4, N_2O, PFCs, HFCs, SF_6	免费，部分拍卖
	第二个履约期：2015~2017 年			新增了提供液体燃料运输的运输商的运输商以及石油、天然气、丙烷、热燃料或其他液化石油燃料，且其提供的燃料燃烧后产生的碳排放超过 25000 吨的供应商		
WCI-魁北克省	第一个履约期：2013~2014 年	2020 年排放量比 1990 年水平降低 15%	魁北克省	工业、电力排放量大于等于 25000 吨 CO_2	CO_2, CH_4, N_2O, PFCs, HFCs, SF_6	对于竞争较强的行业，会获得一部分免费的排放单位。对于大部分拍卖，2012 年拍卖最低价格为 10 美元/吨，2013 年，最低价格为 10.75 美元/吨，此后每年将以 5%+通胀率提高。最高价格并不受限
	第二个履约期：2015~2017 年			分配燃料的部门		

续表

名称	阶段/履约期划分	目标	覆盖地域	覆盖行业部门	管制气体	配额分配
WCI-加利福尼亚州	第一个履约期：2013~2014年	覆盖加利福尼亚州温室气体排放总量的37%。2013年以后配额逐年减少3%	加利福尼亚州	发电行业、包括输入电力和温室气体排放大于或等于25000吨CO_2的大型工业排放源和工业处理过程	CO_2, CH_4, N_2O, PFCs, HFCs, SF_6, NF_3	工业行业和电力输送部门免费分配，每季度拍卖状态卖出配额
	第二个履约期：2015~2017年	覆盖加利福尼亚州温室气体总量的85%		居民、商业和其他工业、交通燃料		
澳大利亚新南威尔士温室气体减排体系 (New South Wales Greenhouses Gas Abatement Scheme, NSW GGAS)	2003~2012年	减少与电力生产和消费相关的碳排放，发展和鼓励碳排放的抵消行为	新南威尔士	强制性基准参与者：所有电力零售许可证的持有者，直接向零售市场消费电力的发电者，从国家电力市场直接购电和被国家电力市场管理公司认定为市场的消费者；电力装机容量超过100兆瓦（至少有一处消费50兆瓦）的消费者和州新南威尔士规划立法规定、规划部指定的承担州重大发展项目目的机构	CO_2, CH_4, N_2O, PFCs, HFCs, SF_6	以人均为单位的碳排放基准当量。2003年开始时的初始碳排放基准为8.65吨/人，2007年降到7.27吨/人（按《京都议定书》1989~1990年基准年下降5%，并保持该基准到2021年不变
芝加哥气候交易所 (Chicago Climate Exchange, CCX)	第一阶段：2003~2006年	温室气体排放相对于1998~2001年水平，每年削减1%	全球	汽车、化工、交通、航空、商业、食品、环境、电力等行业的企业，另外还包括一些政府机构和学校；所有自愿加入CCX的会员在全世界的排放温室气体的设施和符合要求的所有抵消项目	CO_2, CH_4, N_2O, PFCs, HFCs, SF_6	第一阶段加入的成员承诺再额外减排2%，第二阶段加入的成员的减排总量到2010年相比2000年削减6%
	第二阶段：2007~2010年	第一阶段加入的成员承诺额外减排2%，第二阶段承诺加入的成员承诺2010年相比2000年减排总量6%				

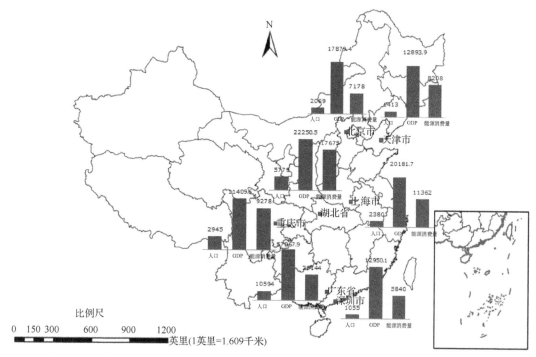

图 12-3 碳交易试点 2012 年人口(万人)、GDP(亿元人民币)及能源消费量(万吨标准煤)

资料来源:国家统计局(2013b),深圳市统计局(2013)

表 12-2 中国 7 个试点省市碳排放权交易机制对比(由文献整理得到)

项目	深圳	上海	北京	天津	广东	湖北	重庆
启动交易时间	2013.06.18	2013.11.26	2013.11.28	2013.12.26	2013.12.19	2014.04.02	2014.06.19
交易主体	体系覆盖的企业单位、个人和机构	体系覆盖的企业单位	体系覆盖的企业单位、机构	体系覆盖的企业单位、国内外机构和个人	体系覆盖的企业单位、个人和机构	体系覆盖的企业单位、个人和机构	体系覆盖的企业单位、个人和机构
交易方式	场内:公开、协议	场内:公开、协议	场内公开;场外协议,场内结算	场内:公开、协议	场内:公开、协议	场内:公开、协议	场内:公开、协议
交易商品	SZA、CCER	SHEA、CCER	BEA、CCER、节能量、碳汇	TJEA、CCER	GDEA、CCER	HBEA、CCER	CQEA、CCER
纳入行业	工业(电力、水务、制造业)和建筑	工业(电力、钢铁、石化、化工等)和非工业(机场、港口、商场、宾馆等)	电力、热力、水泥、石化等工业与服务业	电力、热力、钢铁、化工、石化、油气开采	电力、水泥、钢铁、石化	电力、钢铁、化工、水泥、汽车制造、有色金属、玻璃、造纸等重工业行业	电力、电解铝、铁合金、电石、烧碱、水泥、钢铁
纳入标准	工业:5000 吨以上;公共建筑:20000 平方米;机关建筑:10000 平方米	工业:2 万吨;非工业 1 万吨	1 万吨以上	2 万吨以上	2 万吨以上	年综合能耗 6 万吨标煤以上	2 万吨以上

续表

项目	深圳	上海	北京	天津	广东	湖北	重庆
占总排放的比例	40%	57%	49%	60%	54%	35%	40%
配额分配	2014年6月6日拍卖7.5万吨；制造业：竞争性博弈，建筑业：排放标准；逐年分配	2014年6月30日拍卖7220吨；历史法与基准线法；一次性发放三年	免费分配；历史法与基准线法；逐年分配	免费分配；历史法与基准线法；逐年分配	2013~2014年拍卖比例为3%，2015年为10%；历史法与基准线法；逐年分配	政府预留30%配额拍卖，2014年3月31日拍卖200万吨；历史法与基准线法；逐年分配	免费分配；政府总量控制与企业竞争博弈相结合；逐年分配

　　自启动交易开始，"两省五市"碳交易试点运行良好，交易量和交易额呈现不断增长的趋势。从交易量来看，截止到2015年12月31日，7个试点累计交易总量超过4200万吨。纳入控排企业的履约率也在上升，2014年和2015年分别达到96%和98%以上。湖北省交易量超过0.21亿吨，位居各试点地区之首；广东省交易量为0.08亿吨，位居第二；深圳市交易量达到0.06亿吨，位居第三位；北京市交易量为0.023亿吨；上海市交易量为0.03亿吨；天津市交易量为0.02亿吨；重庆市由于开市时间短，交易量较少，仅为2.8万吨。

　　从交易额来看，截止到2015年12月31日，7个试点累计成交额约为12.3亿元。湖北省累计成交额超过5.1亿元，位居各试点地区之首；深圳市成交额达到2.9亿元，位居第二；广东省交易额为1.7亿元，位居第三；北京市交易额为1.2亿元；上海市交易额为1亿元；天津市交易额为0.3亿元；重庆市交易额最少，仅为600万元。

　　从成交均价看，深圳市交易均价最高，为53元/吨；北京市次之，为52元/吨；广东省、上海市价格相近，在30元/吨左右；天津市、湖北省价格相近，为25元/吨左右；重庆市价格最低，仅为17元/吨。可以看出，试点之间碳交易均价差距较大，如图12-4所示。

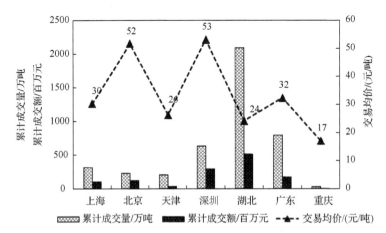

图12-4　启动之日至2015年12月31日试点地区累计成交量、累计成交额、交易均价

数据来源：Wind(2015)

　　通过对各主要国家和地区碳交易市场建设要素的分析，可以看到，一个碳排放权交

易体系的顶层设计需要考虑诸多因素来保障交易市场的形成和运行。采取总量控制与交易模式的碳交易机制既要考虑普通交易中的基本构成要素，又需要反映出碳交易自身的特点。本节从法律机制、MRV(monitoring, reporting,verification，可监测、可报告、可核查)制度设计以及市场机制 3 个方面系统分析国际碳交易市场建设现状。

12.1.1　国际碳排放交易相关法律较为完善，国内缺乏上位法

碳交易政策的实施需要以制定相关法律法规为前提,以保证政策的约束力和强制力。失去法律的约束,碳交易市场将仅仅成为一个展示自身企业社会责任的自愿减排市场,很难实现持续有效运转(许明珠，2012)。

一般法律政策的规则制度内容主要有碳市场的覆盖范围(覆盖地域、涵盖行业、管制气体、管制对象等)、总量目标、分配机制、执行机制(监测、报告、核查机制以及惩罚机制等)、灵活履约机制(储备机制、借贷机制、抵消机制)、交易规则(基础交易和碳金融市场交易)等。

1.国际碳市场相关法律较为完善，为碳交易提供有效法律保障

发达国家的碳排放权交易开始较早，发展较快。这主要得益于政府对法律制度的重视。在开展碳排放权交易之前，政府均出台了基础性法律法规，从法律层面规定了市场定位、配额属性等内容，如表 12-3 所示。

表 12-3　国际碳排放权交易体系法律法规

碳排放权交易体系	法律法规
欧盟碳排放交易体系(EU-ETS)	《指令 2003/87/EC》
美国区域温室气体减排行动(RGGI)	出台《示范规则》，各州以此为基础各自立法
新西兰排放交易体系(NZ-ETS)	《气候变化应对法令》(2002 年)
澳大利亚碳定价体系(ACPM)	《清洁能源未来法律》
美国加利福尼亚州碳交易机制	《全球变暖应对法》(2006 年)
加拿大魁北克总量交易制度	《限额交易法规》
韩国排放交易市场	《温室气体排放权分配和交易法案》
日本东京市碳排放总量控制和交易体系	《东京都环境安全条例》

资料来源：根据公开资料整理。

1)欧盟碳排放权交易体系以欧盟法令为依据，实行分权化治理

欧盟碳排放权交易体系的相对成功不仅是因为它符合《联合国气候变化框架公约》《京都议定书》等国际公约与国际法的要求，更重要的是它制定了符合本区域内特殊需要的方案。2003 年欧洲委员会批准了欧洲议会和欧盟理事会第 2003-87-EC 指令，即温室气体交易规划，要求各成员国制定法律以执行碳排放权交易体系，这是全球首个有公法强制约束力的碳交易机制。在其指导下，通过法律等相关政策的配合，英国、法国、德国等成员国纷纷建立了自己的碳交易市场。

欧盟碳排放权交易体系所覆盖的成员国在排放权交易体系中拥有相当大的自主决策权，这是 EU-ETS 与其他总量交易体系最大的区别。分权化治理模式可以使欧盟在总体上实现减排目标的同时，兼顾成员国的差异，有效平衡各方利益。

2) 美国碳排放权交易体系允许各州独立或联合制定相关法律

根据美国法律，各州可以根据本州的政治、环境和经济条件，在本州或几个州联合制定关于控制碳排放、建立碳交易体系的法律。加利福尼亚州在制定解决全球变暖问题上走在前端。2006 年通过了《全球变暖应对法》加利福尼亚州全球变暖解决法案，该法案是美国首个州层面上具有法律约束力的减排方案。

3) 日本碳排放权交易体系出台全球首个城市尺度交易法规

日本政府极为注重应对气候变化的法律法规建设，制定了一系列法律及相关政策，如 2008 年的《构建低碳社会 12 方略》、2009 年的《绿色经济与社会变革》的草案、《日本生物能源国家战略》等。其中，东京都温室气体控制与交易体系是全球首个城市尺度上的碳排放交易体系，其交易主体是城市建筑。2008 年，东京市修订了《东京都环境安全条例》(Tokyo Metropolitan Environmental Security Ordinance)，设定了中长期减排目标并确定了碳交易体系的基本框架。以《东京都环境安全条例》为基础，东京都制定了一系列碳排放报告和交易的法律法规，保障碳交易体系的顺利实施。

2. 国内碳交易试点以政府令为主

试点省市非常重视碳交易试点工作，开展了各项基础性工作，包括制定地方法律法规，确定总量控制目标和覆盖范围，建立温室气体测量、报告和核查制度，分配碳配额等内容，如表 12-4 所示。

表 12-4　国内碳交易试点地方法规

试点	地方法规
北京	北京市人民代表大会常务委员会通过《关于北京市在严格控制碳排放总量的前提下开展碳排放权交易试点工作的决定》
上海	已发布市长令和《上海市碳排放管理试行办法》
天津	已发布《天津市碳排放权交易管理暂行办法》
重庆	完成了《重庆市碳排放权交易管理暂行办法》
深圳	深圳市人民代表大会常务委员会通过了《深圳市经济特区碳排放管理若干规定》
广东	已发布《广东省碳排放管理试行办法》
湖北	已公布《湖北省碳排放权交易试点工作实施方案》

资料来源：根据公开资料整理。

在目前碳交易试点缺乏国家上位法的情况下，各试点地区克服困难，分别出台了针对碳交易的地方性法规、政府规章和规范性文件，确立了碳交易制度的目的、作用、管理和实施体系，并规定了惩罚措施，使得碳交易政策的实施具有约束力和可操作性(郑爽，2014)。

然而，多数试点省市以颁布政府令为主，罚则有限，约束力较弱。北京市和深圳市由于决策层强大的政治动力和高层领导的重视，出台了相对效力较高的人大决定。上海、天津、湖北、广东、重庆等 5 个试点省市由于时间等因素，只发布了政府文件。由于政府令缺乏强制性，当地碳交易政策约束力不强，无法起到应有的作用。

12.1.2　国际 MRV 制度严格，国内已初步建立相关规范

MRV 是国际社会对温室气体排放和减排监测的基本要求，是《联合国气候变化框架公约》下国家温室气体排放清单和《京都议定书》下 3 种履约机制的实施基础，更是各国建立碳排放权交易体系的基石。

可监测性要求明确测量的对象、方式以及认识测量的局限性，即根据已建立的标准，尽可能以准确、客观的概念描述该现象。可报告性涵盖报告的主体、内容、方式、周期等。可核查性的核心内容是核查主体和核查条件，核查的主体有自我核查和第三方核查，核查的条件则取决于信息的来源和类型(彭峰和闫立东，2015)。

1.国际碳市场 MRV 制度设计程序严谨，第三方监管力度强

1)欧盟碳排放权交易体系采用统一核查认可制度和标准

欧盟对温室气体监测统计报告有严格的立法要求。欧盟第一阶段(2005～2007 年)的碳排放数据采用企业自主申报、政府主管部门工作人员核查的方式；第二阶段(2008～2012 年)采用个人专家核查。在吸取前两个交易期经验和教训的基础上，在 2013 年第三阶段(2013～2020 年)，制定了新的 MRV 相关法律和配套标准，要求企业制定监测计划，进行全年监测，报告年度碳排放结果，接受具有资质的第三方核查机构核查；第三方核查机构对企业碳排放进行核查，提交核查报告给碳交易主管部门，对企业的监测计划提出改进建议。

2)美国加利福尼亚州碳排放权交易体系规定温室气体强制排放报告要求

美国加利福尼亚州碳排放权交易体系规定了温室气体强制排放报告的要求，具体包括美国国家排放清单、设施强制报送和第三方核证 3 个方面的内容。其中，国家排放清单包括的气体种类为二氧化碳、甲烷、一氧化二氮、氢氟碳化物、六氟化硫和全氟化碳。要求年排放量为 2.5 万吨二氧化碳当量的设施报告其温室气体排放量，并由第三方机构进行核证。

3)澳大利亚碳排放权交易体系对企业温室气体排放源、能耗及生产情况分别作出规定

澳大利亚《国家温室气体与能源报告法 2007》对澳大利亚企业的温室气体排放、能源消耗与生产情况作出了规定。在门槛的设定上，针对设施和企业集团分别作出了 3 种不同的规定。针对温室气体排放、能源生产与能源消耗，设施或企业集团只要符合其中的一条就必须报告年度排放情况。其中针对设施的门槛是：年排放量超过 2.5 万吨二氧化碳当量、能源生产超过 100 亿焦耳；能源消耗超过 100 亿焦耳。所提交的数据须经过第三方机构核查。企业须在每年的 10 月 31 日之前通过在线报送系统提交上一财年的排放报告。

2.国内碳交易试点省市MRV制度也引入了第三方核查机构，但各地存在明显差异

各试点省市发布了一系列行政规章、规范性文件及地方标准，如表12-5所示。例如，上海制定了包括9个行业的核算指南，重庆开发了不分行业的核算方法。由于各地实际情况不同，不同地区的指南方法在行业定义、排放计算边界、监测计划、参数选取、数据测量方法、质量控制等技术方面的要求存在明显差异，各地的排放数据和排放配额等缺乏可比性和同质性。

表 12-5　国内碳市场 MRV 制度的要求

试点	MRV 制度
北京	公布了《企业(单位)二氧化碳排放核算与报告指南》《北京市碳排放权交易核查机构管理办法》
上海	公布了《上海市温室气体排放核算与报告指南》，含9个行业核算与报告方法；公布了第三方核查机构管理办法
天津	发布1个碳排放报告编制指南，5个行业核算指南
重庆	制定了工业企业碳排放核算和报告指南，企业碳排放核算、报告和核查细则、核查工作规范，对温室主体排放核算采用统一的，不区分行业参数的企业碳排放核算方法
深圳	公布了组织的温室气体排放量化和报告规范及指南，建筑物温室气体排放的量和报告规范指南；组织的温室气体排放核查规范及指南
广东	制定了《广东省企业碳排放报告通则》和4个行业碳排放核算指南、《广东省企业碳排放核查规范》
湖北	制定了《温室气体监测量化和报告指南》、1个通则和11个行业指南；制定了碳排放权交易核查指南、第三方核查机构备案管理办法

资料来源：根据公开资料整理。

1)除湖北省、重庆市外，试点省市采用"报告"与"核查"双轨制

"报告"制度的门槛设计实质是为了划定行政区域内的碳排放量监测单位及企业范围，"核查"制度的门槛设置则是为了更好地促进现阶段温室气体重点排放企业节能减排工作。根据各试点省市相关法规规定，北京、天津、上海、广东、深圳采取"报告"与"核查"双轨制，即履行"报告"义务的主体范围与履行"核查"义务的主体范围不一致；湖北和重庆采取"报告"与"核查"单轨制，即履行"报告"义务与履行"核查"义务的主体范围一致。通常，需要履行"报告"义务的主体范围大于履行"核查"义务的主体范围。"报告"与"核查"双轨制有助于为潜在的新排放交易主体提供完整的排放数据，为其未来加入排放交易体系提供基础性保障。此外，天津、上海、广东明确了参与碳排放核查的企业，其他试点省市则依据能耗量进行筛选。

2)试点省市均采用年度报告的形式

在报告周期上，试点省市均采用年度报告的形式。深圳中小企业较多，间接排放量大，设备设施层次监测准确程度较低，因此采用"季报＋年报"的形式。报告的主要内容包括温室气体排放主体的基本信息报告以及温室气体排放情况的数据报告，主要目的是盘查年度控排企业的排放情况。

3）试点省市对核查机构及核查人员的选择存在一定的差异

试点省市均采用第三方核查机构制度来保障核查机构的独立性。各试点省市均从资金、技术、经验、资历等角度对第三方核查机构和核查人员进行一定的筛选。但是北京、上海、深圳对核查机构的注册地有一定限制。

12.1.3　国际碳市场交易机制相对健全，国内处于起步探索阶段

市场交易机制是排污权交易制度建设过程中的重要因素，也是实现制度效率和达成减排目标的关键环节。只有科学严密的市场交易机制，才能维持碳市场的正常运行。碳排放权交易的市场机制主要包括配额分配制度和交易制度两部分。

1.配额分配制度

配额分配是碳排放权交易的初始环节，其分配方式的选择直接影响碳交易市场的运行。配额分配的目标是保证碳配额初始分配的公平性，主要包括分配方式、分配程序、分配标准等 3 个环节。

1）国际碳市场的配额分配多采用"免费＋拍卖"的方式

欧盟碳交易市场中主要根据"总量控制、负担均分"的原则，首先确定了各个成员国的碳排放量，再由各成员国分配给各自国家的企业；新西兰碳交易市场没有对总排放量进行限制，部分行业可以获得免费配额；加利福尼亚州碳交易市场将每年分配的配额数量称为"配额预算"，每一份配额等于 1 吨的碳排放，配额的分配则是通过免费和拍卖两种方式相结合的方法。

2）国内碳交易试点省市以免费分配为主

由于经济社会发展程度不同、产业结构有异，国内碳交易试点省市配额分配制度具有一定的地域特色。

国内碳交易试点地区主要通过自底向上收集排放源数据和自上而下确定年度排放目标，各地制定了包括由现有企业配额、新增产能配额和调控配额组成的排放总量配额。7 省市以免费分配为主，只有广东和深圳拍卖一定比例的配额。目前主要免费分配方式包括基于历史排放、基于历史排放强度、行业基准法。除了重庆，其他省市都采取了多种分配方式，其中既有企业和设施以历史排放法为主，新增设施以行业基准法为主。北京和天津的电力和热力部门既有设施采取基于历史排放强度方法进行分配（表 12-6）。

表 12-6　试点省市碳交易市场配额分配方法运用情况表

试点城市	配额分配方法			
	历史排放法	历史排放强度法	行业基准法	拍卖
北京	制造业、其他工业和服务业则是基于 2009～2012 年	电力、热力的既有设施基于 2009～2012 年	新增设施	
天津	钢铁、化工、电力、热力、石化、油气开采等既有设施	电力、热力的既有设施	新增设施	

续表

试点城市	配额分配方法			
	历史排放法	历史排放强度法	行业基准法	拍卖
上海	钢铁、石化、化工、有色、建材、纺织、造纸、橡胶、化纤等行业，商场、宾馆、商务办公建筑及铁路站		电力、航空、机场、港口业	
广东	石化行业和电力、水泥、钢铁行业部分生产流程的既有配额分配		电力、水泥和钢铁行业大部分生产流程(包括既有分配及新建项目配额分配)	2013年和2014年3%，2015年提高到10%
深圳		部分电力企业	电力、燃气、供水企业(结合期望产量)；其他行业(结合历史排放，未来减排承诺和行业内其他企业减排承诺等因素)；建筑业(按照建筑功能、建筑面积以及建筑能耗限额标准或者碳排放额标准)	拍卖或者固定价格的方式出售，拍卖比例不得低于年度配额总量的3%
湖北	电力行业以外的工业企业，电力行业		电力行业的增发配额或者收缴配额	
重庆	所有交易主体企业			

此外，各省市都设置一定的弹性机制，包括允许企业通过项目交易获取 CCER，用于排放权配额的抵消，并对用于配额抵消的 CCER 作出了具体限定，规定 1 吨 CCER 等于 1 吨碳排放配额。其中北京和上海规定抵消比例不得高于当年排放配额数量的 5%，北京还进一步限定本市辖区内项目获得的"核证自愿减排量"必须达到 50%以上；湖北规定抵消比例不得高于当年排放配额数量的 10%；天津、深圳和广东规定抵消比例不能超过排放量的 10%，其中广东还限定本省项目产生的"核证自愿减排量"达到 50%以上；重庆规定抵消比例不能超过排放量的 8%。在配额是否存储方面，北京、上海、天津、广东、深圳和重庆等 6 省市允许清算后的剩余配额储存下一年使用，而湖北则不允许配额存储到下一年使用，如表 12-7 所示。

表 12-7　试点地区 CCER 政策规定

试点	使用 CCER 作为碳配额抵消的政策规定		与碳配额的换算关系
	使用比例	限制条件	
北京	不得高于当年排放配额数量的5%	2013年1月1日后实际产生的减排量。全市每年的抵消总配额中，市内开发项目获得的 CCER 必须达到50%以上，市外开发项目的开发地优先考虑河北省、天津市、西部地区。非来自本市行政辖区内重点排放的单位固定设施减排量	1吨 CCER 等于1吨碳排放配额
天津	不得高于当年排放量的10%	无地域来源、项目类型和边界限制	
上海	不超过该年度企业通过分配取得的配额量的5%	不能使用在企业自身边界内产生的 CCER 用于配额抵消。2013年1月1日后实际产生的且不在本市试点企业排放边界范围内的自愿减排量	
重庆	不超过该年度企业审定排放量的8%	无地域限制，减排项目应在2010年12月31日后投入运行，且属于以下类型之一：节能和提高能效、清洁能源和非水电可再生能源、碳汇、能源活动、工业生产过程、农业废弃物处理等领域减排	

续表

试点	使用 CCER 作为碳配额抵消的政策规定			与碳配额的换算关系
	使用比例	限制条件		
湖北	最高不超过企业初始配额的 10%	产生于本省行政区内，且在纳入碳市场控排企业边界外产生的		1 吨 CEER 等于 1 吨碳排放配额
广东	最高为上年度企业实际排放量的 10%	省内开发项目获得的 CCER 必须至少为 70%，控制企业在其排放边界范围内产生的 CCER 不得用于抵消		
深圳	最高为企业年度排放量的 10%	控排企业单位在其排放边界范围内产生的 CCER 不得用于抵消		

资料来源：根据公开资料整理。

随着我国碳交易试点工作的进一步深化，基于 CCER 的碳金融衍生品逐渐成为各方关注的焦点。根据各交易机构公布的交易数据，如图 12-5 所示，截至 2015 年 7 月 16 日，各交易机构的 CCER 累计成交量(包括线上交易 g 和协议转让)分别为：上海，241 万吨；北京，190 万吨；深圳，142 万吨；湖北，96.7 万吨；广东，91 万吨；天津，125 万吨，碳市场 CCER 累计总成交量为 885.7 万吨。此外，本书暂未从公开渠道获得重庆的 CCER 交易量。从成交量上看，上海是 CCER 累计成交最大的试点，占 5 个试点总成交量的 27.2% 以上，同时也是交易频率最高的试点。上海从 2015 年 4 月份开始出现 CCER 交易，6 月初上海市发展和改革委员会发布 CCER 的使用条件，因此 6 月份是上海实现首笔交易后交易量和交易频率最大的月份。然后在履约期后，尤其是 9～12 月份，上海市 CCER 交易更为活跃，日成交量都比较大。从 CCER 注册项目数来看，湖北最多，为 96 个；广东次之，为 91 个；深圳最少，仅 6 个。

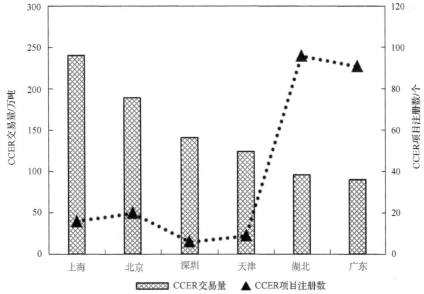

图 12-5　2013~2015 年 CCER 累计交易量及注册项目数

数据来源：CDM 项目数据库(2015)；中国自愿减排项目信息服务网(2015)

CCER 交易还是活跃碳市场、盘活碳资产的重要途径，因此，CCER 交易将在建设全国碳市场、完善碳资产管理中起到重要作用。另外，CCER 具有向配额价格高的碳市场流动的趋势，将拉高试点碳市场配额的最低价，拉低配额最高价(张昕，2015)；并且不同试点碳市场配额可以参照 CCER 交易价格进行置换或交易。由此可见，通过 CCER 交易可以实现区域碳市场连接，使区域碳市场配额价格趋同，促进形成全国统一碳市场。

2.交易制度

交易制度主要包括交易场所、交易品种、参与主体、配额价格以及监督管理等 5 个方面。

1)国际碳市场的交易制度较为完善，金融机构在交易机制设计中发挥重要作用

欧盟碳交易市场的参与方主要包括立法机构、监管机构、管制对象、交易机构、金融机构、第三方核查机构等。金融机构在欧盟碳交易机制设计中起到了重要作用。

2)国内碳交易试点省市的交易制度地域特色鲜明

7 省市大多锁定 CO_2 为减排对象(除重庆把 6 种温室气体都纳入)。各省市对交易主体限定有很大不同，北京、深圳和重庆把排放量底线作为划分纳入主体的依据，北京和深圳规定所有企业适用，重庆则把交易主体锁定在工业企业。天津、上海、广东和湖北则把交易主体限定在特定重点行业和领域，如表 12-8 所示。

表 12-8　试点省市碳交易市场基本情况表

试点省市	交易主体	交易平台
北京	强制：辖区内 2009~2011 年，年均直接、间接二氧化碳排放总量 1 万吨(含)以上的固定设施排放企业(单位) 自愿：年综合能耗 2000 吨标准煤(含)以上的其他单位	北京环境交易所
天津	钢铁、化工、电力、热力、石化、油气开采等重点排放行业、民用建筑领域中 2009 年以来排放二氧化碳 2 万吨以上的企业或单位	天津排放权交易所
上海	重点排放工业行业：2010~2011 年中任何一年二氧化碳排放量 2 万吨及以上(包括直接排放和间接排放，下同)的市行政区域内钢铁、石化、化工、有色、电力、建材、纺织、造纸、橡胶、化纤等 重点排放非工业行业：2010~2011 年中任何一年二氧化碳排放量 1 万吨及以上的航空、港口、机场、铁路、商业、宾馆、金融等	上海环境能源交易所
广东	电力、水泥、钢铁、陶瓷、石化、纺织、有色、塑料、造纸等工业行业 2011~2012 年任一年排放 2 万吨二氧化碳(或能源消费量 1 万吨标准煤)及以上的企业。其中电力企业包括燃煤、燃气发电企业；钢铁企业包括炼铁、炼钢和热冷轧企业；石化企业包括石油加工和乙烯生产企业；水泥企业包括矿石开采、熟料生产和粉磨企业	广州碳排放权交易所
深圳	任一年碳排放量达到 3000 吨二氧化碳当量以上的企业；大型公共建筑(建筑面积 2 万平方米以上)和国家机关办公建筑(建筑面积 1 万平方米以上)的业主；自愿加入并经主管部门批准纳入碳排放控制管理的碳排放单位；市政府指定的其他碳排放单位	深圳排放权交易所
湖北	2010~2011 年任一年综合能耗 6 万吨标煤以上的工业企业，涉及电力和热力、钢铁、水泥、化工、石化、汽车和其他设备制造、有色金属和其他金属制品、玻璃及其他建材、化纤、造纸、医药、食品饮料共 12 个行业	武汉光谷联合产权交易所
重庆	2008~2012 年任一年度排放量达到 2 万吨二氧化碳当量的工业企业	重庆联合产权交易所

资料来源：根据公开资料整理。

12.2　碳排放权交易初始配额分配研究

目前各省市在配额分配上采用多种分配方式并存，且以免费分配为主，加上参与主体多集中在重点部门和重点企业，如果减排目标不明确，可能导致市场活跃程度不足。正如当前市场表现，交易量相对较小，流动性不均衡。因此，在建立全国碳交易市场前仍需要针对以下问题进行讨论：初始碳排放权配额应该如何分配？不同的分配方法的成本有效性如何？基于所构建的 CEEPA 模型，本书根据现有实践运用和研究讨论的主要碳排放权初始配额方法，针对中国的初始碳排放权配额分配方法选择问题进行分析，对不同分配方法在中国实施的成本和环境有效性进行模拟分析和比较，从而讨论适合国内排放权交易市场的分配方法。

12.2.1　初始配额分配模式

针对目前试点区域存在的机制问题，本书重点探讨配额的分配方法选择，研究目前主流的 3 类初始配额分配方法（免费分配、有偿分配和混合分配）。现有的欧盟碳市场中，各国在国家配额分配方案中都对不同部门进行区分对待。因此，考虑各类分配方法中围绕部门/企业层面不同的分配原则和配额收益利用方式，本书共设置 9 类具体的初始配额分配模式，如表 12-9 所示。

在免费分配的模式中，本节采用 Fischer 和 Fox（2004）的假设，通过两步骤来计算免费配额分配：①计算各部门（包括居民）免费获得的排放权初始配额，主要考察基于历史排放比例和基于历史增加值比例两种计算原则；②计算各生产部门企业免费获得的排放权初始配额，这里部门初始配额一次性转移给本部门的企业或者按照实际产出的比例分配。两步计算方式共组合了 4 种免费分配模式：部门基于历史排放份额免费获得配额再一次性转移给企业（GR）、部门基于历史增加值份额免费获得配额再一次性转移给企业（VG）、部门基于历史排放份额免费获得配额再基于实际产出分配给企业（EMOBA）、部门基于历史增加值比例免费获得配额再基于实际产出分配给企业（VAOBA）。因一次性转移只有企业收益总账户，没有各部门企业收益分账户，一次性转移的两个模式下的结果没有区别。因此一次性转移的两个模式中这里只选择部门基于历史排放份额免费获得配额再一次性转移给企业的模式作为代表。

表 12-9　初始配额分配模式描述

简称	类型	分配原则	收益循环利用
GR	免费	部门基于历史排放份额免费获得配额再一次性转移给企业	
EMOBA	免费	部门基于历史排放份额免费获得配额再基于实际产出分配给企业	
VAOBA	免费	部门基于历史增加值比例免费获得配额再基于实际产出分配给企业	
AucGov	有偿	拍卖	增加政府收入

续表

简称	类型	分配原则	收益循环利用
AucIND	有偿	拍卖	减少部门生产间接税
AucINC	有偿	拍卖	减少居民个人所得税
AucTran2H	有偿	拍卖	按人口比例转移支付居民
VertMix	混合	部门基于历史排放份额获得 20%的配额再基于实际产出分配给企业	增加政府收入
HorMix	混合	碳密集贸易部门基于历史排放份额免费获得配额再基于实际产出分配给企业	增加政府收入

　　有偿分配的模式也涉及不同的分配原则，但目前的关注和讨论都集中在拍卖这一种方式上。由于拍卖产生收益，且收益的分配影响政策的成本有效性和社会福利变化，所以本节针对拍卖机制设置 4 种模式：拍卖配额收益归政府（AucGov）、拍卖配额收益用来降低部门生产间接税（AucIND）、拍卖配额收益用来降低居民个人所得税（AucINC），拍卖配额收益按人口比例转移支付居民（AucTran2H）。

　　针对混合分配模式，可以从两个角度考虑：每个部门都得到一定比例的免费配额，其他配额靠拍卖获得；部分部门免费得到配额，其他部门需要通过拍卖获得配额。针对这两种考虑分别设置了表 12-9 中的 VertMix 模式和 HorMix 模式。在 VertMix 模式中，各部门都基于历史排放份额获得 20%的配额再基于实际产出分配给企业，剩下的 80%依靠拍卖获得，且拍卖收益归政府。在 HorMix 模式中，能源密集贸易部门免费获得配额再基于实际产出分配给企业，其他部门企业拍卖获得，拍卖收益归政府。

12.2.2　碳排放交易的社会经济影响

　　1）不同初始配额分配模式对宏观经济影响

　　考虑政府在制定政策时特别是在《中华人民共和国国民经济和社会发展第十二个五年规划纲要》中重点关注的宏观经济几个方面，本节选择国民生产总值（GDP）、就业水平（Lab）、消费价格指数（CPI）、总消费（Cons）和政府收入水平（GovI）作为主要考察指标。各初始配额分配模式下全国实现 5%的减排目标下这 5 种宏观经济指标的变化如图 12-6 所示。

　　（1）各模式下减排都会导致 GDP 和就业水平的下降：在重点考虑对生产活动进行保护的 3 种模式（AucIND、EMOBA 和 VAOBA）下，GDP 和就业水平所受的负面影响要明显小于其他模式。

　　（2）只有在利用配额拍卖收益直接针对居民进行补贴的两种模式下（AucINC 和 AucTran2H），总消费才不会减少：主要是由于这两种模式下居民收入受到的负面影响得到了明显的直接弥补，而消费者价格指数变动很小。

　　（3）只有在拍卖初始配额且收益归政府的模式（AucGov、VertMix 和 HorMix）下，减排才不会对政府收入造成负面冲击。

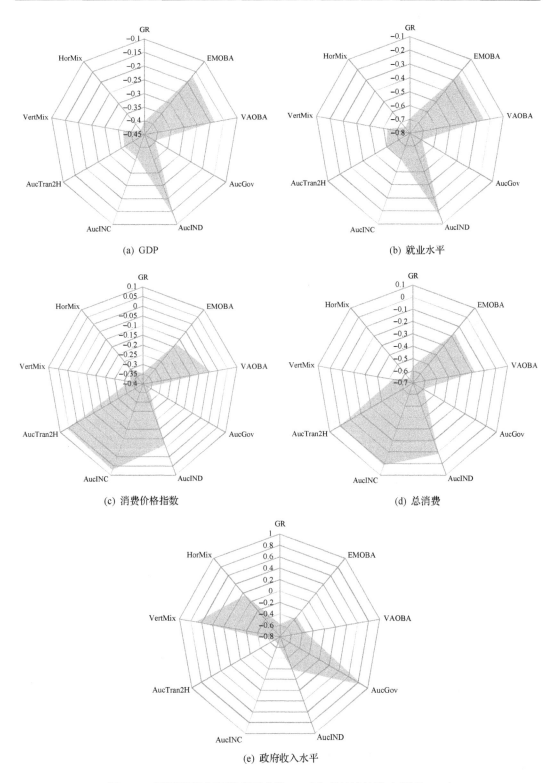

(a) GDP

(b) 就业水平

(c) 消费价格指数

(d) 总消费

(e) 政府收入水平

图 12-6　不同配额分配模式下减排 5%对宏观经济的影响(单位：%)

　　可见，各模式下减排对所考察的 5 个宏观经济指标的影响程度有很大差别，而且并没有某个模式在 5 个指标的影响程度衡量上都表现最优。

　　尽管利用配额拍卖收益直接针对居民进行补贴的两种模式(AucINC 和 AucTran2H)下总消费都有所增加，但一方面，这两种模式下 GDP 损失幅度较大，不利于保持经济的持续健康发展，从长期来看最终也会导致对消费的负面影响；另一方面，这两种模式下政府收入水平所受负面冲击最明显，从而会降低政府预算的灵活性，有可能会影响政府应对各种突发事件(如经济危机、突发自然灾害等)的能力。

　　虽然拍卖初始配额且收益归政府(模式 HorMix、AucGov 和 VertMix)能带来政府收入水平的增加，但这 3 种模式对 GDP、就业水平和总消费影响都比较大，尤其是 HorMix 和 AucGov 是对 GDP 和就业水平负面影响最大的两个模式。因此，如果不将筹集财政资金作为主要目的，不宜考虑这 3 种分配模式，否则宜优先选用 VertMix 模式。

　　拍卖初始配额且收益用于减少部门生产间接税模式(AucIND)下 GDP 和就业水平的损失最小，CPI 的变化也较温和，总消费的损失也仅略大于 AucINC 和 AucTran2H 模式。该模式对政府收入水平的负面影响也是有负面影响的模式中最小的。因此，在制定政策时如果不将筹集财政资金作为主要目的而仅需保证政府收入水平所受负面影响较小，则从可持续的角度看 AucIND 模式是较好的选择。

　　2) 碳配额初始分配模式与部门产出关系

　　图 12-7 显示了各碳配额初始分配模式下不同部门产出的影响，其中包括 9 种模式下减排对全国 29 个生产部门的产出及平均水平(按照各部门产出比例加权)的影响。

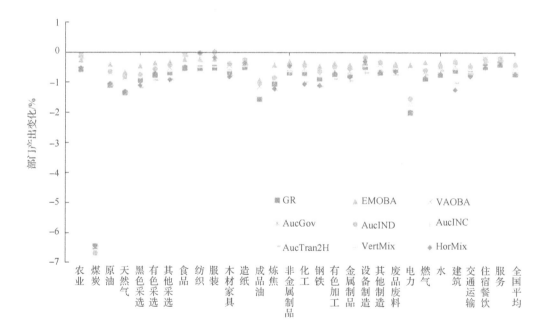

图 12-7　不同碳配额初始分配模式下减排 5%对各部门产出的影响

（1）总的来说，在各初始配额分配模式下，国内实施碳减排政策都会导致大多数部门产出的降低：除了纺织和服装的产出在拍卖碳配额并将收益用于减少各部门生产间接税的模式（AucIND）下上升，其他部门在各种模式下都有不同程度的下降。各种模式下减排均使得煤炭、原油和天然气、成品油和电力部门的产出有较大减少，是全国平均损失的1.5 倍以上，特别是煤炭部门的损失幅度超过全国平均损失水平的 11 倍。主要因为减排政策使得能源产品特别是化石能源的使用成本增加进而使得其需求降低，其生产受到较为明显的冲击。

（2）在部门基于历史排放份额免费获得配额再基于实际产出分配给企业的模式（EMOBA）和拍卖碳配额并将收益用于减少各部门生产间接税的模式（AucIND）下减排对产出的负面冲击都较小，在保护部门生产方面起到较好的效果。其中 EMOBA 模式下有 20 个部门实现的就业水平在各模式中最大，这 20 个部门的产值占全国各行业总产值的 43.12%。

（3）在部门基于历史排放份额免费获得配额再一次性转移给企业（GR）、拍卖配额且收益归政府（AucGov）、利用配额拍卖收益直接针对居民进行补贴的两种模式（AucINC 和 AucTran2H）以及各部门都基于历史排放份额获得 20%的配额再基于实际产出分配给企业的模式（VertMix）下部门的产出受到的负面影响都较大。这些模式都没有针对各部门生产采取保护措施或保护力度太小。

3）碳配额初始分配模式与部门资本收益关系

各初始配额分配模式下各部门资本收益及平均水平（按照各部门资本收益比例加权）的变动如图 12-8 所示。

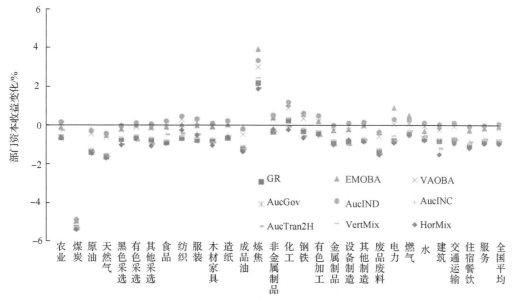

图 12-8 不同碳配额初始分配模式下减排 5%对各部门资本收益的影响

（1）各种模式下减排均使得煤炭、原油和天然气部门的资本收益有较大损失，是全国平均损失的 2 倍以上，特别是煤炭部门的损失幅度接近全国平均损失水平的 10 倍：二氧化碳减排需要减少化石能源消耗，使得化石能源部门的产出有相对较大的减少，进而减少这些部门的资本投入；资本需求的减少使得大部分模式下资本报酬率有所降低（只有AucIND模式下有 0.06 个百分点的提高），因此这些化石能源部门的资本收益呈现不同程度降低。

（2）不同模式下焦炭部门资本收益有较大幅度的增加：焦炭的能源投入（特别是煤炭投入）和资本投入占总投入的份额都较大；减排导致的化石能源成本增加使得资本对能源的相对价格降低；由于替代化石能源导致的资本投入增加超过了由于产出减少而引起的资本投入减少，最终使得资本收益出现较大幅度增加。

（3）拍卖碳配额并将收益用于减少部门生产间接税（AucIND），在缓解减排对部门资本收益的负面冲击上的综合效果最好：该模式下全国平均损失幅度最低；除了原油、成品油、炼焦、电力、燃气、交通运输部门，其他所有部门（这些部门的资本收益占全国资本总收益的比例达到 83.88%）实现的资本收益都是各模式中最高的；炼焦、电力、燃气部门和交通运输的资本收益在 AucIND 模式下并不会受到负面影响；AucIND 模式下原油和成品油部门的资本收益损失幅度仅比损失最小的模式分别高 0.02 个百分点和 0.04个百分点。

4）碳配额初始分配模式对部门产品出口的影响

不同碳配额初始分配模式下各部门出口及平均水平（按照各部门出口比例加权）的变化如图 12-9 所示。

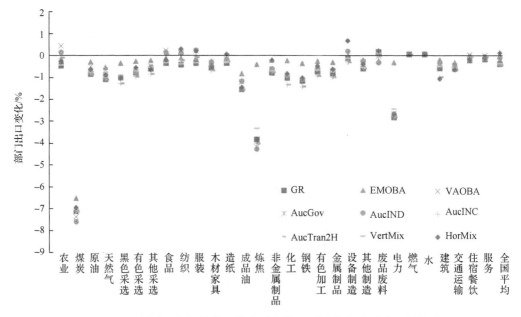

图 12-9　不同碳配额初始分配模式下减排 5%对各部门产品出口的影响

（1）在各初始配额分配模式下，国内实施碳减排政策都会降低大多数国内产品的国际竞争力：在所有模式下，27 个贸易部门中有超过 20 个部门的出口减少；煤炭、炼焦、电力出口所受负面影响明显大于其他部门，都在全国平均损失幅度的 8 倍以上；一些主要碳密集贸易部门如化工、钢铁、有色加工和金属制品在各种模式下都受到 1%左右的负面影响，远高于全国出口损失(0.33%)。只有农业、食品、纺织、服装、设备制造和废品废料行业的出口在部分模式下略有增加。其中占中国总出口额 42.83%的设备制造部门在仅能源密集贸易部门免费获得配额的模式(HorMix)和拍卖碳配额并将收益用于减少各部门的生产间接税模式(AucIND)有所增加，分别增加 0.62%和 0.14%。

(2)在仅能源密集贸易部门免费获得配额的模式(HorMix)下，总体而言部门竞争力得到的保护效果最好(全国各行业出口额平均上升 0.07%)。主要是该模式下有效地保护了主要贸易部门特别是设备制造部门的出口。

(3)总体而言在 AucINC 和 AucTran2H 模式下部门的出口受到的负面影响最大(全国各行业出口额平均下降 0.50%)：部门损失最大的部门主要集中在这两种模式下。特别是 AucINC 模式下一些主要贸易部门的出口损失在各模式下最为严重，这些部门的出口额占全国总出口的 1/2 以上。

5)初始配额分配模式与居民收入分配效应

通过考查不同初始配额分配模式下城镇和农村居民收入和福利的变化来分别从收入和支出角度反映不同分配模式下减排对居民生活的影响，如图 12-10 所示。

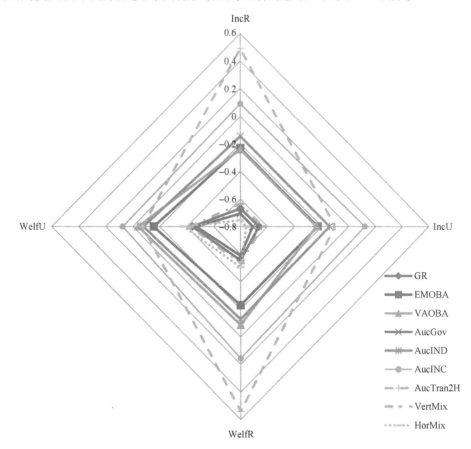

图 12-10　不同碳配额初始分配模式下减排 5%对居民收入和福利的影响

（1）从对城乡居民各自生活水平的影响来看，在 AucINC 模式下城乡居民的收入和福利水平都有所增加；在 AucTran2H 模式下农村居民的收入和福利水平都有所提高，而城镇居民的收入和福利水平都略有下降；在重点考虑对生产活动进行保护的 3 种模式（AucIND、EMOBA 和 VAOBA）下城乡居民的收入和福利水平都有较小程度的减少（下降了 2%左右）；在 GR、AucGov、HorMix 和 VertMix 模式下城乡居民的收入和福利水平均有较大程度的下降（下降了 5%以上）。

（2）从对城乡差距的影响来看，AucTran2H 模式下农村居民收入和福利所受的都是正面影响，而城镇居民收入和福利所受的都是负面影响，说明无论从收入还是从支出的角度看该模式下减排均有利于缩小城乡差距；AucINC 模式下减排对农村居民收入的正面影响小于城镇居民，而对农村居民福利的正面影响大于城镇居民，反映出该模式下减排从收入角度看扩大了城乡差距，而从支出角度看却缩小了城乡差距；在其他模式下，减排对农村居民收入和福利的负面影响均高于对城镇居民的负面影响，即无论从收入还是从支出角度看都扩大了城乡差距。

12.3　我国碳排放权交易市场存在的机制问题

尽管当前我国排放交易试点省市碳交易市场的表现较好，但是建立全国碳排放权交易市场仍存在很多问题。

12.3.1　法律机制：法律属性不明确、上位法缺失，导致交易市场无法可依

碳交易是典型的政策性市场，良好的运行基础是完善的政策、法律体系。如果没有法律约束或者惩罚力度比较弱，碳交易的政策效果将很难得到保障。目前，我国尚未出台国家层面的应对气候变化法和碳交易体系方面的法律法规。上位法的缺失直接导致交易体系的设计无法可依，容易引起争议。在 7 个试点中，只有深圳通过了深圳市人民代表大会常务委员会立法，北京通过了北京市人民代表大会常务委员会决定，对控排企业的约束力相对较强。其他试点基本以政府令的形式进行规制，惩罚力度受到局限，法律约束力较弱。

与此同时，现有政策执行也不够坚决。主要表现在履约期延期，严肃性较差。2014年仅有上海在法定期限内完成履约。天津更是连续两次推迟履约。2015 年，在 7 个试点中，仍然只有上海和深圳没有推迟履约期。根据公开的信息，违约企业除了要求限期改正，没有一个因为未按期（指政府延期履约期后）履约而受到惩罚。

12.3.2　体制机制：政策之间缺乏衔接，考核指标重叠，企业负担增加

在体制机制方面，试点省市普遍存在地方政策与国家政策之间冲突、地方内部政策冲突等问题。地方既有关于碳强度、节能减排等方面的考核标准，又制定了碳交易政策，而碳强度、节能减排、碳交易政策之间互相关联。面对多重考核的压力，企业负担加重，积极性降低。除此之外，节能工作和低碳工作往往由不同政府部门负责，一套体系涉及多个主体，容易使企业产生抵触情绪。

12.3.3　配额分配：数据质量和统计口径参差不齐，配额分配公平性难以体现

各试点地区控排企业的能源消耗量、产能、产值等关键数据缺失，加上个别企业不愿意配合碳核查，以及政府部门之间的协调等原因，管理者不能准确掌握企业的真实排放数据，使得各试点省市普遍存在碳排放数据不完备的问题，增加了配额分配难度。在配额分配方式上，"两省五市"试点省市取了不同的方法，如祖父法、基准法等，广东还采取了拍卖法。湖北等试点省市基于历史法的配额发放方式，对那些生产工艺先进、生产效率较高且历史排放量较小的企业发放了相对较少的配额，而对生产效率较低、历史排放量较大的企业发放了较多的配额，在一定程度上造成配额分配不公平。

12.3.4　市场机制：交易规则不一致，全国范围内推广难度较大

当前，两省五市各自同时开展区域碳交易市场机制设计，政策、技术相互独立，交易规则各不相同，这对开展全国范围内的碳排放交易工作增加了难度。其中最为重要的是减排目标的设定。各试点省市只有北京、广东和湖北有明确的减排目标，其中北京设定的是排放强度目标，广东和湖北分别设定了排放总量目标，其他省市只给了设定排放目标原则和思路，而没有给出明确的减排目标。而碳交易市场的顺利开展和持续发展都离不开减排目标的设定，减排目标是碳交易市场存在的基础。

12.4　我国当前碳排放权交易存在的问题

12.4.1　市场表现：市场流动性差，碳交易价格失真

各试点碳市场普遍存在流动性较差、成交量和成交额低的问题。碳是一种资产，碳价应该反映一个国家或地区的平均减排成本，而碳市场流动性差带来的一个直接后果就是碳价格失真。"两省五市"7 个碳交易试点交易不连续、碳价波动大等现象频出，不同试点之间碳价差异巨大，显示出的碳价往往是交易的"个别行为"，难以反映真实的减排成本。

12.4.2　参与主体：企业按期履约率低，市场活跃度较差

试点省市启动时间较短，配额企业首次履约，加上各试点设计的惩罚力度较低，对企业的约束能力较差，因此，目前试点省市普遍存在企业履约率低、市场活跃度差的问题。根据已有信息统计，深圳和上海是仅有的 2 个按期履约的试点，其他几个试点均由于各种因素未能按期履约。在试点之初，控排企业或多或少拥有抵触情绪，个别企业甚至拒绝履约，拒绝第三方核查。通过政府大力宣传和指导，虽然"两省五市"试点地区的控排企业节能减排意识、碳交易知识和能力有所加强，但多数企业仍被动参与碳排放交易，没有认识到碳资产的价值，企业出售碳配额进行融资开展减排活动更是凤毛麟角。

12.4.3　交易平台：交易市场分散，议价能力薄弱

当前的排放交易试点依托各试点省市的能源交易所和环境交易所，但是交易所较为

分散，使得企业参与交易的成本增加。未来，碳交易市场之间很难实现联动。另外，由于各试点省市碳价之间差异显著，难以形成稳定的、反映市场真实活动的价格，不利于全国碳交易市场的建立。

12.4.4　金融衍生品：碳金融产品种类较少，金融机构参与不足

在实现低碳经济价值链上的各个环节中，买卖双方多进行现货交易，碳期货、碳期权等金融衍生品种类较少，国内金融机构对能源项目融资投资担保、减排收益权贷款抵押等与碳排放有关的金融交易活动认识不足、参与不够，降低了碳排放交易市场的流动性和创新性。

12.5　建立全国统一碳交易市场的建议与展望

2015 年《中美元首气候变化联合声明》首次明确建立全国碳市场的时间表，指出中国计划于 2017 年启动全国碳排放交易体系，将覆盖钢铁、电力、化工、建材、造纸和有色金属等重点工业行业。如何在总结吸收试点实践的基础上推进全国统一碳交易市场的建设成为各方关注的焦点。基于我国碳市场的建立背景、潜在经济影响及运行条件，本节从法律规定、MRV 制度、机制设计等方面对未来全国统一碳市场的建立提出如下建议。

12.5.1　出台统一法律法规，明确碳市场的法律地位及相关主体的权责范围

目前，国家发展和改革委员会已于 2015 年 10 月出台《碳排放权交易管理暂行办法》，展现了我国在控制温室气体方面负责任大国的国际形象。但是内容过于抽象，且针对全国统一碳市场以及二级市场的管理规定尚未出台。基于此，第一，中央层面应制定专门的应对气候变化法，为碳排放权交易制度提供上位法依据；第二，我国碳交易立法应当明确规定对碳排放权交易机构的法律依据，以及破坏碳排放交易二级市场的违法行为种类及相应的法律责任；第三，中央应协调各试点省市，尽快出台适用全国的统一碳市场二级市场管理办法或者指导规则，同时兼顾各省市经济不均衡的发展现状（张利英，2012）；第四，为保护被监管实体在碳排放数据方面的合法权益，我国应针对碳排放权交易的监管问题、排放数量的认可问题等设置相关法律制度。

12.5.2　科学评估总结试点的经验教训，保障试点顺利向全国统一碳市场过渡

在试点碳市场推进的过程中，学术界、产业界和政策界热议的方案主要有 3 种（林文斌和刘滨，2015）。一是试点碳市场之间互相连接，形成区域碳市场；二是各试点碳市场在运行一段时间之后，形成以各试点省市为中心的区域碳市场；三是仅借鉴试点碳市场的经验，一步到位建立全国统一碳市场。但是，从我国具体实际看，短时间内实施以上方案都存在很大的难度，因此，迫切需要国家和地方政府做出科学决策，保障试点到全国统一碳市场的顺利过渡。

按照国家发展和改革委员会的规划，全国碳市场建设大致可以分为 3 个阶段：第一阶段是 2014~2016 年，为前期准备阶段；第二阶段是 2016~2019 年，为全国碳市场正

式启动阶段；第三阶段是 2019 年以后，为全国碳市场快速运转阶段。

通过借鉴国际主要碳交易市场及国内试点碳市场的经验，本书认为，我国统一碳市场的建设应以试点地区为中心，探索开展跨区域碳排放权交易，建立区域性碳市场；同时，逐步扩大碳市场的行业覆盖范围。在市场机制设计方面，打破现有的区域概念，采取纵向思路，根据行业特点，按行业进行初始碳配额分配。我国统一碳市场的建立应与区域发展战略和发展目标相协调，发挥碳市场在减缓区域发展不平衡中的作用。建议通过配额拍卖收入返还机制以及抵消机制对中西部欠发达地区给予一定的经济补偿，促进我国区域协调、均衡、可持续发展。

12.5.3 结合未来经济发展趋势，确定碳配额总量，并逐步扩大碳市场行业覆盖范围

我国碳市场碳配额总量的设置应与未来经济增长速度及经济结构调整相协调。基于我国提出的"40%～45%"强度目标，2020 年之前，可以通过该目标确定碳配额总量；2020～2030 年，可以基于我国在巴黎气候大会提出的"60%～65%"强度目标确定碳配额总量。同时，设定动态碳配额调节机制，防止经济发展过程中重大不确定性事件对碳市场的冲击。2030 年之后，可依据绝对总量目标设置碳配额总量。

按照国家发展和改革委员会出台的现有政策，全国碳市场覆盖石化、化工、建材、钢铁、有色、造纸、电力、民航等 8 大类行业。建立碳市场，在推动节能减排目标实现的同时，有助于加快产业结构调整，实现低碳发展。随着我国产业结构和消费方式的改变，高能耗、高排放产业占比将逐渐下降。未来，应逐步将服务业、交通运输业等行业纳入碳市场，逐步扩大行业覆盖范围。

12.5.4 采取免费分配和拍卖相结合的初始配额分配方式，优化配额分配方案设计

由于执行阻力小、容易推行，多数试点采取免费分配的方式发放碳配额。但是，免费分配的方法不利于初期碳价的形成以及未来碳市场价格的稳定。因此，未来全国统一碳市场应采取免费分配和拍卖相结合的方式。具体来说，可以基于基准制调整碳排放配额在不同行业间的分配，同时，留出一定比例的配额采用拍卖的方式分配，并通过一定的机制设计允许减排主体在各年份内进行碳配额的存储与借贷，用以平抑不确定性事件造成的碳价大幅波动。

12.5.5 制定国家统一的、与国际接轨的 MRV 标准

参考欧盟等发布的 MRV 方法指南，结合我国碳试点现有的 MRV 制度，本书建议第一，在全国统一碳市场的建设初期，应在全国人民代表大会常务委员会层面针对 MRV 体系进行专门立法，明确排放的监测、报告与核查的法律地位，明确对不能及时或准确申报数据的企业提出处罚措施；第二，在开展碳排放监测和核查时，尽快出台全国统一的行业定义、排放计算边界、监测计划、数据测量方法、质量控制等技术方面的要求，同时，应将碳排放核算指南和监测指南的文件尽可能细化，以指导企业申报；第三，2020 年之前，国家相关部门应针对高能耗、高排放的重点行业出台 MRV 制度，在此基础上，逐步扩大覆盖行业范围，最终形成一套完整的、体现中国特色的 MRV 制度；第四，应

尽快形成碳排放和碳减排第三方核查机构准入资质标准，统一认定标准条件、评审程序、监管要求等，培育和发展独立的、与国际接轨的第三方核查机构。

12.5.6　充分考虑碳交易市场对社会经济的影响

我国建立全国统一碳市场之后，将纳入更多的行业，企业面临减排成本增加的可能。在市场经济下，企业参与碳减排所需要的资金投入最终会转嫁给消费者，势必会在一定程度上增加居民日常消费。因此，政府应借鉴国际碳市场经验，通过提高转移支付能力和减免税收等方式，减少碳市场建立对居民日常生活成本上涨的不利影响。同时，可通过多种宣传手段，提高人民对碳排放权交易政策的理解和认知，减少全国统一碳市场建立以及可持续发展的阻力。

第13章 典型城市的低碳发展：以试点城市为例

城市因能源消费产生的二氧化碳占全球排放总量的 70%(IEA，2013a)，因此如何实现城市的低碳发展是各国应对气候变化行动的主要内容。低碳城市建设已经在伦敦、东京等许多国际大都市如火如荼开展。前伦敦市长 Ken Livingstone 在 2005 年提出各大城市针对二氧化碳减排开展合作，并建立了以城市为单位的减碳联盟 C40(Cities Climate Leadership Group)；瑞典斯德哥尔摩环境研究所的研究结果则表明，通过城市建筑节能、公共交通合理规划、道路货运和废弃物管理等途径，可以实现到 2030 年减排 24%，2050 年减排 47%，这意味着全球同期分别减排 37 亿吨和 80 亿吨二氧化碳当量(Erickson and Tempest，2014)。中国城市人均商品能源的消费量为农村地区的 3 倍，已经成为能源消费和二氧化碳排放快速增长的症结所在(国家统计局，2014)。而城市在区域规划、公共交通、基础设施建设等政策措施层面所具备的独特作用和深刻影响，使得城市对全球深度减排目标的实现、避免高碳发展路径锁定、减少碳减排成本等方面具有重大贡献。经过长时间的探索和实践，低碳城市的定义逐步明确为"以低碳经济为发展模式及方向，市民以低碳生活为理念和行为特征，政府公务管理层以低能耗、低污染、低排放、高效率、高产出等低碳社会特征为建设标本和蓝图的城市"。

13.1 低碳城市发展进程及分类

13.1.1 低碳城市发展进程

中国自 21 世纪初开始对低碳城市建设进行理论研究和实践探索，并针对中国特色的低碳策略开展系统研究，启动了众多实质性项目，涵盖政府职能、主体功能区、工业发展、绿色建筑、公共交通、环境管理等多方面内容(连玉明，2010)。2009 年起，保定市、南昌市、厦门市、杭州市等多个城市开始结合自身特点，开展了更有针对性的低碳探索，以"低碳""绿色"为标签的区域可持续发展规划及建设项目不断涌现。2010 年国家发展和改革委员会(简称发改委)正式启动国家低碳省区和低碳城市试点工作，五省八市作为第一批试点，研究编制低碳发展规划，制定支持低碳绿色发展的配套政策，加快建立以低碳排放为特征的产业体系，建立温室气体排放数据统计和管理体系，并积极倡导低碳绿色生活方式和消费模式。2012 年，国家发改委启动第二批国家低碳省区和低碳城市试点工作，在第一批试点的基础上，进一步稳步推进低碳试点示范。截至 2014 年年初，两省五市相继启动了碳排放权交易，实现了行政机制与市场机制在低碳发展领域的有益探索，为建立全国碳市场奠定了基础。至此，在政府部门、学术界、NGO(Non-Governmental Organizations)等多方探索和尝试下，中国的低碳城市发展取得了长足的进步，已经形成了从学术探索到理论实践、从试点示范到逐步推广、从行政命令到市场机制并用的多维度发展，实现了低碳产业到低碳交通、低碳建筑、低碳社区的全领域覆盖，其具体历程如图 13-1 所示。

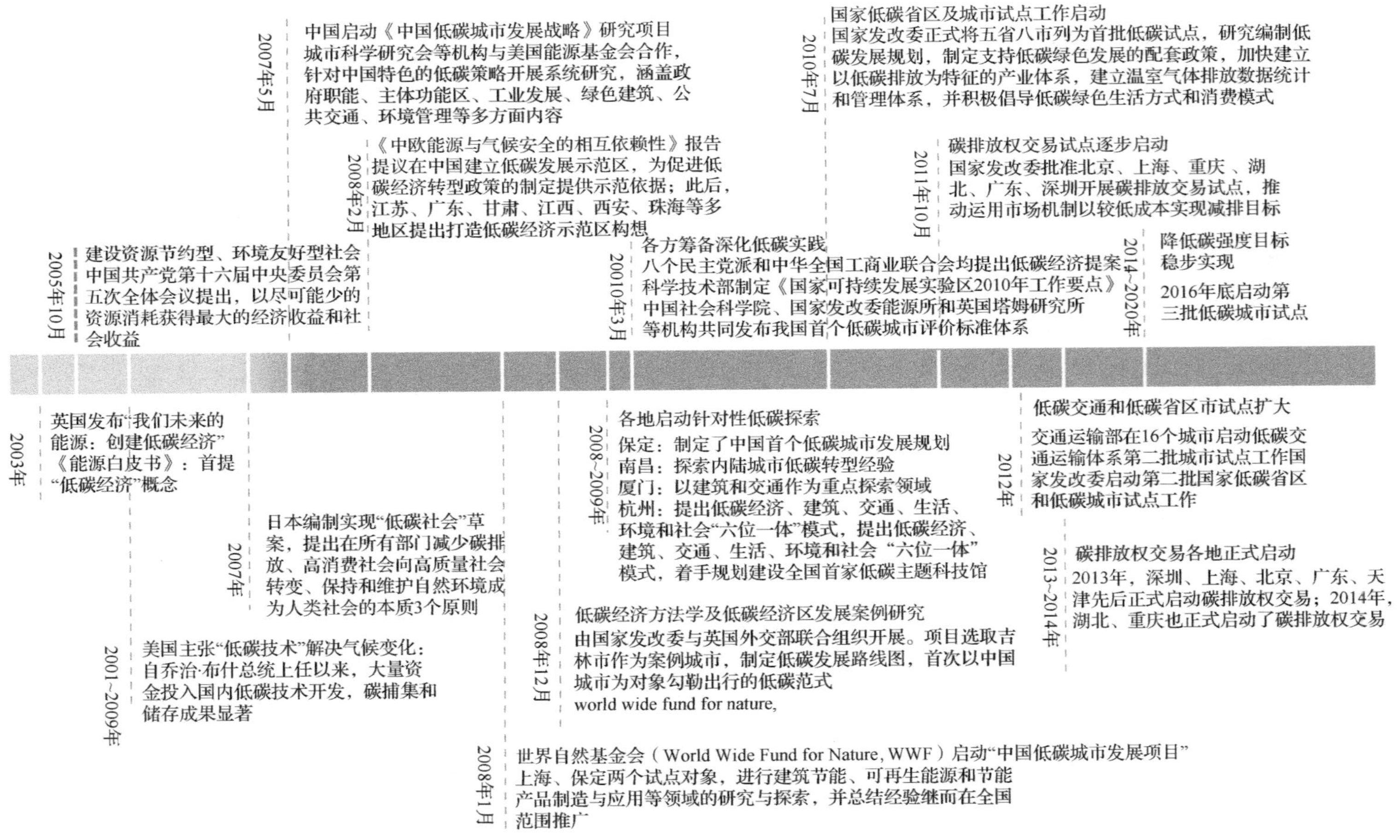
2003年
英国发布“我们未来的能源：创建低碳经济”《能源白皮书》：首提“低碳经济”概念
2001~2009年
美国主张“低碳技术”解决气候变化：自乔治·布什总统上任以来，大量资金投入国内低碳技术开发，碳捕集和储存成果显著
2005年10月
建设资源节约型、环境友好型社会
中国共产党第十六届中央委员会第五次全体会议提出，以尽可能少的资源消耗获得最大的经济收益和社会收益
2007年
日本编制实现“低碳社会”草案，提出在所有部门减少碳排放、高消费社会向高质量社会转变、保持和维护自然环境成为人类社会的本质3个原则
2007年5月
中国启动《中国低碳城市发展战略》研究项目
城市科学研究会等机构与美国能源基金会合作，针对中国特色的低碳策略开展系统研究，涵盖政府职能、主体功能区、工业发展、绿色建筑、公共交通、环境管理等多方面内容
2008年2月
《中欧能源与气候安全的相互依赖性》报告
提议在中国建立低碳发展示范区，为促进低碳经济转型政策的制定提供示范依据；此后，江苏、广东、甘肃、江西、西安、珠海等多地区提出打造低碳经济示范区构想
2008年1月
世界自然基金会（World Wide Fund for Nature, WWF）启动“中国低碳城市发展项目”
上海、保定两个试点对象，进行建筑节能、可再生能源和节能产品制造与应用等领域的研究与探索，并总结经验继而在全国范围推广
2008年12月
低碳经济方法学及低碳经济区发展案例研究
由国家发改委与英国外交部联合组织开展。项目选取吉林市作为案例城市，制定低碳发展路线图，首次以中国城市为对象勾勒出行的低碳范式
world wide fund for nature,
2008~2009年
各地启动针对性低碳探索
保定：制定了中国首个低碳城市发展规划
南昌：探索内陆城市低碳转型经验
厦门：以建筑和交通作为重点探索领域
杭州：提出低碳经济、建筑、交通、生活、环境和社会“六位一体”模式，提出低碳经济、建筑、交通、生活、环境和社会“六位一体”模式，着手规划建设全国首家低碳主题科技馆
20010年3月
各方筹备深化低碳实践
八个民主党派和中华全国工商业联合会均提出低碳经济提案
科学技术部制定《国家可持续发展实验区2010年工作要点》
中国社会科学院、国家发改委能源所和英国塔姆研究所等机构共同发布我国首个低碳城市评价标准体系
2010年7月
国家低碳省区及城市试点工作启动
国家发改委正式将五省八市列为首批低碳试点，研究编制低碳发展规划，制定支持低碳绿色发展的配套政策，加快建立以低碳排放为特征的产业体系，建立温室气体排放数据统计和管理体系，并积极倡导低碳绿色生活方式和消费模式
2011年10月
碳排放权交易试点逐步启动
国家发改委批准北京、上海、重庆、湖北、广东、深圳开展碳排放交易试点，推动运用市场机制以较低成本实现减排目标
2012年
低碳交通和低碳省区市试点扩大
交通运输部在16个城市启动低碳交通运输体系第二批城市试点工作国家发改委启动第二批国家低碳省区和低碳城市试点工作
2013~2014年
碳排放权交易各地正式启动
2013年，深圳、上海、北京、广东、天津先后正式启动碳排放权交易；2014年，湖北、重庆也正式启动了碳排放权交易
2014~2020年
降低碳强度目标稳步实现
2016年底启动第三批低碳城市试点

图13-1 中国低碳发展探索路径

时间轴非沿线性比例绘制

13.1.2　低碳城市试点

由于在当前经济、技术和社会发展阶段还未找到协调经济增长与低碳发展的根本解决途径和现成方案，中央政府试图通过地方试点创造并总结有效的政策和制度(齐晔，2013)。2010 年 7 月 19 日，国家发改委正式下发关于开展低碳省区和低碳城市试点工作的通知，在广东、辽宁、湖北、陕西、云南五省和天津、重庆、深圳、厦门、杭州、南昌、贵阳、保定八市进行低碳试点建设。为进一步扩大试点范围，探寻不同类型地区控制温室气体排放路径，为全国全面开展低碳建设积累更充分的经验，国家发改委于 2012 年 11 月 26 日启动了第二批低碳省区和低碳城市试点工作，共 28 市作为试点单位进一步扩大低碳试点成果。至此，中国已经确定了 6 个省区低碳试点、36 个低碳试点城市，中国大陆 31 个省份(不包含港、澳、台地区)中除湖南、宁夏、西藏和青海外，每个地区至少有一个低碳试点城市，发展路径包括低碳产业、低碳交通、低碳生活、低碳建筑等多维度，低碳试点已经基本在全国全面铺开。

总体分析，中国的第一批低碳试点尽管规模不大，但是具有较好的代表性。2010 年，第一批试点区域的 GDP 总量占全国的 34.4%，能源消费总量占全国的 33.8%；13 个试点单位中涵盖省区和城市、沿海和内陆、工业主导和服务业突出等多类型区域，地域特色突出，各类资源禀赋和工作基础差异显著。而第二批试点在地理区域、行政级别、城市类型等方面是第一批试点的补充，同时公开申报的试点选拔流程也更好凸显了城市本身的主观能动性，有利于城市在试点前系统梳理自身禀赋、试点中深入探索低碳模式。

综上所述，第一批和二批低碳试点地区已在全国 1/5 的土地上根据各自情况开展低碳建设的探索工作，两批低碳试点区域的常住人口已达到中国的 39%；从经济发展状况分析，中国的低碳试点已经覆盖了全国各阶段发展水平的城市。

13.1.3　低碳城市试点特征

由于不同试点单位所属城市类型不同、面临的低碳挑战不同，结合特征指标、城市类型、国家政策规划等因素，对全国 42 个试点单位进行分组，进而可以开展具有"可比性"的深入分析，如图 13-2 所示。通过研究同类型低碳试点城市的客观数据和低碳配套

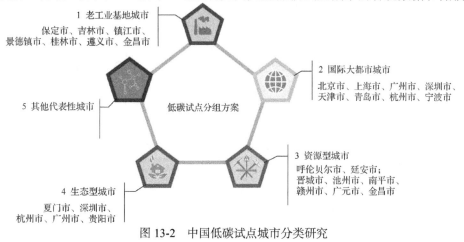

图 13-2　中国低碳试点城市分类研究

政策措施，对比分析相近城市在自身禀赋、规划方案、工作力度等方面的差异，总结经验、查找不足，进而形成特定类型低碳试点地区的借鉴模式，对在特征相同地区进一步扩大低碳试点范围，提供参考和帮助。

1) 老工业基地城市

根据《全国老工业基地调整改造规划（2013～2022 年）》，参考产业结构指标（2010年），42 个低碳试点单位中保定市、吉林市、镇江市、景德镇市、桂林市、遵义市、金昌市共 7 个城市全区域范围均属于规划之列，本节最终选定上述城市作为老工业基地城市的代表，进行后继研究。

2) 国际大都市城市

根据《全国主体功能区规划》和《2012 全球城市指数与新兴城市展望》，同时参考产业结构指标(2010 年)、人均 GDP 指标(2010 年)、城镇化水平指标(2010 年)，选定北京市、上海市、广州市、深圳市与天津市、青岛市、杭州市、宁波市两个梯队共 8 个城市作为国际大都市的代表。其中第一梯队当前已具备国际大都市特征，并且已经在全球达到较高的城市竞争力水平；第二梯队具有成为国际大都市的区域定位，以及突出的发展潜力。

3) 资源型城市

根据《全国资源型城市可持续发展规划(2013～2020 年)》，选定呼伦贝尔市、延安市、晋城市、池州市、南平市、赣州市、广元市、金昌市两个梯队共 8 个城市作为资源型矿业城市的代表。其中第一梯队代表成长型矿业城市，合理进行资源开发成为工作重点；第二梯队代表成熟型矿业城市，进一步完善城市功能是未来的工作重点。

4) 生态型城市

根据 2013 城市竞争力蓝皮书《中国城市竞争力报告》《生态城市绿皮书：中国生态城市建设发展报告(2013)》，同时参考"国家森林城市"指标及各市《国民经济和社会发展统计公报》《环境状况公报》《环境质量公报》中城市建成区绿化覆盖率、市区人均公共绿地面积、市区环境空气质量优良率、全市集中式饮用水源地水质达标率、污水集中处理率、生活垃圾无害化处理率等指标，以及《2012 年中国国土绿化状况公报》，最终选定厦门市、深圳市、杭州市、广州市、贵阳市共 5 个城市作为生态型城市的代表。

5) 其他代表性城市

在 42 个试点中，还有一些省区和城市具有独特的禀赋特征，面临着更为特殊的低碳建设挑战。例如，海南省以旅游业为主，大兴安岭地区农业比例大且碳汇丰富，碳强度比工业城市低得多，但却面临着如何进一步低碳的难题，同时要解决地区综合功能完善的问题。本节将剩余城市纳入其他代表性城市中。

13.2 中国城市低碳试点基本状况

13.2.1 经济发展阶段及结构

从经济层面分析，中国两批试点覆盖的城市中，有近 2/3 地区的人均 GDP 超过了全国平均水平，如图 13-3 所示。

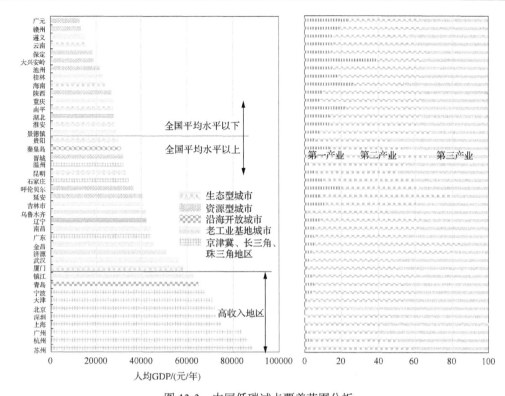

图 13-3　中国低碳试点覆盖范围分析

数据来源：各省市 2015 年统计公报，《中国统计年鉴 2015》数据计算（国家统计局，2015b）

(1)国际大都市类型城市(包括京津冀、长三角及珠三角地区)是全国经济发展的前沿，人均 GDP 超过 10000 美元/年，基本迈入了高收入地区的门槛，这类城市已经基本完成工业化进程，第三产业增加值比例超过地区生产总值的 1/2。

(2)老工业基地类型城市目前多为经济欠发达或发展后劲不足地区，这类地区虽然已经经历了一次工业化过程，但其发展方式仍然比较粗放，且面临着"低增长陷阱"，需要在更高层次上推进结构调整与改造，从而实现经济与社会再振兴。

(3)资源型城市的经济发展水平一般，且具有第二产业比例大、资源依赖性强、转型内生动力不足、开发强度超负荷等一系列问题，因此资源型城市的低碳转型任务十分艰巨，进一步发展接续替代产业的支撑保障能力严重不足。

(4)生态型城市的经济发展水平差异较大，其城市定位也不尽相同，但总体来说，生态型城市的基本综合发展实力较强，城市化进程迅速，未来需要结合自身资源禀赋，合理设计生态城市建设工作重点，提升城市综合实力。

13.2.2　能源消费及能源强度比较

1)能源消费状况比较分析

2010 年，42 个试点省/市/区的能源消费总量约占全国能源消费总量的 50%以上。从人均能源消费状况分析，2010 年全国人均能源消费水平为 2.77 吨标准煤，而试点城市中约有 80%地区的人均能源消费量高于全国平均水平，如图 13-4 所示。

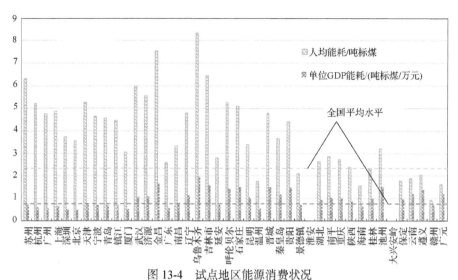

图 13-4　试点地区能源消费状况

数据来源：各省市统计年鉴、国民经济统计公报及低碳发展规划文件

(1)老工业基地、资源型城市的人均能源消耗最高。乌鲁木齐、金昌、吉林市、武汉、济源、呼伦贝尔和石家庄地区的人均能源消费量超过了 5 吨标准煤/年，已经超过了全球平均水平。这类地区的能源消费主要是由于高耗能产业聚集、化石能源过度开发利用所导致的，所以以低碳产业和低碳能源的发展是这类地区未来低碳转型的重点。

(2)国际大都市及部分经济水平较好的生态型城市的人均能耗水平接近全球平均水平，为 3～5 吨标准煤/年。这类地区(北京、上海、宁波、广州、厦门等)已经基本完成工业化阶段，未来的低碳发展重点在于居民行为方式的引导。

(3)温州、景德镇、海南、保定、云南、遵义、赣州和广元地区的人均能耗水平低于全国平均水平，基本处于 2 吨标准煤/年水平之下。这类地区基本为经济欠发达地区或者为生态资源丰富的地区，面临着经济发展与环境保护之间的权衡，如何避免走发达地区先污染后治理的老路是摆在这类地区面前的新课题。

从能源消费强度角度分析，两批试点中有近 1/2 地区的单位 GDP 能源消费超过全国平均水平，主要包括乌鲁木齐、晋城、济源、金昌这类资源型城市，以及武汉、吉林市、贵阳等老工业基地城市。相比之下，经济较发达城市的能源强度水平明显较低，其中北京、广州、厦门等地区的能源强度水平低于 0.6 吨标准煤/万元 GDP(2010 年价格)，比全国平均水平低 20%。

2)"十一五"规划节能工作成果

2006 年，国家发改委发布了《"十一五"期间各地区单位生产总值能源消耗降低指标计划》，提出"十一五"规划期间能耗强度由 2005 年的 1.22 吨标准煤/万元下降至 2010 年的 0.98 吨标准煤/万元，实现 20%的累计降低幅度，其中也包含对广东省、辽宁省、湖北省、陕西省、云南省、海南省 6 个低碳试点省份设定的"十一五"规划能耗强度降低目标，分别为 16%、20%、20%、20%、17%和 12%。同期发布的各省市《国民经济和社会发展"十一五"规划》，同样明确提出各低碳试点单位 2010 年万元生产总值能耗相对于"十五"规划期末应达到的降低幅度。

在所有低碳试点单位中，共有 24 个试点单位将能耗强度降低目标与全国目标一致，约占试点总体的 3/5；7 个试点单位的能耗强度降低目标高于全国水平，约占试点总体的 1/6；10 个试点单位的能耗强度降低目标低于全国水平，赣州市目标仅提出"单位生产总值能耗明显降低"，未设定明确的量化指标。如图 13-5 所示。其中吉林市目标最高，达到 30%；而桂林市量化目标最低，为 8.5%。2011 年 6 月 7 日，国家统计局发布公告，"十一五"规划时期全国单位国内生产总值能耗降低 19.1%。与期初提出的"20%"的指标计划接近，基本完成能耗强度下降任务。各地区统计数据显示，约 3/4 的试点单位能耗强度累计下降幅度高于全国水平，为全国能耗强度降低起到重要推动作用。其中北京市万元 GDP 能耗累计下降幅度最大，达到 26.59%；宁波市万元 GDP 能耗累计下降幅度最小，仅有 7.10%。

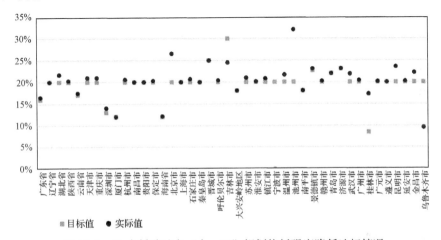

图 13-5　42 个低碳试点"十一五"规划能耗强度降低达标情况

数据来源：《"十一五"期间各地区单位生产总值能源消耗降低指标计划》，各低碳试点省市《经济和社会发展十一五规划》，低碳试点工作实施方案，媒体公开信息，个别根据各省市统计局数据统计核算

如果将"十一五"规划能耗强度降低实际值大于目标值，定义为"完全达标"；将"十一五"规划能耗强度降低实际值小于目标值，但小于范围不超过全国实际值与目标值的差值 0.9%，定义为"基本达标"；将"十一五"规划能耗强度降低实际值小于目标值，且小于范围超过全国实际值与目标值的差值 0.9%，定义为"未达标"。42 个低碳试点单位中的 83% 以上地区均实现了能耗强度降低的"完全达标"，5% 的试点单位在能耗强度降低上"基本达标"。仅有秦皇岛市、吉林市、宁波市、池州市、乌鲁木齐市 5 个试点单位在"十一五"规划期间的万元 GDP 能耗降低实际与目标相差较远。

在"未达标"的试点单位中，秦皇岛市和吉林市实际能耗强度降低幅度均超过全国水平，主要是由于初期设定的降低目标值过高而造成未能达标。池州市"十一五"规划期间能耗强度降低指标与全国持平，实际降幅为 18.5%，虽然根据上述所作定义未能达标，但与目标水平差距相对较小。宁波市和乌鲁木齐市"十一五"规划期间能耗强度降低指标与全国持平，实际降低幅度均未超过 10%。相比较而言，宁波市能源强度降幅较小主要是由于其能耗强度水平均低于全国平均值、始终处于全国领先水平，因此其进一步减排的潜力空间小。而乌鲁木齐市 2010 年能耗强度高达 2.47 吨标准煤/万元(地区单位生产总值按 2005 年不变价格计算)，超过全国 1.03 吨标准煤/万元的同期能耗强度水平 1 倍之多，地区经济对能源的依赖程度较高，低碳建设面临更多挑战。

13.3　低碳试点城市重点发展领域

13.3.1　产业结构调整

高耗能产业在国民经济总量中占比居高不下是中国经济高碳化的主要因素。根据统计数据，中国第二产业的能耗占全国能耗总量的 70%，而其中钢铁、化工、水泥三大高耗能行业的耗能量就占工业部门能耗总量的 50%(国家统计局，2015b)。由此可见，长期以第二产业为经济主体的状况决定了我国能源消费的主要部门是工业，以钢铁、水泥等高耗能产业为代表的工业部门结构和生产技术水平落后又加重了碳排放压力，因此产业结构低碳化是中国节能减排的重中之重。中国产业结构的低碳化调整主要包含以下 2个方面。

(1)调整工业结构，挖掘新的、低碳化的经济增长点，努力推进高碳产业向低碳产业逐步转型。按照发展低碳经济、开展节能减排的要求，通过装备现代化、技术创新、淘汰落后产能等手段，按照有进有退的原则，抑制部分行业过剩产能和重复建设；以积聚型产业示范基地为载体，通过创新和技术解决传统产业技术落后的问题，培育发展战略型新兴产业，提高其在规模工业中所占比例，实现中国产品的转型升级。例如，老工业基地类型的试点城市均制定了工业及具体项目的重点改造计划；保定、遵义明确设定了年度关停计划的量化目标；吉林市、景德镇强调引导产业向集约型转变；遵义全面启动中心城区工业企业整体搬迁改造，力促产业集群发展。

(2)致力发展包括生产性服务业和生活性服务业在内的现代服务业,推动建立新的商业模式、服务方式和管理方法。服务业发展与城市发展密切相关，城市为服务业发展提供了市场基础，是服务业发展的主要载体，服务业的发展与升级对城市的低碳转型贡献显著。经济发展水平较低的地区应着力加快传统服务业现代化进程，提升交通运输仓储业、批发零售业和住宿餐饮业等传统流通性服务业在服务业中的主导地位，例如，镇江市通过实施与周边城市差别化的服务外包发展战略，构建综合服务平台，推动知识密集型服务外包产业发展。经济发展水平较高地区的金融业、房地产业等生产性服务业日趋成熟，逐渐成为带动服务业发展的重要动力；租赁和商务服务业、信息传输计算机服务和软件业等技术和知识密集型的服务业发展迅猛；以现代信息技术为重要依托的网络销售已进入规模化时代。例如，北京计划在中关村地区实现现代服务业试点，并在石景山区和多个商务区开展服务业综合改革试点。

13.3.2　能源结构优化

以煤为主的化石能源大量消耗不仅为中国的碳排放带来巨大压力，同时导致了环境污染、能源安全和经济持续增长等一系列问题，因此低碳发展必须调整以煤为主的能源消费结构，高度重视可再生能源等低碳、无碳能源的开发利用，促进能源结构的不断优化。城市能源结构的低碳化调整主要包含以下 3 个方面。

(1)通过煤改气、油改气等技术手段削减煤炭消费，提高天然气在能源生产及能源消费中的比例。在工业领域，结合产业结构调整和升级转型，加大重点工业燃料领域的天然气利用；在居民领域，配合国家新型城镇化建设、改善居民生活及环境保护等工作需求，保障居民生活的天然气需求，限制散煤的消费。例如，北京制定了五环内实现无煤化的目标及具体措施；上海、广州提出了煤炭消费总量、燃煤锅炉关停改造数量等量化目标。

(2)调整优化火电项目，实现地区能源结构优化。在技术层面，积极采用先进高效技术，对存量机组进行节能提效改造；在产业层面，着重优化电源装机结构，重点发展大型高效火电机组和热电联产机组，加快淘汰关停小机组；在区域层面，着重优化区域布局，加快推进煤电基地建设及输煤输电通道周边的大机组项目建设。例如，桂林、金昌强调优化发展火电，提出了实施供热并网工程等具体措施，确定了集中供热系统中热电联产比例的量化目标。

(3)合理开发可再生能源，积极推进能源互联网建设。在生产侧，需要促进太阳能、风能、水能、核能等可再生能源替代化石能源，并通过以电能替代煤炭、石油等化石能源消费，提高非化石能源在能源结构中的占比；在传输测，要尽快形成能源、市场、信息和服务高度融合的新型能源体系构架，尽量减少弃风、弃光现象的发生；在消费侧，要建立能源互联网，为实现清洁能源大规模高比例发展奠定基础。目前，大多数低碳试点城市都对非化石能源的发展提出了明确的量化目标。

13.3.3　低碳建筑推广

低碳建筑是低碳城市的主要元素，涉及从建筑设计到施工直至运行的全流程。建筑是人类活动、居住的主要场所，也是城市能源消费需求的主要增长点；同时建筑能耗与人类生活模式、消费理念息息相关，因此低碳建筑的推广除了行政命令，还需要政府的宣传、引导和鼓励。

(1)加快既有居住建筑供热计量及节能改造，降低建筑供暖能耗。测算数据表明，供暖能耗占中国建筑能耗总量的 1/3，而北方地区的过度供暖、管理粗放等现象则加重了建筑供暖的能耗需求，从而为城市低碳建筑提出更高要求。从生产端，低碳建筑应利用热电联产、可再生能源供热及系统改造等技术手段提高供热效率，削减建筑供暖能耗；从需求端，应通过供热计量方式配合节能改造工程，合理降低供暖能耗的需求。例如，延安市明确提出建筑节能改造规模、改造建材的节能量化目标及改造的节能减排效果；呼伦贝尔市推广规模化太阳能热水和户用太阳能集热设备、推进水源热泵和浅层地源热泵综合利用的具体解决方案。

(2)提高新建建筑节能标准，加强建筑节能管理细化措施。逐步提高新建建筑的能效标准，积极推进绿色建筑星级标准及评价体系，并加强监管确保标准的实施；提高科技创新水平和可再生能源利用比例及在城市层面的综合推广，从源头上控制新建建筑能耗总量；综合节能、节水、可再生能源利用等新技术，提高新建建筑的低碳水平，实现协同控制。例如，北京、上海、深圳提出严格执行新建建筑 75%、65% 和 100% 的节能标准；金昌市将节能建筑标准细化为节能和节电两类指标；吉林市、桂林等市积极推进绿色生态建筑示范工程项目。

13.3.4　低碳交通构建

城市交通工具是温室气体排放快速增长的主要来源之一，而且随着居民生活水平的提高和物流的发展，构建低碳的交通体系和城市空间结构则越来越重要。

(1) 推进公共交通基础设施建设，提高公共交通出行规模。在宏观规划层面，城市的低碳交通要从规划入手，其设计应充分考虑自然环境条件和生态循环功能，尽量避免产生大量潮汐式通勤交通；在基础设施建设方面，敦促城市加快推进轨道交通、道路交通路网、枢纽场站等基础设施建设，增设公交路线，实现城市公交向郊区延伸；在管理层面，需要提升城市交通运输行业信息化、智能化、数字化、科学化水平，充分挖掘信息技术在公路运输领域的研发应用。例如，镇江市结合国家天然气发展规划布局，制定燃气汽车战略规划，加快天然气加气站设施建设，以城市出租车、公交车为重点，采用购置补贴、税费减免和优先保障用气等措施积极有序发展天然气尤其是 LNG (Liquefied Natural Gas) 汽车。

(2) 深化技术创新和制度保障，促进新能源汽车发展。通过出台相关鼓励政策、完善相关技术和配套设施，大力推进新能源车辆的普及和推广；推进充电、充气、维修维护等配套体系建设，解决新能源汽车发展的后顾之忧。例如，吉林市计划以吉林汽车工业园区为依托，在国内率先实现电动商用车的规模化生产；北京市从公交车、私家车两方面入手，提出双源无轨电车、纯电动、混合动力和天然气等优质清洁能源公交车达到 8000 量。

13.4　低碳城市发展模式

13.4.1　老工业基地城市：挖掘技术节能潜力与新经济增长点

老工业基地城市具有第二产业比例大、重工业突出等基本特征，具备国家政策着力扶持、节能减排空间大等低碳优势，但同样面对工业主导的产业特征短时期无法彻底改变、能耗和温室气体排放的多项强度指标均高于全国平均水平、社会经济发展和公民低碳意识仍相对滞后等一系列低碳挑战。因此老工业基地城市开展低碳建设的首要任务是解决工业支柱产业能耗大、排放高的问题，对工业主导下的碳排放进行有效控制，并提高能效，具体从以下 5 个方面着手 (图 13-6)。

(1) 推动传统产业升级改造。由于老工业基地城市普遍处于较早的工业化阶段，现代服务业、战略性新兴产业仍然处于成长期，传统产业仍然是地区经济支柱，因此推动占比较大的传统产业低碳转型最为重要。通过更新产能和装备，引导产业向集约型转变，并在资源有限的约束下优先对部分行业和项目实施改造，以期加深改革成果，实现以点带面，为继续扩大改造范围积累先期经验。

重点工作及措施：在工业主导下有效控制排放、提高能源效率	(1) 推动传统产业升级改造。淘汰落后产能、发展装备现代化、特定行业和项目重点改造、产业集群发展
	(2) 能源结构调整。优化火电、发挥油气替代作用、发展优势新能源
	(3) 强化政府主导。出台政策法规、完善组织协调、企业强制约束
	(4) 推动技术创新。加强技术引进、支柱产业有效应用
	(5) 开展低碳示范。示范园区及基地、示范企业的建设

图 13-6　老工业基地试点低碳模式

(2) 能源结构调整。老工业基地城市普遍以火电为主，在非化石能源应用规模和能力普遍不足的情况下，对火电实施系统性改革是其实现低碳发展的关键。近期要促进天然气发挥替代作用，并结合自身在太阳能、风电等方面的特有禀赋，大力推动优势可再生能源的规模利用。

(3) 强化政府主导。老工业基地城市因其庞大的工业企业数量和重工业规模导致能源消耗、碳排放、环境污染水平较高，减碳任务艰巨。地方政府应充分利用行政手段，完善和细化相关政策规划，对低碳工作进行规范和保障；加强组织协调，抓住重点行业、关键项目的低碳改造，充分实现低碳举措的协同效益；建立合理的激励惩罚机制，对高耗能、高排放的重点企业开展有力治理。

(4) 推动技术创新。老工业基地城市的低碳发展需要大幅度提升工业工艺水平，普及节能产品，促进技术应用，因此此类地区应着力完善基础研究机构建设、推进核心领域技术研究、搭建技术创新平台，并结合自身科创能力较弱的实际情况，加强地区间技术交流与合作，进而强化科技支撑，更好地为低碳建设服务。

(5) 开展低碳示范。老工业基地城市所面对的高耗能、高排放对象较多，自身改革实力有限，因此应集中推动试点示范工作，发挥以点带面作用，积累经验。特别是结合自身高碳的产业特征，首先推动低碳示范园区及基地建立，有效带动产业集约和低碳发展，同时选定示范企业推进低碳技术应用，帮助企业实现低碳转型。

13.4.2　国际大都市城市：寻求经济发展与节能减碳的协同管理

国际大都市城市具有第三产业比例大、人均 GDP 领先、城镇化水平高等基本特征，具备科技实力雄厚、碳强度低、低碳认知普及广等优势；但同样面对高附加值产业不足、交通拥挤、经济发展诉求大、减排空间不断缩小等一系列低碳挑战。因此国际大都市城市开展低碳建设的首要任务是在经济增长、人口增多、能源消耗和碳排放增加的情况下，实现经济发展和节能降碳两者协同，以低碳发展提升自身的综合竞争力。实现这一目标需要从以下 7 个方面着手(图 13-7)。

(1) 优化城市空间布局。国际大都市城市需要结合自身的政治、经济、文化、科学教育等区域定位，对高耗能、高耗水、高排放、低产出的传统产业实行搬迁、关停或产能压缩，同时严把产业能耗、碳排放、环境影响的准入门槛。在此基础上，努力发挥经济圈联动效应，积极探索一体化协同发展，加强新城、新区和周边地区建设，疏解中心城区功能。

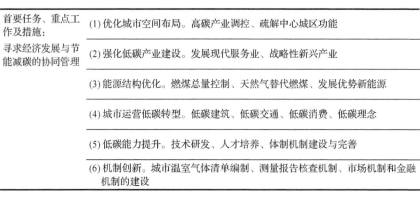

首要任务、重点工作及措施： 寻求经济发展与节能减碳的协同管理	(1) 优化城市空间布局。高碳产业调控、疏解中心城区功能
	(2) 强化低碳产业建设。发展现代服务业、战略性新兴产业
	(3) 能源结构优化。燃煤总量控制、天然气替代燃煤、发展优势新能源
	(4) 城市运营低碳转型。低碳建筑、低碳交通、低碳消费、低碳理念
	(5) 低碳能力提升。技术研发、人才培养、体制机制建设与完善
	(6) 机制创新。城市温室气体清单编制、测量报告核查机制、市场机制和金融机制的建设

图 13-7　国际大都市试点低碳模式

（2）强化低碳产业建设。国际大都市城市第三产业突出，服务业作为主导产业不仅是城市经济增长的主要驱动力，还有助于碳生产力提升，因此要进一步提升服务业层次，扩大服务业增加值比例和现代服务业增加值比例，综合推动生产性、生活性、新兴性三类服务业低碳发展。同时基于自身良好的科技支撑和人才储备，推动新能源、电子信息、生物等战略性新兴产业发展，培养其成为低碳发展的重要支撑和新的经济增长点。

（3）能源结构优化。绝大多数国际大都市城市能源结构已呈现低碳化趋势，煤炭消费占比较低，中国的低碳试点城市也开始着力于煤炭消费削减和无煤化工程，积极发挥天然气替代作用，完成相关基础设施建设。此外，这类城市科技实力雄厚，应进一步促进新能源产学研结合，将研究成果转化为光伏发电、风电、水电、生物质发电等在实际生活中的更大范围应用。

（4）城市运营低碳转型。国际大都市城市具有相对完善的城市综合功能，人口、建筑、交通密集，消费能力强，因此需要从基础设施建设和日常生活两方面抓起，大力推动低碳住房、低碳出行、低碳办公、低碳消费等多方面低碳建设，从而为城市节能减排发挥重要作用。

（5）低碳能力提升。国际大都市城市具有优秀的技术研发实力和人才培育平台，不仅需要为实现自身更高的低碳标准提供支撑，同样承担着国家低碳城市能力建设的开拓任务，因此应牵头识别关键技术需求，搭建科技创新平台，加大对核心低碳技术的研发与攻关力度，促进各类机构间的资源共享和协同创新。同时利用教育密集的条件，在学校增设与低碳和气候变化相关的新专业、新课程，为国家培育低碳从业人才；利用区位优势吸引人才，为其提供实践工作中的培养和锻炼。

（6）机制创新。国际大都市城市政策相对完善，节能基础工作较为扎实，需要在低碳机制创新方面再接再厉。通过率先编制城市温室气体排放清单，建立温室气体排放统计核算标准体系，并探索推进区县碳排放控制目标分解，有助于实现温室气体减排工作的摸查和落实。同时建立良好的低碳领域节能评估、低碳工作业绩考核体系，有助于确保各项工作责任落实到位。国际大都市城市基于自身良好的市场环境，还应积极运用市场机制和金融工具，通过排放权交易、金融信贷、扩大融资等手段，进一步挖掘减排潜力。

13.4.3　资源型城市：保障资源开发利用与城市发展的可持续性

资源型城市具有第二产业比例大、矿产或森林资源富集、资源市场份额突出等基本特征；森工城市具有可观的森林碳汇潜力等优势，但同样面对资源依赖性强、转型内生动力不足、开发强度超负荷、能耗碳排放水平高等一系列低碳挑战。支柱性资源产业是资源型城市低碳发展的关键，其首要任务是在提供能源资源战略保障的同时增强自身的可持续发展能力。实现这一目标需要从以下 5 个方面着手(图 13-8)。

首要任务、重点工作及措施： 能源资源保障与自身可持续发展并行	(1) 强化政策管理。严格规范资源开发相关政策和规划、完善资源开发有偿和补偿机制、确定并扶持接续替代产业
	(2) 产业优化转型。淘汰落后产能、促进装备现代化和产业集群化发展
	(3) 城市综合发展。积极探索现代服务业、促进就业和再就业
	(4) 废弃物综合利用。减少开采环节产生的废料、实现废渣废旧资源的再利用
	(5) 加强碳汇建设。生态系统修复保护、植树造林

图 13-8　资源型试点低碳模式

(1) 强化政策和管理。资源型城市以本地区矿产、森林等自然资源开采、加工为主导产业，产业本身与城市资源供给和生态建设息息相关，因此应编制出台一系列详细的规范和指南，指导约束资源型企业严格遵循资源开发规范，避免开发强度超过负荷；强调资源开发的有偿性和补偿性，以价格调控供求关系，敦促企业承担生态补偿义务；加强接续替代产业的扶持力度，帮助资源型城市实现经济转型。

(2) 产业优化转型。资源型城市支柱产业明确，但同时也存在产业单一、城市综合实力较弱等劣势，因此应着力实现产业多元发展和优化升级。一方面延长传统产业链，提高资源深加工水平，提升产品增加值；另一方面努力培育壮大优势替代产业，结合自身优势推动战略性新兴产业发展。资源型城市往往具有较好的自然气候和生态资源禀赋，充分发展风电、光伏发电、生物质能等新能源产业，既优化自身能源结构，同时有助于在能源资源供给方面向低碳转型。

(3) 城市综合发展。资源型城市为发展所必需的能源资源消耗提供保障，具有突出的历史贡献和现实地位，但同时城市综合竞争力较弱也是不争的事实。此类城市的低碳发展需要强化第三产业的培育，结合自身资源流通的地理便利，推动商贸流通业和物流业快速发展，同时进一步发展壮大生产性服务业，利用自身文化历史优势，积极发展低碳旅游。此外，政府需要关注社会民生，在产业转型和城市综合建设中，促进就业和再就业。

(4) 废弃物综合利用。资源产业在开采的过程中和使用后均存在大量废弃物，因此资源型城市更应注重在开采环节中减少废料，推动废渣、废旧木质再利用，从而实现节约资源，形成循环经济。

(5) 加强碳汇建设。资源开采必然对山体结构、林木资源、生态系统等方面造成破坏，因此应加强生态系统修复与保护工作，大力推进废弃土地复垦和生态恢复，同时加强植树造林，不论是矿业城市还是森工城市，都应进一步提高森林覆盖率，发挥碳汇的减碳作用。

13.4.4 生态型城市：顶层设计下的多元化低碳共建

生态型城市具有生产清洁化、生活绿色化、环境生态化等基本特征，具备基础设施条件良好、宜居宜业显著、人才技术吸引力强、公众低碳意识较强等优势，但同样面对缺乏顶层设计、技术体系不够完整、低碳工作覆盖面广等一系列低碳挑战，其中综合生态城市建设成为关键。因此生态型城市开展低碳建设的首要任务是强化顶层设计，有效协调多元化低碳建设工作。实现这一目标需要从以下 4 个方面着手(图 13-9)。

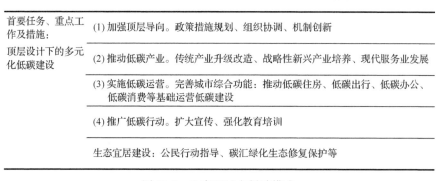

图 13-9　生态型试点低碳模式

(1) 加强顶层导向。生态型城市低碳建设工作覆盖面广、低碳标准较高，因此需要强化政府在城市低碳建设顶层设计中所发挥的作用，细化政策措施规划，为分领域的节能减排工作提供指南。同时强化排放统计核算、评价考核体系、产品认证、节能管理服务、低碳示范建设、市场金融工具等方面的机制创新，有效指导低碳建设全方位开展。

(2) 推动低碳产业。生态型城市应利用相对较好的社会经济基础，对传统产业进行全线升级，通过淘汰落后产能、严格项目准入、技术开发利用等方式，实现传统工业的先进化和低碳化；同时基于自身良好的科技支撑和人才储备，推动新能源、电子信息、生物等新兴低碳产业发展，培养其成为低碳发展的重要支撑和新的经济增长点。同时，生态型城市正面临新的商业契机，旅游业、会展业等现代服务业也获得了发展机遇，需要进一步提升服务业层次，促进优势产业发展。

（3）实施低碳运营。生态型城市具有相对完善的城市综合功能，人口、建筑、交通相对密集，办公规模较大，消费能力较强。因此从基础设施建设和日常生活抓起，全面覆盖建筑、交通、工业、电力各部门，既帮助生态型城市进一步完善城市综合功能，又将对城市节能减排发挥重要作用。

（4）推广低碳行动。生态型城市具有相对良好的城市生态基础和公众低碳意识，通过宣传、教育、开展特色活动等方式，进一步加强公众对节能减排的认识、认同和参与，有助于试点城市继续加速低碳发展。同时通过制定公约、价格激励、奖励机制等方式，着重培养市民节约能源资源和低碳意识，引导合理消费。

13.5　结论及政策建议

在快速城镇化和工业化的背景下，中国的低碳城市试点是寻求新的经济增长点、实现低碳发展和可持续发展的必由之路，同时也是激活城市后发优势、实现跨越式发展的良好契机。经过近几年的实践，中国的低碳城市试点工作取得了积极进展，主要表现在以下两个方面。

（1）低碳城市试点大幅提升了各地实施低碳发展的能力建设，完善了相关的机制体制。通过开展低碳城市试点，各地对低碳发展的理念有了更加科学、系统的认识；而通过设置节能减排目标、完善统计和核查体系、设计低碳发展路径等工作，为试点单位的理论和实践能力建设奠定坚实基础。

（2）低碳试点对能源、环境等相关工作起到了积极带动作用，对提高各地的协同管理和综合规划能力发挥了引领作用。统计数据表明，低碳试点城市的单位二氧化碳排放下降率显著高于全国平均碳强度的下降幅度，说明试点单位在产业结构、能源结构、技术进步和体制机制建设方面均取得了积极进展。而中国目前开展的 7 个省/市碳交易试点则都来自于两批国家低碳省区低碳城市试点，表明试点单位在推动市场机制方面也发挥了引领作用。

中国幅员辽阔，不同地区的区域差异也非常明显，因此低碳城市试点工作不是按照绝对的低碳评价标准去实施开展，而是综合考虑各试点的区域特质、城市工作基础、规划方案、工作力度等方面，在不同类型、不同发展阶段、不同产业特征和资源禀赋的地区探索符合国情的绿色低碳发展道路。例如，北京、上海等发达城市已经基本完成工业化；但是中西部地区的城市才进入工业化起步阶段；而济源市等资源枯竭型城市则需要加快转型，探索以绿色低碳为导向的新的发展道路。因此，选择这些试点单位就是要这些不同类型、不同发展阶段的地区探索各自的绿色低碳发展模式，同时也应加强同类城市的示范带头作用和经验分享机制。

产业结构调整、能源结构优化、大力发展低碳建筑和低碳交通系统是城市实施低碳发展的重要领域，政府需要设立明确的目标，制定翔实的措施作为实施保障。不同类型城市的低碳发展重点领域及关键措施如表 13-1 所示。

表 13-1　低碳城市建设的政策及措施演变

发展目标设定	从强度目标向总量目标过渡		
	城市单位 GDP 二氧化碳排放下降目标； 2015 年单位 GDP 能耗比 2010 年下降目标		碳排放总量峰值年份目标
管理机制建设	从行政手段向市场机制过渡		
	编制应对气候变化转型规划； 编制温室气体排放清单		建立重点用能单位温室气体核算和报告制度； 开展碳排放权交易试点
产业结构调整	老工业基地城市： 着重工业内部的行业和产品结构优化	生态型城市： 推动旅游、物流及高新服务业的发展	资源型城市： 挖掘新的经济增长点，减少对资源的过度依赖	国际大都市城市： 设定严格的行业准入门槛，明确自身功能定位
能源结构优化	从相对量向绝对量目标过渡，发展低碳能源与控制煤炭消费双管齐下		
	城市能源发展规划、可再生能源及新能源发展规划； 非化石能源占一次能源消费的比例		一次能源消费总量控制目标设定； 煤炭消费控制政策
低碳建筑	向低碳、零碳建筑迈进		
	制定建筑节能目标和规划； 制定地方公共建筑节能标准、能耗限额标准及住宅建筑节能标准		可再生能源建筑规模化应用； 零能耗建筑示范； 生活方式的转变
低碳交通	从单一措施到系统设计、多方协调		
	制定交通节能目标和规划； 城市公交出行分担率目标设定； 新能源汽车规模目标设定； 公共交通基础设施规划与建设		小汽车总量目标控制； 新能源汽车推广、充电设施建设； 低碳交通户体系试点

基于上述研究对中国城市的低碳发展路径提出如下 4 点建议。

13.5.1　进一步完善细化相关政策法规，为低碳发展提供必要的指导和保障

目前各试点省市发布的《国民经济和社会发展第十三个五年规划纲要》均涵盖了节能减排和低碳建设的相关内容，同时将与低碳发展紧密相关的节能、生态、环保等内容作为专门章节写入其中。绝大多数城市还结合自身基础条件和低碳特色，制定出台了一系列适用于本市的政策及规范。但由于缺乏上位法，试点城市存在宏观层面规划居多、分领域细化措施不足、实施力度不够的现象。因此试点城市应强化政府在城市低碳建设顶层设计中所发挥的主导作用，完善顶层设计和协调，健全技术体系和市场机制，为绿色低碳发展奠定坚实基础。

13.5.2　进一步完善和补充直接指导低碳试点工作的实施方案

第二批低碳试点城市均已提出了碳排放峰值目标和路线图，并带动大部分第一批试点也提出了碳排放峰值目标，从而形成对产业结构调整、能源结构优化、减排技术推广的指导和要求。2015 年中美气候智慧型/低碳城市峰会上，中国有 11 个省/市公布了二氧化碳排放达峰的时间表。目前各省市提交的实施方案在数据统计层面存在着一定程度的

标准不统一，方案中重在提出未来有雄心的低碳建设目标，但缺乏当前低碳现状的事实和数据，因此地方政府应充分考虑自身禀赋，尊重实际，制定具有针对性的方针措施，并进一步提升实施方案的系统性和执行性。

13.5.3　强化试点的低碳建设开拓能力和示范作用，关注城市综合低碳建设、促进试点间的协同成长

中国的低碳城市发展需要切实探索新型经济转型、生态城市建设的综合性低碳建设，推动能源、产业、住房、出行、办公、消费、行动全方位低碳化，提升城市经济发展、城市治理、低碳生态、幸福指数水平。因此，低碳城市应充分利用自身资金、技术、人才优势，成为低碳技术研发和低碳工作开展的先锋力量，并为其他地区提供低碳示范，促进试点协同开展低碳建设。

13.5.4　点面结合，推进中长期低碳城市建设

目前各试点地区主要是短期目标，对 5～10 年的低碳任务进行规划，事实上低碳建设是解决资源枯竭、应对碳排放增长、实现经济转型、推进可持续发展的长期工作。因此应提升各省市对中长期开展低碳建设的认识水平和应对能力，以当前短期方案为蓝本，从整体规划着眼，不断调整和补充中长期应对措施，集中解决突出矛盾，取得低碳成果。

第14章 中国低碳发展战略思考

中国作为世界第二大经济体和第一大碳排放国家，成为全球气候变化谈判关注的焦点，复杂的国际地缘政治关系和我国高碳的能源消费结构，决定了我国应对气候变化工作面临的形势十分严峻。低碳发展是在应对气候变化背景下提出的新型发展理念和模式。走低碳发展道路，调整经济结构、转变经济发展方式，是我国开展应对气候变化工作的必然选择，也是推进生态文明建设的重要举措，对于经济新常态下实现全面建成小康社会和现代化目标，以及"两个一百年"目标有着重大的战略意义。

14.1 碳排放峰值展望

2014 年北京 APEC(Asia-Pacific Economic Cooperation，亚太经济合作组织)会议期间，中美两国共同发表《中美气候变化联合声明》，中国政府提出"计划 2030 年左右二氧化碳排放达到峰值且将努力早日达峰，并计划到 2030 年非化石能源占一次能源消费比例提高到 20%左右"；2015 年 6 月中国向联合国气候变化框架公约(UNFCCC)秘书处提交了应对气候变化国家自主贡献文件《强化应对气候变化行动——中国国家自主贡献》，目标是"二氧化碳排放 2030 年左右达到峰值并争取尽早达峰；单位国内生产总值二氧化碳排放比 2005 年下降 60%～65%，非化石能源占一次能源消费比例达到 20%左右，森林蓄积量比 2005 年增加 45 亿立方米左右"。化石能源利用和工业生产过程是二氧化碳排放的主要来源。2030 年中国碳排放实现峰值，意味着到 2030 年左右，我国经济发展不仅要实现与碳排放脱钩，能源利用也要实现与碳排放脱钩。然而，基于我国的能源消费现状，我国当前的城镇化、工业化等驱动的碳排放到底能在多大范围内实现脱钩，承受碳排放峰值目标的挑战，是 2030 年碳排放达峰不可回避的关键问题。

14.1.1 我国有望在 2030 年前实现显著的碳峰值

北京理工大学能源与环境政策研究中心从国别、部门、排放源等方面集成研究了 60 多个大国(人口超过 1000 万)近 40 多年来的历史排放轨迹。针对碳轨迹的非线性特征，应用自适应分段建模技术捕捉了人均 GDP、投资率，以及 6 类不可直接量化观测并影响碳排放的因素。初步研究结果显示，在所检验的样本空间内，碳排放随着人均 GDP 增长而增长，但达到一定水平时(临界值)，碳排放基本饱和或者下降。但是各国的临界值水平(人均 GDP)和峰值规模均不同。

根据所捕捉的碳排放轨迹经验曲线，并设置未来经济增长和投资率情景，得到未来我国主要部门碳排放峰值时间点和峰值规模。结果如图 14-1 所示，在变化趋势照常情景下，我国碳排放峰值可能出现在 2027 年左右，对应的人均 GDP 水平为 2.7 万美元(2005 年不变价 PPP)，排放规模为 117 亿吨二氧化碳(不含工业过程排放)。

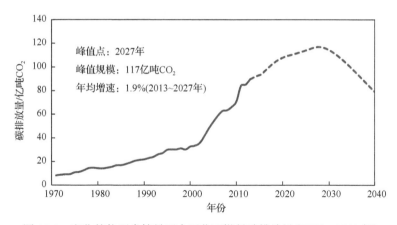

图 14-1　变化趋势照常情景下中国化石燃料碳排放量（1971～2040 年）

1971～2013 年来自 IEA 统计数据，2014～2040 年为预测数据。主要情景设置为 2014～2040 年经济增速由 7.3%逐年递减至 3.5%（年均增长 5.0%）；投资率由 50%逐年下降到 25%

　　我国碳排放达峰之后很可能保持一个较快的下降速度（年均下降约 3%），不存在水平线。这与直观经验、与已达峰的发达国家均有非常显著的差异。①主要原因在于我国在较短时期集中完成了房屋、道路等能源密集型基础设施建设。例如，我国 2015 年的水泥消耗量相当于美国过去 25 年累计消耗量。②次要原因在于低碳技术有可能在 2030 年前后有较大突破并推广，形成对传统化石燃料的替代。类似地，发达国家在 1973 年石油危机之后，其人均石油消费增速出现了显著的持续下降（与其自身历史相比），石油替代发挥了重要作用。③2030 年以后我国人口规模下降也是一个重要因素。

14.1.2　工业部门在 2020 年之前达峰，交通部门达峰时间不确定性较大

　　在上述情景设置下，工业部门（不含能源部门）率先在 2019 年达峰（34 亿吨 CO_2），之后缓慢下降。能源部门（主要是发电）仍旧是最大的碳排放部门，预计在 2028 年达峰（61 亿吨 CO_2），之后迅速下降。交通部门的直接排放有望在 2034 年达峰，但不确定性相对较大，受制于未来交通方式（航空、高铁）和汽车（电动、燃油）发展方向。居民部门的化石能源碳排放在 2030 年之后略有增长，主要是更多的城乡地区使用了煤炭或天然气代替秸秆薪柴等传统生物质能。

14.1.3　各类情景下总量达峰时间基本不变，但峰值规模受投资率影响较大

　　设置不同的投资率情景，发现全国总量和分部门的碳排放峰值时间大体不变，但峰值规模对情景设置缺乏稳健性，如图 14-2 所示。如果投资仍是我国经济增长的重要驱动力，2040 年投资率调整为 35%（其他年份相应调整，经济增速不变），与变化趋势照常情景相比，峰值点的二氧化碳排放量将增加 10%（峰值规模约为 128 亿吨）。

　　碳排放峰值水平受投资率影响实际上是受经济增长质量影响。长期以来，我国经济增长主要靠以土建项目为主的固体资产投资拉动。今后经济增长质量是否会显著好转，目前还没有看到特别明显的迹象，还很难给出明确的回答。回顾历史，中国在 20 世纪

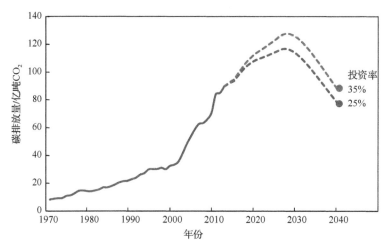

图 14-2　不同投资率情景下中国化石燃料碳排放总量(1971～2040 年)

90 年代初甚至更早时期就提出了要转变经济增长方式(或发展方式),强调从"速度型(或粗放型)"向"效益型(或集约型)"转变。但是,增长质量并没有显著好转,投资率不降反升,目前已接近 50%。这一数据超过主要发达国家的任何历史时期。在固定资产投资中,以钢铁、水泥为基础的建筑安装工程占了 70%。这是典型的依靠物质资源投入的粗放型发展方式,由此也造成能源消耗快速增长、大量建筑物摧毁重建重修、能源密集型行业产能过剩、部分国民经济体系在自我循环。这也是过去 15 年来中国能源需求和碳排放驱动因素与发达国家历史的重要区别。

14.2　碳排放达峰的挑战

14.2.1　能源供应安全保障将很难支撑碳排放峰值对能源消费结构的刚性要求

在实现碳排放峰值背景下,我国的能源消费结构调整是核心。作为世界上最大的以煤炭为主的能源消费国家,随着未来经济进一步增长,我国能源消费总量将在较长时期继续增长。实现能源消费增长与碳排放增长的脱钩,关键在于能源消费结构的调整,即催生非化石能源消费革命和推动化石能源消费替代。

1980 年我国煤炭在能源消费结构中的比例为 72.2%,到 2013 年为 66%,下降了 6.2 个百分点;与此同时,非化石能源比例由 1980 年的 4%上升至 2013 年的 9.8%,增加了 5.8 个百分点。尽管非化石能源消费仅增加了不到 6 个百分点,但是其消费总量增长了 14 倍多。当前我国的能源消费结构高碳特征是十分明显的,单就能源结构与国际平均水平对比,能源消费清洁化和低碳化空间相当大,至少有 20 个百分点的空间。但是我国的能源消费体量是巨大的,如果按照非化石能源比例提高到 20%,以 2013 年的消费水平,其非化石能源消费总量是 7.5 亿吨标准煤,比当前的石油消费总量还要大;事实上,2030年我国的能源消费总量很有可能达到 60 亿吨标煤以上,这意味着非化石能源消费将至少为 12 亿吨标煤,将极大地催生非化石能源电力装机的飞速发展。那么问题是我国的非化石能源资源潜力是否能满足碳排放峰值对非化石能源比例的刚性要求?我国将以怎样的非化石能源发展技术和路径实现非化石能源目标？由此导致的经济代价将多大？中国社会经济能够在多大范围接受？

　　碳排放峰值除了对非化石能源消费的刚性要求，对于化石能源消费结构也提出了挑战，即降低煤炭消费比例。但是石油和天然气消费比例提高的空间有多大，是值得思考的。事实上，我国当前石油进口依存度已逼近 60%，由于进口导致的风险逐年增加，面临的石油供应压力与日俱增，因此，"油代煤"的空间已不大。近年来随着很多地方由于天气污染推行的"气代煤"政策，天然气消费量增长迅速，天然气的进口依存度也在逐年升高，2014 年为 32.2%。那么，在碳排放峰值背景下，仅强调实现峰值的"气代煤"而导致的天然气供应安全很有可能进一步加剧能源供应安全。

14.2.2　未来大规模城镇化将是 2030 年碳排放达峰的主要增长驱动

　　我国正处于城镇化发展的新阶段，城镇化水平仍将不断提高。城镇化不仅仅是拉动内需和推动经济发展的主要方式，也将带来城市基础设施的大规模建设，建筑和交通将成为排放的主要增长源。中国 2014 年年末的城镇化水平约为 54.8%，但是户籍人口城镇化率只有 36% 左右，不仅远低于发达国家 60% 的平均水平，还有较大的发展空间。未来20 年，我国城镇化将继续处于快速发展阶段，并将经历高峰发展时期和接近拐点发展时期。综合考虑世界银行、OECD 及国内相关研究机构预测，2030 年左右我国将达到城镇化的拐点，届时城镇化率在 65%～72%。

　　城镇化，一方面将导致城镇区域范围基础设施的大规模建设，另一方面由于生活水平提高，居民消费导致的直接能耗和间接能耗以及相关的碳排放都将增加。因此，毫无疑问，城镇化水平的快速发展阶段必然导致能源消费和碳排放的增加。根据国家气候战略和国际合作中心柴麒敏的推算，中国完成城镇化过程的二氧化碳排放增加量将达到 78亿吨，相当于目前中国能源活动的排放总量。基础设施一旦建成和固化，能耗和排放降低在短时期内是很难改变的。因此，未来由于城镇化而带来的巨大二氧化碳排放增量是实现 2030 年碳峰值目标中极具挑战的关键问题之一。从绿色低碳的角度构建城镇化发展模式，通过绿色低碳政策、标准等引导和倒逼城镇实现全面转型，是在新型城镇化进程中实现碳峰值的重要途径。

14.2.3　区域发展不均衡将导致部分区域碳排放仍将快速增长

　　我国区域发展极不平衡，目前东部区域已经进入工业化后期，中部和西部总体处于工业化中期，然而西部区域仍处于工业化中期的前半阶段，甚至新疆和西藏仍处于工业化初期，人均 GDP 存在较大差距。根据国家气候战略和国际合作中心柴麒敏的推算，我国东、中、西部发展导致的碳排放增量分别为 11 亿吨、22 亿吨和 23 亿吨，合计 56 亿吨。这意味着从区域的角度，全国的排放峰值将主要取决于中西部区域的峰值，其前提是东部区域应率先实行总量排放控制。

14.2.4　工业碳排放将直接决定碳峰值目标实现与否

　　我国工业体量大、重化比例高，工业碳排放占全国碳排放的 70% 以上，是碳排放峰值尽早达到的首要挑战。根据国家统计局工业化水平综合指数和中国社会科学院《中国工业化进程报告》，我国工业整体进入工业化后期。但是我国工业内部各行业发展不均衡，关于我国工业碳排放的峰值问题，目前没有共识。根据相关行业协会的预测，水泥产量峰值大概在 2017 年(约 26 亿吨)，粗钢产量峰值可能在 2020 年(约 8.5 亿吨)，而电解铝产量峰值则有可能在 2025 年，并且这些高耗能产品产量趋于稳定后，其相应部门的碳排放仍将会缓慢上升 5～10 年。虽然工业碳排放达峰有不小的难度，但是通过积极优化用能结构、努力化解过剩产能，还是有希望促成工业碳排放峰值的早日到来。针对工业碳排放，当前主要有两个挑战。一方面，以钢铁、水泥为代表的高耗能行业产能过剩问题尚未解决，还有待于通过"一带一路"等战略实施逐步转移；另一方面，部分行业生产技术和能源利用技术水平相对不高，部分行业的高碳锁定效应已经形成，短期内工业碳排放仍将继续增长。

为了实现 2030 年的碳排放峰值目标，运用低碳发展的战略眼光来规划我国的发展路径，这是兼得经济社会发展和应对气候变化的必然选择。我国碳排放达到峰值的前后，经济社会将处于不同的发展阶段，将面临不同发展形势，因此，结合我国当前和未来应对气候变化面临的国情和世情，未来我国低碳发展应该分两步走，即达峰前和达峰后。

14.3　达峰前的低碳发展行动

达峰前的特点是二氧化碳排放总量继续增长，实现碳排放峰值。这一时期是我国实现第一个百年的全面建成小康社会奋斗目标的关键时期，其目标是减缓碳排放的增长速度，低碳发展战略如下。

14.3.1　构建气候友好型能源供应和消费体系

在统筹经济转型、大气污染防治、应对气候变化等的基础上，逐步引导建立气候友好型的能源供应体系，完善能源消费总量制度，控制煤炭消费总量；推广煤炭的清洁化和低碳化利用，持续降低煤炭消费总量；提高煤炭利用效率，减少散煤使用，提高煤炭集中燃烧比例；鼓励"气代煤"和"电代煤"。大力发展非化石能源，科学有序发展核电和水电，规模化发展风电和太阳能发电，因地制宜利用生物质能源，力求实现非化石能源产业成为化石能源的替代产业，确保实现国家自主贡献可再生能源目标。

14.3.2　率先在经济较发达地区推动低碳发展并尽早实现人均碳排放出现峰值

经济较发达省份和中西部先进城市在当前大气污染防治的基础上，先行探索和实践低碳增长模式，率先实现达峰并实现碳排放总量的下降，推动区域内低碳生产和消费，控制人均碳排放量的增长速度，力争将人均碳排放控制在低于全国平均水平。严格控制以北京、上海等为代表的特大城市的人均碳排放增速，尽早实现人均碳排放出现峰值，并出现下降趋势。

14.3.3　打造低碳产业体系

配合经济新常态和"一带一路"战略的实施，通过实施"中国制造 2025"和"大众创业、万众创新"等发展战略,大力发展战略性新兴产业,优化产业结构,结合信息化、智能化、电气化等进程,推动工业行业率先达峰,加快工业碳排放占全部碳排放比例的下降。

14.3.4 加强城市低碳建设

将低碳要素纳入城市发展规划,全面推行低碳生活方式和消费模式。实现交通、建筑、产品以及公共服务的低碳化,建立较为健全的低碳消费基础设施、产品以及公共服务支撑体系,倡导低碳生活方式和消费模式,控制交通和建筑碳排放总量,使城镇化高碳格局与趋势得到扭转,二氧化碳排放总量和人均碳排放量增长得到有效控制。

14.4 达峰后的战略思考

达峰后的特点是二氧化碳排放趋于平稳或逐渐开始下降,实现经济增长与碳排放脱钩,这一时期是我国实现第二个百年奋斗目标和建成富强民主文明和谐的现代化国家的关键时期,其目标是实现经济发展的低碳转型,在全社会建立低碳的生产和生活模式,碳排放总量呈下降趋势。

14.4.1 构建以低碳和近零碳能源为主的能源供应和消费体系

不断提高能源利用效率,实现经济增长与能源消费脱钩;同时,积极推动能源革命,研发普及大规模非化石能源开发技术,充分发挥我国的规模经济优势,降低开发和使用成本,突破大规模利用瓶颈,实现非煤炭能源对煤炭的替代,构建以低碳和零碳能源为主的能源供应和消费体系,实现能源供应和消费的低碳和零碳,确保全社会碳排放总量的绝对下降。

14.4.2 全国范围开展零碳试点

以低碳发展为统领,在全国范围内推进全方位的低碳发展,在条件成熟的地区,采取多种措施抵消碳排放,或直接实现零碳排放,结合区域差异,建立一批有代表性的零碳社区、零碳工业园、零碳企业、零碳政府、零碳产品等标杆型示范,推进低碳建设的纵深发展,不断提高碳生产力。

14.4.3 形成以低碳国际竞争力为特征的产业

在不断培育和发展新兴低碳产业的同时,注重传统产业的低碳技术改造,制定与国际低碳标准相一致或更高要求的碳排放标准。注重培育"低碳生产经营"作为我国产业的发展特色,形成并壮大我国产业在国际市场的核心竞争力。同时,形成一批以低碳国际竞争力为显著特征的技术与产业,推动中国低碳产品走向国际市场,实现中国低碳产业引领全球低碳经济。

14.4.4 全社会建立低碳消费模式

在城市地区和农村地区大范围内建设绿色公共交通设施和低碳建筑,满足城镇居民和农村居民低碳出行和低碳住房的需求，引领城镇居民和农村居民低碳生活方式；建立低碳产品名录和标识，发挥低碳消费对低碳生产的引领作用，减少居民消费的间接排放，在全社会内建立低碳生活习惯和消费模式。

14.5 我国低碳发展的政策建议

我国低碳发展的实现路径主要有三条。其一，大力加强能源节约，避免不必要的碳排放；其二，努力优化用能结构，提升我国能源结构的清洁化；其三，大力研发推广高新科技，利用技术进步催化低碳发展。其中，低碳技术的研发和推广，是节约能源和优化能源结构的助推器。为了推动我国低碳发展的早日实现，具体的政策建议如下。

14.5.1 明确低碳发展在国家法律和重大决策中的战略地位

加快应对气候变化立法进程，将推动低碳发展的政策与制度，包括总量控制制度、碳排放交易制度等，以法律形式予以确认；在已有法律法规修订过程中充分体现低碳发展的理念，强化低碳发展的法律地位。将低碳发展战略作为制定国民经济社会发展总体规划的重要内容，把碳排放强度和总量控制作为国民经济发展的重要约束性指标，明确我国低碳发展中长期路线图，引导社会转型。

14.5.2 低碳发展统领以生态文明建设和新型城镇化建设为主的重大政策

统筹国内的生态文明建设、城镇化建设、大气污染防治、煤炭消费总量控制等重大政策，考虑不同政策对低碳发展的影响，确保低碳发展成效。综合运用财政、税收、价格、金融等政策手段，完善低碳发展导向的产业政策，构建以低碳发展为特征的产业体系，严格高碳行业准入和退出机制，制定考虑区域差异的低碳政策，全面、协同推进低碳发展。

14.5.3 强调新改扩建项目的碳排放评价的源头治理政策

从全过程的角度推动低碳发展，制定"源头治理—过程控制—末端减排"的一体化政策。在国家碳排放管理体系中，结合强度目标等约束性目标，从源头管理的角度，加强对新建项目的碳排放评价，鼓励项目采用低碳技术；采用等量排放控制置换方式，控制碳排放增量。从过程控制的角度，强调能源效率提高、节能技术等的应用，加强节能和碳排放审计，推动碳排放交易等，减少碳排放。从末端减排的角度，加强 CCUS 技术研发和应用，推动末端减排。

14.5.4 制定高碳排放行业的碳排放管理标准

建立国家碳排放管理标准制度，分阶段出台和完善针对不同行业、技术、产品的碳排放标准和相应的管理办法，在电力、钢铁、水泥等重点行业率先制定和实行更严格的碳排放标准。

14.5.5　加强碳排放统计核算与碳排放交易基础能力建设

加强温室气体排放统计核算能力建设，建立温室气体排放统计核算体系和报告制度，推动形成涵盖范围全面、与国际标准衔接的温室气体排放统计核算体系，确保数据的可监测、可报告、可核查。确定适合我国国情的碳排放交易制度，开发配额分配方法，建立第三方核查机制，推动全国碳排放交易。加强低碳相关研究，开发相关模型，加强人才队伍建设，为国家应对气候变化、开展低碳建设、制定低碳政策等提供技术和决策支持。

14.5.6　深度推进可再生能源与新能源领域的低碳科技创新

把低碳技术的基础研发列入国家高新技术基础研发的重要内容，力争在一些低碳技术发展所需要的基础材料、关键器件和核心技术等领域有所突破，引领低碳发展的关键技术研发。大力推动低碳技术创新，发挥企业在技术创新中的主导地位，加大国家对低碳技术创新的扶持力度，以技术进步引领能源革命，力争在可再生能源、页岩气开发、CCUS 技术等低碳发展所急需的关键技术领域有重大突破，为低碳发展提供有力的技术保障。通过体制和机制创新，利用财政、税收、价格、金融等政策手段加速低碳技术的试验、试点、示范和推广工作，加快低碳技术发展的商业化和市场化进程。

参 考 文 献

2050 中国能源和碳排放研究课题组. 2009. 2050 中国能源和碳排放报告. 北京：科学出版社.

鲍健强, 苗阳, 陈锋. 2008. 低碳经济:人类经济发展方式的新变革. 中国工业经济, 24(4): 153-160.

蔡博峰, 冯相昭, 陈徐梅. 2012. 交通二氧化碳排放与低碳发展. 北京: 化学工业出版社.

蔡九菊. 2009. 钢铁企业能耗分析与未来节能对策研究. 鞍钢技术, (2): 1-6.

陈军, 但斌. 2008. 生鲜农产品的流通损耗问题及控制对策. 管理现代化, (4): 19-21.

陈玫竹. 2012.中国低碳指数收益率波动性及其政策效应研究.长沙: 中南大学硕士学位论文.

电工论坛. 2014.电动机有哪些节能措施. http://www.diangon.com/wenku/dgjs/diandongji/201407/00011972.html.2015-10-08.

董一真, 刘强. 2013. 工业锅炉节能技术发展方向概述. 科技传播, (12): 86-87.

段红霞. 2010. 低碳经济发展的驱动机制探析. 当代经济研究, (2): 58-62.

段茂盛, 庞韬. 2013.碳排放权交易体系的基本要素. 中国人口资源与环境, 23(3): 110-117.

范磊. 2014. 变电变压器节能改造的设计方法. 电源技术应用,06:Z11.

冯惠生, 徐菲菲, 刘叶凤, 等. 2012.工业过程余热回收利用技术研究进展.化学工业与工程, 29(1): 57-64.

冯相昭. 2009. 城市交通系统温室气体减排战略研究. 北京: 气象出版社.

付允, 马永欢, 刘怡君, 等. 2008. 低碳经济的发展模式研究. 中国人口资源与环境, (3): 14-19.

高建业, 王瑞忠, 周猛. 2011. 我国干法熄焦技术发展与应用. 煤气与热力, 31(1): 4-8.

工业和信息化部. 2016. 《有色金属工业发展规划(2016~2020 年)》解读. 中国金属通报, (10):24-27.

工业和信息化部. 2012. 《有色金属工业"十二五"发展规划》解读. 有色金属工程, 2(1): 5-9.

龚炳林, 邓小琴. 张国华. 2011. 过电压的危害及防范. 电气时代, (4): 96-97.

龚洋冉, 仇泸毅, 刘丽. 2014. 我国低碳发展公众参与的现状研究(一)——低碳概念组的演变和创新. 中国农业大学学报(社会科学版), 31(1): 134-147.

顾道金, 谷立静, 朱颖心, 等.. 2007. 建筑建造与运行能耗的对比分析. 暖通空调, 37(5): 58-60.

公安部交管局. 2017. 2016 年全国机动车和驾驶人保持快速增长:新登记汽车 2752 万辆 新增驾驶人 3314 万人. http://www.mps.gov.cn/n2255040/n4908728/c5595634/content.html. 2017-01-15.

国家技术前瞻课题组. 2008. 中国技术前瞻报告 2006~2007: 国家技术路线图研究. 北京: 科学技术文献出版社.

国家发展和改革委员会.2012.节能减排"十二五"规划.http://www.gov.cn/gongbao/content/2012/content_2217291.htm. 2016-01-12.

国家统计局.2011.2010 年国民经济和社会发展统计公报.http://www.tjcn.org/tjgb/201102/17861.html. 2016-02-09.

国家能源局. 2014. 我国能源技术创新和装备国产化成效显著. http://www.nea.gov.cn/2014-02/10/c_133104109.htm.2015-07-14.

国家统计局. 1997.中国统计年鉴 1997. 北京: 中国统计出版社.

国家统计局. 2001.中国统计年鉴 2001. 北京: 中国统计出版社.

国家统计局. 2006.中国统计年鉴 2006. 北京: 中国统计出版社.

国家统计局. 2007.中国统计年鉴 2007. 北京: 中国统计出版社.

国家统计局. 2011.中国统计年鉴 2011. 北京: 中国统计出版社.

国家统计局. 2013a. 中国能源统计年鉴 2013. 北京: 中国统计出版社.

国家统计局. 2013b.中国统计年鉴 2013. 北京: 中国统计出版社.

国家统计局. 2014.中国统计年鉴 2014. 北京: 中国统计出版社.

国家统计局. 2015a. 中国能源统计年鉴 2015. 北京: 中国统计出版社.

国家统计局. 2015b.中国统计年鉴 2015. 北京: 中国统计出版社.

国务院. 2014. 国家新型城镇化规划(2014~2020 年).

国务院办公厅. 2014. 能源发展战略行动计划(2014~2020 年). http://www.gov.cn/zhengce/content/2014-11/19/content_9222.htm. 2015-12-20.

黄鸿翔. 2012. 农业界委员呼吁关注农村环境污染. http://www.rmzxb.com.cn/jrmzxbwsj/lh/2012lhzt/zxxwjb/2012/03/13/248503.shtml. 2012-03-13.

黄梦华. 2011. 中国可再生能源政策研究. 青岛: 青岛大学硕士学位论文.

海关总署. 2016. http://www.customs.gov.cn/publish/portal0/. 2016-11-30.

ICCT. 2010. 中国机动车排放控制措施评估—成功经验与未来展望. http://www.theicct.org/2011/04/overview-vehicle-emissions-controls-china/. 2015-12-18.

金三林. 2010. 我国二氧化碳排放的特点、趋势及政策取向. 中外能源, 15(6): 22-25.

蓝虹, 孙阳昭, 吴昌, 等. 2013. 欧盟实现低碳经济转型战略的政策手段和技术创新措施. 生态经济, (6): 62-66.

李福民, 王琦飞. 2008. 燃气锅炉节能技术. 科学决策, (11): 63.

李林木, 黄茜. 2010. 借鉴国际经验完善我国消费税政策. 涉外税务, (5): 18-21.

李士琦, 吴龙, 纪志军, 等. 2011. 中国钢铁工业节能减排现状及对策. 钢铁研究, 39(3): 1-4.

李志刚, 罗国亮. 2014. 中国电力行业的能耗变化与节能效果. 科技导报, 23: 80-83.

李志国. 2011. 基于技术进步的中国低碳经济研究. 南京: 南京航空航天大学博士学位论文.

连玉明. 2010. 低碳城市的战略选择与模式探索. 城市观察, (2): 5-18.

林文斌, 刘滨. 2015. 中国碳市场现状与未来发展. 清华大学学报(自然科学版), (12): 1315-1323.

刘蓓琳, 王彤. 2012. 我国再生有色金属产业发展研究. 有色金属工程, (4): 12-14+62.

刘传江, 冯碧梅. 2009. 低碳经济对武汉城市圈建设"两型社会"的启示. 中国人口资源与环境, (5): 16-21.

刘穷志. 2005. 出口退税与中国的出口激励政策. 世界经济, (6): 37-43.

刘晓丽, 黄金川. 2008. 中国大规模非并网风电基地与高耗能有色冶金产业基地链合布局研究. 资源科学, 30(11): 1622-1631.

刘杨. 2011. 低碳经济背景下我国碳金融市场研究. 镇江: 江苏大学硕士学位论文.

刘助仁. 2010. 低碳发展是全球一种新趋势. 科学发展, (1): 4-6.

路春生. 2013. 电动机节能降耗技术及方法探讨. 科技与企业, (16): 354.

鲁丰先, 王喜, 秦耀辰, 等. 2012. 低碳发展研究的理论基础. 中国人口资源与环境, 22(9): 8-14.

吕靖峰. 2013. 我国风能产业发展及政策研究. 北京: 中央民族大学硕士学位论文.

马捷, 李飞. 2008. 出口退税是一项稳健的贸易政策吗? 经济研究, (4): 78-87.

马杰华. 2014. ABB智能照明系统在智能建筑中的应用. 建筑科学, (10): 188.

麦肯锡, 2009. 节能减排的坚实第一步: 浅析中国"十一五"节能目标. 研究报告.

年江. 2014. 中国交通运输行业碳排放影响因素研究: 基于区域面板数据的STIRPAT模型分析. 厦门: 厦门大学硕士学位论文.

欧阳斌, 凤振华, 李忠奎, 等. 2015. 交通运输能耗与碳排放测算评价方法及应用——以江苏省为例. 软科学, 29(1): 139-144.

彭峰, 闫立东. 2015. 地方碳交易试点之"可测量, 可报告, 可核实制度"比较研究. 中国地质大学学报(社会科学版), 15(4): 26-35.

齐晔. 2013. 低碳发展蓝皮书: 中国低碳发展报告. 北京: 社会科学文献出版社.

清华大学建筑节能研究中心. 2012. 中国建筑节能年度研究报告2012. 北京: 中国建筑工业出版社.

气候组织. 2010. CCS在中国: 现状、挑战和机遇. http://www.tangongye.com/news/NewShow.aspx?id=12939. 2015-10-12.

阮加, 雅倩. 2011. 能源消费总量控制对地区"十二五"发展规划影响的约束分析. 科学学与科学技术管理, 32(5): 86-91.

深圳市统计局. 2013. 深圳统计年鉴2013. 北京: 中国统计出版社.

沈镭, 刘立涛, 高天明, 等. 2012. 中国能源资源的数量、流动与功能分区. 资源科学, 34(9): 1611-1621.

沈源, 毛传新. 2011. 加工贸易视角下中美工业贸易隐含碳研究: 国别排放与全球效应. 国际商务-对外经济贸易大学学报, (6): 72-83.

世界钢铁协会. 2016. steel annually 1980—2014. http://www.worldsteel.org/statistics/statistics-archive. 2016-07-18.

世界银行. 2016. 世界银行统计数据库. http://data.worldbank.org.cn/. 2016-02-08.

舒服华, 王艳. 2008. 电机节能降耗技术和方法探讨. 电机技术, (3): 39-42.

孙登月. 2010. 照明节能技术和办法. 电力与能源, (31): 735.

孙瑞灼. 2012. 有必要立法遏制食物浪费. 中国检验检疫, (7): 59.

孙苗, 王晶. 2014. 调容变压器节能运行分析. 电工技术, (5): 9-11.

谭斌, 张小龙, 吕翔, 等. 2011. 湖南农村节能灯普及现状与推广策略研究. 绿色科技, (8): 213-215.

田丰. 2009. 提高出口退税率对中国经济增长作用有限. 国际经济评论, (3): 62-64.

田力普. 2010. 碳技术专利申请增长迅速仍有不足. 高层视点, (5): 31-3.

王庆一. 2015. 能源数据. http://wenku.baidu.com/view/54dfe3fdbcd126fff6050b2a.html. 2016-08-19.

王维兴. 2011. 钢铁工业能耗现状和节能潜力分析. 中国钢铁业, (4): 19-22.

王维兴. 2013a. 2012年重点钢铁企业能源消耗述评. 世界金属导报, (B11): 3-5.

王维兴. 2013b. 钢铁企业二次能源回收利用评述. 中国钢铁业, (10): 31-33.

王维兴. 2014. 2013年重点统计钢铁企业能源消耗述评. 世界金属导报, (B11): 3-11.

王维兴. 2015. 2014年中钢协会员单位能源消耗述评. 世界金属导报, (B11): 3-17.

王维兴. 2016. 2015年中钢协会员单位能源消耗述评. 世界金属导报, (B11): 3-8.

王翔, 邵毅, 李东. 2009. 中国有色金属产业布局特征及对江苏的启示. 南京社会科学, (9): 28-33.

王孝松, 李坤望, 包群, 等. 2010. 出口退税的政策效果评估: 来自中国纺织品对美出口的经验证据. 世界经济, (4): 47-67.

王志轩. 2015. 中国电力低碳发展的现状问题及对策建议. 中国能源, (7): 5-10.

魏一鸣, 刘兰翠, 吴刚, 等. 2008. 中国能源报告(2008): 碳排放研究. 北京: 科学出版社.

吴滨. 2011. 中国有色金属工业节能现状及未来趋势. 资源科学, 33(4): 647-652.

吴昌华. 2010. 低碳创新的技术发展路线图. 中国科学院院刊, 25(2): 138-145.

新华网. 2013. 联合国报告预测2030年中国城镇化水平将达70%. http: //news.xinhuanet.com/fortune/2013-08/27/c_117117424.htm.2015-05-20.

熊小俊. 2013. 浅谈照明节能技术与应用. 智能建筑电气技术, 7(6): 31-34.

许明珠. 2012. 国外碳市场机制设计解读. 环境经济, (1): 59-61.

薛新民. 1998. 我国能源活动二氧化碳排放量的计算及国际比较. 环境保护, (4): 27-28.

闫云凤. 2011. 中国对外贸易的隐含碳研究. 上海: 华东师范大学博士学位论文.

杨仕辉, 魏守道. 2015. 气候政策的经济环境效应分析——基于碳税政策, 碳排放配额与碳排放权交易的政策视角. 系统管理学报, 24(6): 864-873.

喻洁, 达亚彬, 欧阳斌. 2015. 基于LMDI分解方法的中国交通运输行业碳排放变化分析. 中国公路学报, 28(10): 112-119.

曾学敏, 俞为民, 胡芝娟, 等. 2009. 水泥企业能效对标指南综述. 水泥, (6): 1-9.

张利英. 2012. 中国碳排放权交易市场建设模式研究. 呼和浩特: 内蒙古大学硕士学位论文.

张平, 杜鹏. 2011. 低碳经济的概念、内涵和研究难点分析. 商业时代, (10): 8-9.

张爽, 张硕慧. 2008. 国际海运温室气体排放交易机制框架. 中国海事, (9): 60-63.

张陶新. 2012. 中国城市化进程中的城市道路交通碳排放研究. 中国人口资源与环境, 22(8): 3-9.

张昕. 2015. CCER交易在全国碳市场中的作用和挑战. 中国经贸导刊, (7): 57-59.

赵立新. 2006. 城市农民工市民化问题研究. 人口学刊, (4): 40-45.

赵显洲. 2016. 农民工与城市工的工资差异及其分布效应. 调研世界, (3): 43-46.

郑爽. 2014. 七省市碳交易试点调研报告. 中国能源, 36(2): 23-27.

中国电力企业联合会, 美国环保协会. 2015. 中国电力减排政策分析与展望——中国电力减排研究. 北京: 中国市场出版社.

中国建筑材料联合会. 2014. 中国建筑材料工业年鉴. 北京: 人民出版社.

中国水泥协会. 2015. 中国水泥协会: 2014年新增水泥熟料54条, 产能7030万吨. http://www.dcement.com/Article/201501/131095.html.2015-12-20.

中国水泥协会. 2016. 王健超: 去存量 控增量 倡合作 推进行业健康发展. http://www.dcement.com/Item/144446.aspx.2015-12-20.

中国有色金属工业协会，《中国有色金属工业年鉴》编辑委员会. 2014. 中国有色金属工业年鉴 2013. 北京: 中国有色金属工业年鉴社.

周一工. 2011. 中国燃煤发电节能技术的发展及前景. 中外能源，(7): 91-95.

朱宝田，赵毅. 2008. 我国超超临界燃煤发电技术的发展. 华电技术, 30(2): 1-5.

庄贵阳. 2007. 中国—以低碳经济应对气候变化挑战. 环境经济，(1): 69-71.

中国自愿减排项目信息服务网，2015. http://www.ccerpipeline.com/. 2016-04-16.

Auffhammer M，Steinhauser R. 2012. Forecasting the path of US CO_2 emissions using State-Level Information. Review of Economics and Statistics，94(1): 172-185.

Baranzini A，Goldemberg J，Speck S. 2000. A future for carbon taxes. Ecological Economics，32(3): 395-412.

CDM 项目数据库. 2015. http://cdm.ccchina.gov.cn/NewItemList.aspx. 2015-12-20.

CDIAC. 2015. Fossil-Fuel CO_2 Emissions. http://cdiac.ornl.gov/trends/emis/overview_2009.html. 2015-10-20.

Chen C H, Mai C C，Yu H C. 2006. The effect of export tax rebates on export performance: Theory and evidence from China. China Economic Review，17(2): 226-235.

Chen Z，Wang J，Ma G，et al. 2013. China tackles the health effects of air pollution. The Lancet, 382(9909):1959-1960.

Dedrick J, Kraemer K L，Linden G. 2009. Who profits from innovation in global value chains? A study of the iPod and notebook PCs. Industrial and Corporate Change，19(1): 81-116.

Department of Trade and Industry (DTI). 2003. Energy White Paper: Creating a Low Carbon Economy. London: DTI.

Dietzenbacher E, Los B, Stehrer R, et al. 2013 The construction of world input-output tables in the WIOD project. Economic System Research，25(1): 71–98.

Dissou Y, Eyland T. 2011. Carbon control policies，competitiveness, and border tax adjustments. Energy Economics，33(3): 556-564.

Erickson P, Tempest K. 2014. The contribution of urban-scale actions to ambitious climate targets. http://c40-production -images. s3.amazonaws.com/researches/images/28_SEI_White_Paper_full_report.original.pdf?1412879198.2016-02-14.

Fischer C, Fox A. 2004.Output-based allocations of emissions permits:Efficiency and distributional effects in a general equilibrium setting with taxes and trade. RFF discussion paper 04-37. Washington, DC: Resources for the Future. Http://www.rff.org/files/sharepoint/WorkImages/Download/RFF-DP-04-37.pdf.

Fan J L，Liao H，Liang Q M，et al. 2013. Residential carbon emission evolutions in urban-rural divided China: An end-use and behavior analysis. Applied Energy，101(1): 323-332.

Fan J L, Tang B J，Yu H, et al. 2015. Impact of climatic factors on monthly electricity consumption of China's sectors. Natural Hazards，75(2): 2027-2037.

Fischer C, Fox A K. 2012. Climate policy and fiscal constraints: Do tax interactions outweigh carbon leakage? Energy Economics，34(34): S218-S227.

Galeotti M, Lanza A, Pauli F. 2006. Reassessing the environmental Kuznets curve for CO_2 emissions: A robustness exercise. Ecological Economics，57(1): 152-163.

Giljum S, Lutz C, Jungnitz A, et al. 2008. Global dimensions of European natural resource use. First results from the Global Resource Accounting Model (GRAM)http://www.petre.org.uk/pdf/Giljum%20et%20al_GRAMresults_petrE.pdf.

Harbaugh W T，Levinson A, Wilson D M. 2002. Reexamining the empirical evidence for an environmental Kuznets curve. Review of Economics and Statistics，84(3): 541-551.

Heston A, Summers R, Aten B. 2012. Penn World Table Version 7.1. Center for International Comparisons of Production, Income and Prices at the University of Pennsylvania.

IEA. 2010. Energy Technology Perspectives. Paris: International Energy Agency.

IEA. 2011a. CO_2 Emissions from Fuel Combustion – Highlights 2011. Paris: IEA.

IEA. 2011b. World Energy Outlook 2010. Paris：OECD/IEA.

IEA. 2012. CO₂ Emissions from Fuel Combustion – Highlights 2012. Paris: IEA.

IEA. 2013a. CO₂ Emissions from Fuel Combustion – Highlights 2013. Paris: IEA.

IEA. 2013b. World Energy Outlook 2013. Paris: IEA.

IEA. 2014. CO₂ Emissions from Fuel Combustion – Highlights 2014. Paris: IEA.

IEA. 2015a. CO₂ Emissions from Fuel Combustion – Highlights 2015. Paris: IEA.

IEA. 2015b. Database. http://wds.iea.org/wds/.2016-03-09.

IEA. 2016. CO₂ Emissions from Fuel Combustion – Highlights 2016. Paris: IEA.

International Transport Forum (ITF). 2011. Transport outlook. Meeting the Needs of 9 Billion People. http://www. oecd-bookshop.org/en/browse/title-detail/Meeting-the-Water-Reform-Challenge/?K=5K9H3MJW0F5C. 2016-02-18.

International Transport Forum (ITF).2010a. Transport Greenhouse Gas Emissions: Country Data 2010.2006-11-16.

Heston A, Summers R, Aten B. 2012. Penn World Table Version 7.1. Center for International Comparisons of Production, Income and Prices at the University of Pennsylvania. http://pwt.econ.upenn.edu/.http: //www.itf-oecd.org/sites/ default/files/ docs/10 ghgcountry.pdf.

International Transport Forum (ITF). 2010b. Trends in the Transport Sector 1970-2008. http://www.oecdbookshop.org/browse.asp?pid=title-detail&lang=en&ds=&ISB=9789282112656. 2016-02-18.

IPCC. 1990. Summary for Policymakers of Climate Change 1990: The Physical Science Basis. Contribution of Working Group I to the Fourth Assessment Report of the Intergovernmental Panel on Climate Change. Cambridge: Cambridge University Press.

IPCC. 2006. IPCC Guidelines for National Greenhouse Gas Inventories.: Change. Cambridge: Cambridge University Press.

IPCC. 2014. Climate Change 2014: Mitigation of Climate Change. Contribution of Working Group III to the Fifth Assessment Report of the Intergovernmental Panel on Climate Change. Cambridge: Cambridge University Press.

Liang Q M, Fan Y, Wei Y M. 2007. Carbon taxation policy in China: How to protect energy- and trade-intensive sectors? Journal of Policy Modeling, 29(2): 311-333.

Kahn J.R., Franceschi D., 2006. Beyond Kyoto: A tax-based system for the global reduction of greenhouse gas emissions. Ecological Economics 58, 778-787.

Miller R E, Blair P D. 2009. Input-Output Analysis: Foundations And Extensions. Cambridge: Cambridge University Press.

Munksgaard J, Pedersen K A. 2001. CO₂ accounts for open economies: Producer or consumer responsibility?. Energy Policy, 29(4): 327-334.

Ou M N, Yang T J, Harutyunyan S R, et al. 2008. Electrical and thermal transport in single nickel nanowire. Applied Physics Letters, 92(6): 063101-1-3.

Peters G P, Hertwich E G. 2008. CO₂ embodied in international trade with implications for global climate policy. Environmental Science & Technology, 42(5): 1401-1407.

Schmalensee R, Stoker T M, Judson R A. 1998. World carbon dioxide emissions: 1950-2050. Review of Economics and Statistics, 80(1): 15-27.

Speck S. 1999. Energy and carbon taxes and their distributional implications. Energy Policy, 27(11): 659-667.

Tian L, Petruccelli J C, Miao Q, et al. 2013. Compressive X-ray phase tomography based on the transport of intensity equation. Optics Letters, 38(17): 3418-3421.

Timilsina G R, Shrestha A. 2009. Transport sector CO₂ emissions growth in Asia: Underlying factors and policy options. Energy Policy, 37(11): 4523-4539.

United Nations Department of Economic and Social Affairs. 2014. World Urbanization Prospects: The 2014 Revision.

UNEP.2011. Towards a Green Economy: Pathways to Sustainable Development and Poverty Eradication. 2011

Wittneben B.B.F., 2009. Exxon is right: Let us re-examine our choice for a cap-and-trade system over a carbon tax. Energy Policy 37, 2462-2464.

Weber C L, Matthews H S. 2008. Quantifying the global and distributional aspects of American household carbon footprint. Ecological Economics，66(2-3)：379-391.

Wind. 2015. Wind 资讯金融数据库. http://www.wind.com.cn/.2016-04-08.

WIOD. 2012. World input-output database: construction and applications，FP7-founded project. http://www.wiod.org/.

World Bank. 2014. GDP (constant 2005 US$). http://data.worldbank.org/indicator/NY.GDP.MKTP.KD. 2016-03-18.

Wu Y, Yang Z，Lin B, et al. 2012. Energy consumption and CO_2, emission impacts of vehicle electrification in three developed regions of China. Energy Policy，48(5)：537-550.

Zhang Y, Qi S. 2012. China Multi-Regional Input–Output Models for 2002 and 2007.Beijing：China Statistics Press.

附　表

附表 A-1　部门名称及对应的 2012 年 IO 表部门代码

部门名称	简称	IO 部门代码	部门名称	简称	IO 部门代码
农业	Agri	1-5	计算机、通信和其他电子设备制造业	Comp	86-91
煤炭采选产品	Coal	006	仪器仪表	Inst	092
石油和天然气开采产品	PNGa	007	其他制造产品	OPro	093
金属矿采选产品	Meta	8-9	其他工业	OInd	94-95
非金属矿和其他矿采产品	NMet	10-11	计算机、通信和其他电子设备制造业	Comp	86-91
食品和烟草	Food	12-25	电力、热力生产和供应	Elec	096
纺织业	Text	26-30	燃气生产和供应	PSGa	097
服装业	Wear	31-33	水的生产和供应	Wate	098
木材加工品	Timb	34-35	建筑业	Cons	99-102
造纸印刷和文教体育用品	Pape	36-38	批发和零售	Reta	103
石油加工、炼焦及核燃料加工业	Petr	39-40	交通运输、仓储和邮政业	Traf	104-111
化学产品	Chem	41-51	住宿和餐饮	Hote	112-113
非金属矿物制品	NMPr	52-58	房地产	Esta	119
金属冶炼及压延加工业	SRMe	59-63	居民服务及其他服务业	HSer	128-129
金属制品	MPro	064	教育	Educ	130
通用及专用设备制造业	Mach	65-74	卫生	Heal	131
交通运输设备制造业	Tran	75-79	其他服务业	OSer	114-118,120-127, 132-139

附表 A-2　钢铁行业主要节能技术

技术名称	技术描述	节能减排潜力	编号
干熄焦	惰性气体将吸收红焦的热量传给干熄焦余热锅炉产生蒸汽而发电和供热	可回收 80%的红焦显热，平均每熄 1 吨焦炭可回收 3.9 兆瓦、450℃的蒸汽 0.45 ~ 0.6 吨。平均每熄 1 吨红焦可净发点 95~110 千瓦·时。扣除干熄焦自身的能源消耗，包括低压蒸汽、氮气、电力、纯水等，采用干熄焦技术平均可降低炼焦能耗约 40 千克标准煤/吨，折合减少 CO_2 排放量约 94 千克/吨焦	G1

技术名称	技术描述	节能减排潜力	编号
煤调湿	采用流化床技术，利用焦炉烟道废气对炼焦煤料水分进行调整，并按其粒度和密度的不同进行选择粉碎，达到提高焦炭质量、降低耗热量目的	保持装炉煤水分稳定在约 6%，然后装炉炼焦。可提高焦炉生产能力11%、炼焦耗热量减少15%、焦炭粒度分布均匀、焦炭强度提高11%～15%，或在保证焦炭质量的前提下可多配弱黏结性煤8%～10%，生产稳定和便于自动化管理。采用煤调湿技术，每生产1吨焦炭可减少CO_2排放约为 0.1 吨	G2
烧结余热发电	钢铁行业烧结、热风炉、炼钢、加热炉等设备产生的废烟气，通过高效低温余热锅炉产生蒸汽，带动汽轮发电机组进行发电	目前大多采用烧结机烟气和冷却机废弃余热锅炉回收蒸汽方式，生产1吨烧结矿可回收余热蒸汽80～100千克，如回收后的蒸汽用于发电，可回收电10千瓦·时/吨，烧结矿和钢的比例约为1∶6，所以1吨钢可减少CO_2排放12.8千克	G3
高炉伴生气联合循环发电	燃气蒸汽联合循环发电装置是燃气循环机组与蒸汽循环机组的联合体，燃气轮机燃烧做功，排出的烟气再通过余热锅炉产生蒸汽而做功发电	该技术的热电转换效率可达40%～45%，用相同的煤气量，该技术比常规锅炉蒸汽多发电70%～90%	G4
转炉煤气回收利用	采用电除尘净化转炉运转时的热烟气，并回收煤气、除尘灰，进行热压块后又回到转炉中，作为转炉的冷却剂，可以部分或全部补偿转炉炼钢过程中的能耗	采用干法转炉煤气回收系统，吨钢煤气回收量可达80立方米，除去自耗电6.2千瓦·时/吨，可降低吨钢能耗约14.4千克标准煤，相当于减排CO_2 34 千克	G5
蓄热式轧钢加热炉	在燃烧器燃烧的时候，空气或煤气通过蓄热体被迅速预热到1000℃以上，由于转向系统的快速换向达到周期性的燃烧，可得到基本稳定的炉温，每小时蓄热 20～30 个周期，换热效率达到85%以上	利用该技术，可以使炉窑热效率比常规加热炉提高10%～30%，能耗降低30%～40%	G6
高炉炉顶余压余热发电	能量回收透平装置(TRT)利用高炉顶煤气的余压余热，把煤气导入透平膨胀机，使压力能和热能转化为机械能，驱动发电机发电的一种能量回收装置	目前湿式 TRT 技术已经全部普及，吨铁发电量为28～32千瓦·时，如果改造成干式 TRT，发电量还可增加30%，按照吨铁发电 30 千瓦·时计算，折合节约标准煤10.2千克，相当于减少CO_2排放约24千克	G7
燃气轮机值班燃料替代	通过对燃汽轮机燃烧系统的模拟，建立合理的燃烧模型，扩大了燃气轮机运行所需燃料热值的范围，利用高炉煤气替代焦炉煤气，减少了检修次数，提高了整体循环的效率，降低污染物排放量	按单套 50 兆瓦 联合循环 CCPP 计算，联合循环效率提高 0.5%，增加发电量1200万千瓦·时。目前该技术的推广比例为5%，预计到2020年推广比例将达到20%，每年节能 47 万吨标准煤，减少CO_2排放 124 万吨	G8
高辐射覆层	在蓄热体表面涂覆一层发射率高于基体的覆层，以提高蓄热体热吸收及热辐射效率，进而缩短加热时间，降低排烟温度，提高热风炉入口风温，降低燃料消耗	预计2015年推广比例将达到20%，每年节能65万吨标准煤，减排CO_2 143 万吨	G9
棒材多线切分与控轧控冷节能	1.多线切分轧制：减少加热炉待坯时间及轧道次，提高轧制效率；2.控轧控冷轧制：从轧前加热到轧后冷却整个过程实现最佳控制，提高螺纹钢强度，改善钢材塑性	预计2015年业内推广比例为40%，每年节能 11 万吨标准煤	G10
加热炉黑体技术强化辐射节能	将一定数量高辐射系数(0.95以上)的黑体元件，安装在轧钢加热炉内炉顶和侧墙，增加辐射面积，增加有效辐射，提高加热质量，降低燃料消耗	单位节能量6.54千克标准煤/吨，预计2015年该技术业内推广比例达到20%，节能能力80万吨标准煤/年	G11

续表

技术名称	技术描述	节能减排潜力	编号
旋切式高风温顶燃热风炉节能	采用旋切式顶燃热风炉燃烧器、小孔径高效格子砖、热风输送管道膨胀等装置，关节管、高热值煤气分时燃烧、数学模型控制等技术提高风温，降低高炉冶炼焦比，增加喷煤比，有效提高系统热效率	单位节能量可达到7.96千克标准煤/吨铁，预计2015年内推广比例将达到80%，仅1000立方米以上大高炉每年节约能源将为118万吨标准煤	G12
能源管理	对钢厂的水、电、风、蒸汽、煤气等能源进行集中管理和全面监测，及时分析并进行动态调整	按照2010年中国重点大中心钢铁企业吨钢综合能耗607千克标准煤计算，吨钢可节能30.4千克标准煤，相当于减排二氧化碳78千克	G13
电炉烟气余热回收利用	烟气全燃法，采用余热锅炉技术最大限度地回收烟气余热生产蒸汽	炉炼钢过程中会产生大量高温含尘烟气，烟气显热占电炉炼钢总能耗的10%以上。吨钢可回收蒸汽140~200克。单位节能量为12.4千克标准煤/吨钢，预计2015年该技术的行业推广比例达到30%，年节能35万吨标准煤	G14

数据来源：李福民和王琦飞，2008；舒服华和王艳，2008；田宫，2009；孙登月，2010；高建业，2011；冯惠生，2011；龚炳林，2012；董一真和刘强，2013；熊小俊，2013；路春生，2014；电工论坛，2014；马杰华，2014；孙苗，2014；范磊，2014。

附表 A-3 水泥行业主要节能技术

技术名称	技术描述	节能减排潜力	编号
新型水泥预粉磨系统节能	采用料床粉磨原理，利用施加磨辊的辊动及运行产生的剪切力，对料床中的物料产生高效碾磨，再通过后续的自流振动筛进行分级，使得进球磨机粒径控制在2毫米以下，并对球磨机内部衬板、隔仓及分仓长度和研磨体级配进行了优化改进，从而有效降低系统粉磨电耗	在国内建材、矿山等行业粉磨生产系统中，仍以球磨机作为研磨物料的机器，球磨机单机生产的能耗极高，达35~40千瓦·时/吨，消耗大量电耗。同时，水泥生产中球磨机粉磨电耗约占水泥企业总用电量的70%，因此粉磨系统的节能改造是水泥企业节能减排的重点环节。预计2015年该技术在行业内的推广比例为20%，年节约80万吨标准煤，减少CO_2排放211万吨	H1
新型干法水泥窑生产运行节能监控优化系统	构建大规模节能减排监测网络，采集水泥窑炉废气；根据废气成分计算燃烧状态和能源消耗及排放量；利用专家系统提供操作指导，并优化调控生产工艺参数	我国新型干法水泥生产线约150条以上，2010年产量达到18.6亿吨，耗煤超过3亿吨，约占全国煤炭消耗的8%。预计2015年该技术在行业内的推广比例为10%，2500吨/天以上新型干法水泥窑熟料的平均烧成热耗可降低70千卡/千克熟料。年节约140万吨标准煤	H2
水泥窑纯低温余热发电	利用水泥窑低于350℃废气的余热生产0.8~2.5兆瓦的低压蒸汽，推动汽轮机做功发电	可使水泥熟料生产综合电耗降低60%或水泥生产综合电耗降低30%以上，可减少CO_2等废气的排放，保护环境	H3
变频	风机是输出环节，转速由变频器控制，实现变风量恒压控制	生产1吨水泥的耗电量中约有30%的消耗是在工况调节用风机上。利用变频调速技术对生产用风机进行控制改良，可节电约2.5千瓦·时/吨熟料，相当于1千克标准煤	H4
电石渣替代石灰石	水泥熟料的生产过程中用电石渣代替石灰石	2000万吨电石渣可替代2700万吨石灰石，相当于减少CO_2排放1188万吨	H5
水泥窑污泥协同处置	利用水泥窑来处置危险废物是近年来国际、国内流行的一项新技术，污泥可以作为水泥生产的燃料，焚烧后的产物可以作为水泥生产的添加材料	以600吨/天的水泥窑为例，通过协同处置污泥等废物，每年可节约1.36万吨标准煤，减排$CO_2$3.4万吨，减少甲烷排放5000吨	H6
辊压机粉磨系统	采用高压挤压料层粉碎原理，配以适当的打散分级装置	粉磨是水泥生产过程中用电量最大的环节，粉磨水泥时辊粉的粉磨效率是球磨机的1.6~1.8倍，系统节电30%以上。2010年中国水泥产量已达18.8亿吨，若按水泥粉磨电耗，则每年可节电20亿千瓦·时，相当于节约70万吨标准煤，减少CO_2排放10.5万吨	H7

附表 A-4　石化行业主要节能技术

技术名称	技术描述	节能减排潜力	编号
石化企业能源平衡与优化调度	采用能源产耗预测、能源管网模拟、能源多周期动态优化调度等核心技术实现石化企业多能源系统(燃料气、氢气、蒸汽、电力、水系统等)的优化调度和运行,提高能源管控一体化水平和能源利用效率	预计 2015 年,在千家耗能最大企业的 30%中实施推广能源平衡与优化调度技术,预期可形成的年节能能力约 160 万吨标准煤,年碳减排能力 422 万吨	I1
高效复合型蒸发式冷却(凝)器	以蒸发冷却(凝)换热为主体,结合空冷式换热,优化组合后形成湿式空冷换热的复合型换热器	预计到 2015 年,该技术可在石化、煤化工等行业推广到 70%,年节能能力达 25 万吨标准煤	I2
溶剂萃取法精制工业磷酸	采用溶剂萃取法精制磷酸技术取代热法磷酸技术,有效降低生产过程中的电耗	预计到 2015 年,我国 50%的热法磷酸生产线可由湿法磷酸生产技术替代,形成的年节能能力约为 98 万吨标准煤	I3
合成氨回路分子筛节能	通过降低氨合成回路中压缩机循环段入口合成气流量,降低分离氨的冷量,达到降低能耗的目的	节能效果明显,改造后吨氨高压蒸汽消耗降低 0.144 吨、中压蒸汽降低 0.0729 吨	I4
煤气化多联产燃气轮机发电	回收甲醇生产过程排放的弛放气中的氢气,作为燃气轮机的燃料进行发电,燃烧后排出的高温废气进入余热锅炉产生中低压蒸汽,用于生产工艺,实现节能	我国大型甲醇生产线中一般配备 H_2 回收装置,约占国内甲醇产能的 60%。按照 2010 年国内 4000 万吨的甲醇产能,如果实施煤气化多联产燃气轮机发电技术,预计 2015 该技术推广可到 20%,年节能能力可达 140 万吨标准煤	I5
油田采油污水余热综合利用	利用油田伴生气或者原油作为驱动热源,采用直燃式热泵技术,回收采油污水中的热量,制取中温热水,用于外输原油加热器和油管道伴热,或者采油区的生活供暖,降低燃料消耗	该技术节能效果明显,如果在油田开采、化工等行业广泛应用,可大幅降低能耗水平。按照我国 2009 年的原油产量,采油低温污水可达到 8.5 亿吨,按 10℃温差计算,节能总量可达 10684.5 吉焦/年,按 2015 年推广至 30%计算,节能量约 35 万吨标准煤/年	I6
新型变换气制碱	依据低温循环制碱理论,改传统的三塔一组制碱为单塔制碱,改内换热为外换热	减少投资,降低能耗,无废水排放	I7
换热设备超声波在线防垢	超声脉冲振荡波在换热器管、板壁传播,在金属管、板壁和附近的液态介质之间产生效应,破坏污垢的附着条件,防止换热设备在运行过程中结垢,提高换热设备传热能力,降低达到同样工艺要求所需的能耗,达到节能目的	石化行业的换热设备数量超过 30 万台,如果采用超声波防垢技术解决污垢问题,可降低全行业换热设备能耗约 9%。2009 年,石化(含炼油)行业消耗能约 1.28 亿吨标准煤,其中换热设备的相关能耗约占 12%。如果在石化行业推广使用该技术,其节能潜力为 139 万吨标准煤。预计"十二五"规划期间推广比例可达 40%,可产生约 55 万吨标准煤/年的节能能力	I8
氯化氢合成余热利用	将氯化氢合成的热能利用率提高到 70%,副产蒸汽压力可在 0.2~1.4 兆帕任意调节,可并入中、低压蒸汽网使用,使热能得到充分利用	使氯化铵合成的热能利用提高到 70%。目前,全行业氯化氢合成炉氯化氢的产能约 600 万吨,1 吨氯化氢可产生 700 千克的中压蒸汽,若全行业全部应用该技术,可有 294 万吨中压蒸汽合理利用,节能能力可达 35 万吨标准煤/年	I9
水溶液全循环尿素节能生产工艺	由液相逆流式尿素合成、两次加热-降膜逆流换热的尿素中压分解、三段吸收-蒸发式氨冷-低水比的尿素中压回收、补碳-利用解吸水解余热的尿素低压分解回收、回收中压分解热的尿素一段蒸发、高效安全的尾气净氨等关键技术集成	目前我国尿素产能约 6500 万吨/年,其中 50%是水溶液全循环工艺,若其中的 30%采用水溶液全循环尿素节能生产技术进行改造,年可节能约 70 万吨标准煤	I10
联碱不冷碳化	取消传统碳化塔生产过程中使用的冷却水箱,实现不冷碳化,适用于联碱法制碱工程项目中的碳化工序	降耗减排	I11

续表

技术名称	技术描述	节能减排潜力	编号
新型高效节能膜极距离子膜电解	通过减小极间距达到降低电耗的目的，关键技术为电解槽设计制造和电极制造技术	目前国内隔膜法烧碱产能约为 800 万吨/年，如果 2015 年新型高效节能膜极距离子膜电解技术在替代隔膜法烧碱产能方面推广至 50%（推广 400 万吨/年规模），则可形成约 90 万吨标准煤/年的节能能力	I12
大型高参数板壳式换热	在重整、芳烃、乙烯等装置中，高温反应出料与低温反应进料在进料换热器中换热，从而达到回收大量反应热及节能的目的。与管壳式换热器相比具有传热效率高、占地面积小、污垢系数低等优点	与管壳式换热器相比，该技术可将传热效率提高 2～3 倍，多回收 3%～5% 的热量，节省操作费用 30%～50%。预计到 2015 年可形成节能能力 75 万吨标准煤/年	I13
超临界液体 CO_2 发泡	采用液态 CO_2 替代丁烷作为发泡剂	保护环境，减排 CO_2	I14

附表 A-5　建筑行业主要节能技术

技术名称	技术描述	节能减排潜力	编号
分布式能源冷热电联供	用能建筑就近建设能源站，采用天然气作为主要能源发电，发电机产生的高温烟气通过换热器及吸收式制冷机给建筑物供热(冷)，从而实现能源的梯级利用，综合能源利用率最高可达 85%，同时可减少 NO_x、SO_2 等污染物的排放	到 2015 年，预计该技术在大型商用建筑中的推广比例可达 10%，可形成的节能能力为 96 万吨标准煤，碳减排潜力为 253 万吨	J1
分布式水泵供热系统节能	分别在锅炉房内设一级主循环泵，在各换热站设二次循环泵，结合气候补偿器提供的数据，对供热系统运行的水力曲线进行实时调整，减少一级主循环泵的输送能耗，同时有效降低锅炉的运行压力，确保系统的优化运行，满足在不同工况下的运行调节要求	到 2015 年，该技术预计推广比例可达 10%，应用建筑面积 10 亿平方米，可形成的年节能能力 100 万吨标准煤，碳减排潜力为 264 万吨	J2
基于人体热源的室内智能控制节能	采用基于人体热源侦测技术的智慧管理及自动控制技术对建筑单元内照明、插座及空调实施基于节能理念的自动控制。控制组件包括控制器、数码控制面板、红外控制器、人体侦测/照度传感器、温湿度传感器等	到 2015 年，该技术预计推广比例可达 10%，可形成的年节能能力为 142 万吨标准煤，年减排能力 375 万吨	J3
蒸汽节能输送	采用纳米绝热涂层、复合保温结构、抽真空技术、疏水技术等，有效降低蒸汽输送过程中的热损耗量，每公里散热损失低于 5%	预计到 2015 年，可在城镇供热领域推广 20%，形成的年节能能力约 280 万吨标准煤	J4
墙体用超薄绝热保温板	由填充芯材与真空保护表层复合而成，通过对整个板抽真空至内压低于一定值以下，然后进行密封。可以有效地避免空气对流引起的热传递，因此可大幅度降低导热系数，提高保温板的绝热性能	目前，我国既有建筑外墙保温需实施改造的约 130 亿平方米，新增建筑需做保温处理的约 100 亿平方米。预计到 2015 年，可推广实施的建筑面积约 17 亿平方米，可形成的年节能能力约为 245 万吨标准煤	J5
磁悬浮变频离心式中央空调机组	利用直流变频驱动技术、高效换热器技术、过冷器技术、基于工业微机的智能抗喘振技术，以及磁悬浮无油运转技术等，从根本上提高离心式中央空调的运行效率和性能稳定性	预计到 2015 年，该技术可在离心式中央空调领域推广至 10%，形成的年节能能力约 39 万吨标准煤	J6
动态冰蓄冷	采用制冷剂直接与水进行热交换，使水结成絮状冰晶；同时，生成和融化过程不需二次热交换，由此明显提高了空调的能效。冰浆的孔隙远大于固态冰，且与回水直接进行热交换，负荷响应性能好。总体移峰填谷能力优于传统冰蓄冷技术	2011 年全国高峰用电负荷约为 7.86 亿千瓦，其中空调负荷占高峰负荷的 30%，全国现有大型中央空调约 250 万套，预计到 2015 年在全国推广 5%，约 12.5 万套空调可使用采用动态冰蓄冷技术，全年转移峰时电量约 52 亿千瓦·时，减少电厂装机容量 1180 万千瓦，宏观节能潜力较大	J7

附表 A-6　新能源与可再生能源主要发展技术选择

技术分类	技术名称	技术描述	编号
太阳能	太阳能聚焦式太阳能热发电	聚焦式太阳能热发电厂利用集热器首先将太阳能转换成热能，然后将热能转换成机械能，最后通过电机转换成电能。此项技术有三种类型：①槽式线聚焦系统；②碟式/斯特林系统；③塔式系统。聚焦式太阳能热发电中的碟式/斯特林发电系统还具有特殊市场，如电网支持、边远地区和农村发电	K1
	光伏	光伏板通过直接吸收太阳光子产生直流子。光伏发电板主要有两种形式：①平板式光伏板，直接利用太阳光发电；②聚光式光伏板，利用聚焦太阳光发电。尽管很多技术将光伏板的直流电，但是，发展最快的市场是内置功率调节设备的光伏板系统，可以将直流电转为交流电。光伏的组件化为此项技术开拓了极其广阔的市场，发达国家主要是家用并网、商业并网和中心发电系统，发展中国家主要是小规模的离网系统，通常用储备电池发电	K2
	太阳能热水	太阳能热水系统利用太阳光的热能对水进行加热，供家庭、商业建筑物、游泳池及其他场所使用	K3
	光伏光热综合利用	该研究成果将对中国的太阳能利用、建筑节能产生积极的促进作用	K4
	太阳能电池	研制成功的太阳能电池有 100 多种，主要是硅电池和砷化镓电池，较常用的单晶硅电池的转换效率已达 13%～17%，已广泛用于航天飞机、人造卫星等航天器上。用太阳能电池作为动力的太阳能汽车、太阳能飞机、太阳电子产品以及太阳能建筑等都已问世	K5
	分布式发电	"分布式发电"则是利用环保、可再生能源，将电源分散、灵活地建在居民小区、建筑物，甚至是每户家庭。"分布式发电"在全国各地都已经开始应用，但由于一次性投入很大，如利用太阳能电池每供 1 千瓦电，成本需要 4 万元，因此"分布式发电"还没有进入寻常百姓家	K6
风电	大容量风机	随着现代风电技术的日趋成熟，风力发电机组技术朝着提高单机容量、减轻单位千瓦质量、提高转换效率的方向发展	L1
	新型机组	变桨距功率可调节型机组发展迅速。由于变桨距功率调节方式具有载荷控制平稳、安全、高效等优点，近年来在风电机组特别是大型风电机组上得到了广泛应用	L2
	海上风电	海上风力发电是目前风能开发的热点。水面十分光滑，海平面摩擦小，因而风切变小，不需要很高的塔架，可降低风电机组成本。没有复杂地形对气流的影响，作用于风电机组上的疲劳载荷减小，可延长使用寿命	L3
	小型风机系统	目前工业上对于小型风机系统的空气动力学研究远不如大型风机。风机的传动－发电系统与动力及转速调整系统与大型风机不同。小型风机系统主要用于偏远地区，如为家庭、船舶或通信系统提供电力。通常与电池或小型柴油发电系统联合使用	L4
	低速风力发电	平原内陆地区风速远低于山区及海边，但由于其面积广大，蕴含巨大的风能资源。由于适合安装高风速风机的地点终究有限，要实现风力发电的可持续发展，就必须开发低风速风力发电技术	L5
	涡轮风力发电机	涡轮风力发电机能够以相当于正常速度 3 倍的速度吸入流过叶片的气流	L6
生物质能	生物乙醇	建立生物质加工转化技术平台，加速纤维素利用领域的技术创新。纤维素利用问题是世界难题，也是当前高技术领域竞争的焦点。中国应把它作为战略高技术进行重点布局，建立综合性的生物质加工转化技术平台，系统研究纤维素预处理技术、酶解技术、发酵技术和分离技术以及气化、液化技术，应用现代化工技术，开发系列生物基产品，力争在此领域进入国际先进行列	M1
	生物柴油	生物柴油的应用和柴油一样广泛，有柴油动力引擎的地方，就可以应用生物柴油，如市区公交车、运输车队、矿业动力设施、海运业、火车、农业设施等，此外，生物柴油还可作为工厂锅炉燃油、燃油发电厂燃料等	M2

附表 A-7　WIOD 的 35 个行业代号及解释

行业	解释	行业	解释
AtB	农、牧、林、渔业	50	机动车的销售、维护和维修；燃料零售
C	采矿业	51	批发交易和许可交易，除了机动车辆和摩托车
15t16	食物、饮料和烟草	52	零售交易，除了机动车辆和摩托车；家庭用品的维修
17t18	纺织业和纺织品	H	住宿和餐饮业
19	皮革、毛皮和和鞋	60	陆上交通
20	木材、木制品和软木制品	61	水上交通
21t22	纸浆、纸、印刷和出版	62	航空运输业
23	炼焦、石油加工和核燃料加工业	63	其他交通辅助活动；旅行社相关服务
24	化工和化工产品	64	邮政业
25	橡胶和塑料制造业	J	金融中介
26	其他非金属矿石制品制造	70	房地产经营活动
27t28	基本矿石和金属制品制造	71t74	机器设备租赁及其他商业活动
29	电气机械	L	社会管理与保障；强制性社会安全
30t33	电光源制造	M	教育
34t35	交通设备制造	N	卫生与社会工作
36t37	电气机械制造和循环利用	O	其他社区，社会和个人活动
E	电力、燃气和水供应	P	含就业人员的私人经济
F	建筑业		

注：该表中行业代码名称主要参考《国民经济行业分类》（GB/T 4754—2011）。

后　　记

　　《中国碳排放与低碳发展》是北京理工大学能源与环境政策研究中心在中国科学院"应对气候变化的碳收支认证及相关问题"战略性科技先导专项(XDA05150600)、国家自然科学基金创新研究群体项目和智库项目(71521002，71642004)、国家重点研发计划项目(2016YFA0602603)等重要科研任务资助下完成。该成果是我们围绕经济增长方式、居民消费、重点工业部门、城镇化、交通、区域发展、国际贸易、技术与政策、低碳城市等重大问题，所开展的低碳发展系统研究的基础上形成。在揭示了不同领域和部门二氧化碳排放动态变化规律的基础上，提出了中国碳排放达峰前、达峰后两个不同阶段低碳发展的建议，旨在增进对低碳发展与经济、社会、能源、环境复杂系统相互影响关系的科学认识，促进低碳发展与国家重大战略和重要政策的融合，为政府制定相关战略和规划提供科学依据。

　　《中国碳排放与低碳发展》一书由魏一鸣负责总体设计、策划、组织和统稿；第 1章由魏一鸣、刘兰翠、廖华、米志付、刘文玲完成；第 2 章由魏一鸣、廖华、曹怀术、刘亚男完成；第 3 章由魏一鸣、刘兰翠、廖华、杜云飞完成；第 4 章由魏一鸣、刘兰翠、樊静丽、梁巧梅、刘民完成；第 5 章由魏一鸣、廖华、王晋伟、李祥正、杜云飞、李默洁完成；第 6 章由魏一鸣、樊静丽、廖华、王策、田婧完成；第 7 章由魏一鸣、陈徐梅、余碧莹完成；第 8 章由魏一鸣、刘兰翠、梁巧梅、於世为完成；第 9 章由魏一鸣、廖华、樊静丽、田婧完成；第 10 章由魏一鸣、李华楠完成；第 11 章由魏一鸣、梁巧梅、李桦南、何陈琪完成；第 12 章由魏一鸣、韩融、姚云飞、刘兰翠完成；第 13 章由魏一鸣、王宇完成；第 14 章由魏一鸣、廖华、刘兰翠完成。唐葆君、张九天、吴刚、杨瑞广、王恺、凤振华、马晓微、张贤、王琼、马如意等先后参与了本书的部分章节的讨论及校对工作。此书是我们研究工作的总结和提炼，也是北京理工大学能源与环境政策研究中心集体智慧的结晶。

　　中国科学院副院长丁仲礼院士在我们开展低碳发展研究的每一个阶段，均给予了具体的指导和鼎力支持。此外，在我们也先后得到了杜祥琬院士、李静海院士、彭苏萍院士、郭重庆院士、李京文院士、杨善林院士、吕达仁院士、傅伯杰院士、方精云院士、郭正堂院士、吴启迪、刘燕华、徐锭明、吴吟、王金南、巢清尘、于景元、何建坤、王思强、徐伟宣、宋建国、黄晶、孙洪、李善同、陈晓田、周寄中、李一军、汪寿阳、高自友、张维、黄海军、杨列勋、刘作仪、李若筠、李高、孙桢、田成川、戴彦德、潘家华、李俊峰、高世宪、周宏春、徐华清、康艳兵、宋雯、安丰全、刘建平、刘克雨、郭日生、彭斯震、傅小锋、涂序彦、张建民、王灿、段晓男、苏荣辉、任小波、沈毅、周少平、金启宏、范蔚茗、冯仁国、翟金良、黄铁青、吴园涛、王玉兰、黄鼎城、赵世洞、陈洴勤、王庚辰、王政芳、陈晔、于贵瑞、魏伟、蔡祖聪、王毅、刘毅、刘宇、张木兰、陈文颖、宣晓伟等领导和专家的鼓励、指导、支持和无私的帮助；国外同行 To1 R. S. J.，

Hofman B.，Martinot E.，Drennen T.，Jacoby H.，Parsons J.，MacGill I.，Edenhofer O.，Burnard K.，Nielsen C.，Nguyen F.，Okada N.，Ang B.，Yan J.，Tatano H.，Chou S. K.，Huang Z. M.，Murty T.，Yang Z. L.，Erdmann G. 等曾应邀访问能源与环境政策研究中心并做学术交流，他们曾以不同形式给予我们支持和帮助。值此，谨向他们表示衷心感谢和崇高的敬意！

　　感谢北京理工大学党委书记赵长禄教授、校长胡海岩院士等校领导，学校的职能部门和管理与经济学院的各位同仁，对我和我们团队研究工作给予的支持和帮助。特别感谢本报告引文中的所有作者！限于我们知识修养和学术水平，书中难免存在缺陷与不足，恳请读者批评、指正！

2016 年 12 月 26 日于北京